MÉTODOS DE PESQUISA EM ADMINISTRAÇÃO

Sylvia Constant Vergara

MÉTODOS DE PESQUISA EM ADMINISTRAÇÃO

6ª Edição

SÃO PAULO
EDITORA ATLAS S.A. – 2015

1. ed. 2005; 2. ed. 2006; 3. ed. 2008; 4. ed. 2010; 5. ed. 2012; 6. ed. 2015

Capa: Zenário A. de Oliveira
Composição: Formato Serviços de Editoração Ltda.

Dados Internacionais de Catalogação na Publicação (CIP)
(Câmara Brasileira do Livro, SP, Brasil)

Vergara, Sylvia Constant
Métodos de pesquisa em administração / Sylvia Constant Vergara.
– 6. ed. – São Paulo: Atlas, 2015.

Bibliografia.
ISBN 978-85-224-9904-5
ISBN 978-85-224-9905-2 (PDF)

1. Administração – Pesquisa 2. Pesquisa – Metodologia I. Título.

04-7735
CDD-658.0072

Índices para catálogo sistemático:

1. Administração : Pesquisa : Projetos e relatórios 658.0072
2. Pesquisa : Projetos e relatórios : Administração 658.0072

Depósito legal na Biblioteca Nacional conforme Lei nº 10.994, de 14 de dezembro de 2004.

Impresso no Brasil/*Printed in Brazil*

Editora Atlas S.A.
Rua Conselheiro Nébias, 1384
Campos Elísios
01203 904 São Paulo SP
011 3357 9144
atlas.com.br

Para Lucas,
que me transborda de amor o coração.

Para Ana Paula,
que me vivifica a crença na competência,
no caráter e nas relações de imensa afetividade.

Sumário

Apresentação

Houve um tempo em que teoria e método eram vistos, na prática, como independentes. Em algumas instituições, os estudantes até dispunham de um orientador para o conteúdo teórico e outro para o método de investigação, quase sempre de base positivista. Essa percepção de independência suscitava discussões sobre o que seria mais importante: a teoria ou o método? Não era raro encontrar posicionamentos pela prevalência do método, razão pela qual muitos cursos de metodologia optaram pelo ensino de métodos pontuais. A discussão, no entanto, hoje parece espúria.

Teoria e método são interdependentes. Ambos buscam realizar o objetivo da pesquisa, seja ele descrever, explicar, descobrir, compreender, predizer determinado fenômeno. A teoria pode gerar e dar forma ao método e o contrário também é verdadeiro. Ambos se nutrem. Se o resultado que uma investigação alcança confirma a teoria existente, o estudo pouco acrescenta à compreensão já dominante de um fenômeno, embora isso também tenha o seu valor. Se o resultado redimensiona ou refuta a teoria, altera, significativamente, tal compreensão. E o método utilizado tem grande importância nesse processo.

Entenda-se aqui por método a intervenção do pesquisador, sua atividade mental consciente para realizar o papel cognitivo da teoria. O método, como diz Morin (1996, p. 335), alimentado de "estratégia, iniciativa, invenção, arte", estabelece uma relação com a teoria capaz de propiciar a ambos regenerarem-se mutuamente pela organização de dados e de informações. O método também aproxima o investigador do fenômeno estudado. Como Morgan (1983, p. 21) assevera, "metodologias são esquemas de resolução de problemas que diminuem a distância entre a imagem sobre o fenômeno e o próprio fenômeno". Regras e procedimentos operacionalizam a posição epistemológica do pesquisador.

Este livro, consciente embora da relação teoria/método, elege o método e apresenta alguns postos à disposição do pesquisador. A separação, aqui, da teoria dá-se, portanto, não por crença epistemológica, mas para fins didáticos. Apenas. O pesquisador certamente saberá escolher aquele método que é mais adequado à(s) teoria(s) que suporta(m) seu estudo, ao problema que suscitou sua investigação e o fará dentro de seus pressupostos epistemológicos.

Epistemologia está referida ao conhecimento, à crença de como ele pode ser transmitido: se de forma tangível, objetiva, ou se mais subjetivamente, mais baseado na experiência pessoal. Epistemologia positivista, por exemplo, procura explicar e predizer o que acontece no mundo social, buscando regularidades e relacionamentos causais entre seus elementos constituintes (BURRELL e MORGAN, 1979). O método hipotético-dedutivo, um método-raiz que abriga métodos pontuais, é adequado à epistemologia positivista. Epistemologia antipositivista tende a rejeitar a noção de que a ciência pode gerar qualquer tipo de conhecimento objetivo (BURRELL e MORGAN, 1979). O método fenomenológico, por exemplo, lhe é adequado. Escolher corretamente o método é tarefa do pesquisador. Na escolha do método que deveria orientar sua pesquisa, Guedes (2003), por ilustração, percebeu a limitação da epistemologia positivista para investigar discursos e práticas ambientais de empresas transnacionais no Brasil e optou pela epistemologia do realismo crítico. Ela chegou à conclusão de que os estudos sobre empresas transnacionais e questões ambientais "produzidos no Ocidente são enganosos, porque simplificam questões de poder e linguagem" (GUEDES, 2003, p. 38).

Pesquisa realizada em três revistas nacionais e três estrangeiras (VERGARA e PECI, 2003), todas de excelente reputação, buscou descobrir se, em estudos organizacionais, o discurso de crítica aos métodos tradicionais de se fazer ciência, isto é, aqueles de orientação positivista, transformava-se em práticas de investigação, trazendo ao campo diferentes abordagens epistemológicas e metodológicas. Os resultados apontaram a predominância de métodos tradicionais. Concluímos – eu e Alketa – que a aplicação de métodos optativos em estudos organizacionais requer a construção e a reconstrução de outros referenciais, requer abrir espaços para outras epistemologias, como, por exemplo, a construtivista, a crítica, a histórica, a dialética, a pós-modernista, a da complexidade e outras. Sem dúvida, essa conclusão serve também a outras áreas da Administração, além da área de estudos organizacionais.

Você, leitor, observará que se trata de um livro prático. Contatos com estudantes e professores em sala de aula, em seminários, em congressos, permitiramme perceber que um livro dessa natureza seria útil. E espero que o seja. Ele está estruturado em 22 capítulos, cada um deles apresentando um método diferente, por ordem alfabética. Você rapidamente perceberá que dentro de um método podem caber outros; por isso às vezes eles estão aqui desdobrados. Alguns têm escopo mais abrangente; são raízes. Outros têm escopo mais pontual; são frutos. Veja, por exemplo, que o método desconstrutivista ou a análise do discurso estão abrigados por um método-raiz: o reflexivo. Outro método-raiz é o fenomenológico, que abraça, por exemplo, o método etnográfico, entre outros.

De cada método apresento suas palavras-chave, suas características principais, como utilizá-lo, além de explicitar seu uso em pesquisas já publicadas. A linguagem é simples e direta. Não faz parte do livro, entre outros métodos, um muito utilizado: o *survey*, embora seja importante. A literatura sobre ele é bastante ampla; logo, acessá-la é tarefa fácil para o pesquisador. Bons exemplos podem ser encontrados em Babbie (2001).

Na seção sobre como utilizar, apresento passos básicos e recomendações operacionais para o leitor que vislumbra a possibilidade de eleger determinado método para o desenvolvimento de sua pesquisa. A sequência proposta tem caráter de sugestão. Você poderá observar que alguns passos seguem necessariamente uma ordem lógica, como, por exemplo, a definição do tema e a elaboração do relatório, ou seja, primeiro e último passos de qualquer pesquisa. Outros podem ocorrer fora da ordem apresentada. Há, também, procedimentos que podem voltar a ocorrer durante o andamento da pesquisa. É o caso, por exemplo, da necessidade de selecionar novos sujeitos para a realização de entrevistas adicionais ou de problemas de pesquisa que precisam ser redefinidos após os primeiros contatos com os informantes. Por fim, sublinho que alguns passos podem ocorrer de forma simultânea com outros. Coletar dados por meio de observações, por exemplo, ocorre praticamente durante toda a permanência do pesquisador em campo, esteja ele realizando entrevistas, aplicando questionários ou utilizando outro procedimento qualquer de coleta de dados.

Quanto a exemplos do uso de tal ou qual método, apresento trabalhos publicados por pesquisadores estrangeiros, mas, sobretudo, destaco aqueles realizados em âmbito nacional. Temos fecundos pesquisadores também.

O acesso ao conhecimento por meio da ciência tem na pesquisa uma atividade objetiva e subjetiva, discutível (afinal, ciência não é dogma), carregada de reflexões, contradições, sistematizações e ressistematizações (VERGARA, 2004a). Como lembra Caraça (2002), já que ciência é um organismo vivo, porquanto está impregnada da condição humana, apresenta dúvidas, hesitações que só longa reflexão e apuramento conseguem eliminar. No entanto, logo surgem outras dúvidas e hesitações a exigirem novas reflexões e apuramento. O processo é dinâmico, portanto. Aqui, apresento algumas possibilidades metodológicas. A você, pesquisador, cabe valer-se de sua sensibilidade e de sua flexibilidade para escolher o encaminhamento da pesquisa e trazer sua contribuição ao campo. Neste sentido, ressalto os seguintes pontos:

a) a qualidade da referência bibliográfica que dá suporte ao seu estudo já sinaliza para o leitor desse estudo o quanto ele pode ou não ser instigante;
b) a articulação entre teoria e método é de vital relevância;
c) a abertura de sua mente de pesquisador e a sensibilidade são de fundamental importância para sua interpretação de fenômenos sociais;
d) as conclusões a que você chega devem responder ao problema da investigação e ser coerentes com a teoria e o método que foram por você utilizados;
e) quanto mais o estudo avança no conhecimento existente, mais relevante ele é;
f) quanto mais você expõe seu trabalho, seja em congressos, seja informalmente a pares, alunos, amigos, leitores em geral, seja formalmente a revisores de revistas especializadas, mais possibilidades tem de enriquecê-lo com base nas críticas que a ele são feitas.

Ao explicitar os critérios para avaliação de artigos submetidos à revista **Organizações & Sociedade**, Pinho (2003) menciona que um artigo pode sofrer duas ou três rodadas de diálogo entre autor e avaliador e o objetivo não é o de desmerecer o trabalho; antes, de aperfeiçoá-lo. Acontece assim também em outras revistas.

Foi com o intuito de aperfeiçoar o conteúdo deste livro que o expus previamente a Eduardo Davel, brilhante parceiro acadêmico e amigo generoso. Lá do Canadá, então, ele me ajudou a melhorar os textos. Sou muito, muito grata a ele por isso.

Também sou grata ao Prof. Bianor Cavalcanti e à Profa. Deborah Zouain. A facilitação das condições de pesquisa, pela Ebape/FGV, foi de extrema relevância.

Igualmente sou agradecida ao Prof. Luiz Eduardo Achutti e à Tomo Editorial por terem permitido a reprodução das fotografias ilustrativas do método fotoetnográfico.

Bem, leitor, aqui vai, nesta apresentação do livro, uma palavra final: todo esforço que você possa fazer para apresentar um trabalho rigoroso, coerente, consistente e, ao mesmo tempo, liberto de teias que possam aprisionar uma possível contribuição maior, é fundamental. Como fundamental também, já nos alertam Alvesson e Sköldberg (2000), é que você, pesquisador, concentre-se na reflexão e na interpretação dos dados no momento mesmo em que os está coletando e após a coleta e que o faça com a consciência do limite da linguagem para gerar conhecimento com base na realidade empírica. Igualmente, que você tenha a consciência de que reflexão e interpretação de dados estão situadas no campo político, ideológico, cultural, linguístico que, a cada dia, constrói e reconstrói você, pesquisador.

Leituras para aprofundamento

ALVESSON, Mats; SKÖLDBERG, Kaj. **Reflexive methodology:** new vistas for qualitative research. London: Sage, 2000.

BABBIE, Earl. **Métodos de pesquisas de survey**. Belo Horizonte: EDUFMG, 2001.

BURRELL, Gibson; MORGAN, Gareth. **Sociological paradigms and organizational analysis.** London: Heinemann Educational Books, 1979.

CARAÇA, Bento de Jesus. **Conceitos fundamentais de matemática.** 4. ed. Portugal: Gradiva, 2002.

GUEDES, Ana Lúcia. Empresas transnacionais e questões ambientais: a abordagem do realismo crítico. **Revista Sociologia Política**. Curitiba, 20, p. 25-42, jun. 2003.

MORGAN, Gareth. **Beyond method:** strategies for social research. London: Sage, 1983.

MORIN, Edgar. **Ciência com consciência.** Rio de Janeiro: Bertrand do Brasil, 1996.

PINHO, José Antonio Gomes de. Uma investigação na avaliação de artigos submetidos à revista Organizações & Sociedade. **Organizações & Sociedade.** Salvador: EAUFBA, v. 10, nº 28, p. 79-82, set./dez. 2003.

VERGARA, Sylvia Constant. **Projetos e relatórios de pesquisa em administração**. 5. ed. São Paulo: Atlas, 2004a.

_______; PECI, Alketa. Escolhas metodológicas em estudos organizacionais. **Organizações & Sociedade.** Salvador: EAUFBA, v. 10, nº 27, p. 13-26, maio/ago. 2003.

1

Análise de Conteúdo

A análise de conteúdo é considerada uma técnica para o tratamento de dados que visa identificar o que está sendo dito a respeito de determinado tema. Bardin (1977, p. 42) a define como: "um conjunto de técnicas de análise das comunicações visando obter, por procedimentos sistemáticos e objetivos de descrição do conteúdo das mensagens, indicadores (quantitativos ou não) que permitam a inferência de conhecimentos relativos às condições de produção/recepção (variáveis inferidas) destas mensagens".

Pode-se dizer que a análise de conteúdo tem se desenvolvido desde o início do século XX. No começo, a técnica era aplicada, sobretudo, ao tratamento de materiais jornalísticos. Hoje, abraça também transcrições de entrevistas, documentos institucionais, entre outros. A disseminação desse método se deu a partir dos estudos da Escola de Jornalismo da Universidade de Columbia, nos Estados Unidos (BARDIN, 1977).

H. Lasswell é considerado um dos pioneiros na aplicação do método, tendo realizado análises de imprensa e de propaganda. Nas décadas de 40 e 50 do século XX, pesquisadores como B. Berelson e P. Lazarsfeld se dedicaram à sistematização das regras de análise. A partir dos anos 60, a análise de conteúdo passou a contar com o auxílio de recursos da informática. A obra *The general inquirer: a computer approach to content analysis in the behavioral sciences*, publicada em 1966 por Stone et al., é considerada uma referência no que diz respeito à análise com auxílio de computador (BARDIN, 1977; BAUER, 2002). No ano 2004, diversos *softwares* para esta finalidade já estavam à disposição no mercado, tais como NUD*IST e ATLAS/ti (KELLE, 2002; TESCH, 1990).

A análise de conteúdo admite tanto abordagens quantitativas quanto qualitativas ou, ainda, ambas (BARDIN, 1977; FREITAS, CUNHA JR. e MOSCAROLA, 1996; LAVILLE e DIONNE, 1999), apesar de ter sido concebida com base na quantificação. Em quaisquer dos casos implica categorizações.

Palavras-chave

- Unidades de análise
- Grade de análise
- Categorias
- Frequência de elementos (se a análise for de base quantitativa)
- Relevância de elementos
- Presença ou ausência de elementos

Características principais

- Presta-se tanto aos fins exploratórios, ou seja, de descoberta, quanto aos de verificação, confirmando ou não hipóteses ou suposições preestabelecidas.
- Exige categorias exaustivas, mutuamente exclusivas, objetivas e pertinentes (BARDIN, 1977; FREITAS, CUNHA JR. e MOSCAROLA, 1996; LAVILLE e DIONNE, 1999).
- Grandes quantidades de dados podem ser tratadas, bem como armazenadas com o auxílio de programas de computador. A interpretação, contudo, cabe ao pesquisador.
- Corre-se o risco, quando se detém nas frequências, de perder-se o que está ausente ou é raro (BAUER, 2002), porém relevante para a análise do objeto em estudo.

Como utilizar[1]

- Definem-se o tema e o problema de pesquisa.

---

[1] A ordem aqui apresentada não é rígida. Pode, portanto, ser alterada conforme a situação.

- ❒ Procede-se a uma revisão da literatura pertinente ao problema de investigação e escolhe(m)-se a(s) orientação(ões) teórica(s) que dará(ão) suporte ao estudo.
- ❒ Definem-se as suposições para o problema sob investigação, exceto se a pesquisa for do tipo exploratória. Neste caso, suposições poderão ser definidas durante o andamento da pesquisa ou ao final.
- ❒ Definem-se os meios para a coleta dos dados, conforme o tipo de pesquisa: documental ou de campo. No primeiro caso, os dados podem ser coletados em relatórios, cartas ou outros documentos da organização. No segundo, a coleta geralmente ocorre por meio da realização de entrevistas abertas ou semiestruturadas ou da aplicação de questionários abertos.
- ❒ Coletam-se os dados por meio dos instrumentos escolhidos. No caso da realização de entrevistas, procede-se à sua transcrição, quando gravadas.
- ❒ Define-se o tipo de grade para a análise: fechada, aberta ou mista.
  - ⇨ Grade fechada: definem-se preliminarmente as categorias pertinentes ao objetivo da pesquisa. Identificam-se, no material selecionado, os elementos a serem integrados nas categorias já estabelecidas.
  - ⇨ Grade aberta: identificam-se categorias de análise, conforme vão surgindo ao pesquisador. Procede-se ao rearranjo das categorias durante o andamento da pesquisa. Estabelecem-se categorias finais de análise.
  - ⇨ Grade mista: definem-se preliminarmente as categorias pertinentes ao objetivo da pesquisa, porém admite-se a inclusão de categorias surgidas durante o processo de análise. Verifica-se a necessidade de subdivisão, inclusão ou exclusão de categorias. Estabelece-se o conjunto final de categorias, considerando o possível rearranjo.
- ❒ Procede-se à leitura do material selecionado durante a etapa de coleta dos dados (cartas, transcrição de entrevistas, respostas a questionários abertos).
- ❒ Definem-se as unidades de análise: palavra, expressão, frase, parágrafo.
- ❒ Definem-se as categorias para análise, conforme a grade de análise escolhida.
- ❒ Procede-se à análise de conteúdo, apoiando-se em procedimentos estatísticos, interpretativos ou ambos.
- ❒ Resgata-se o problema que suscitou a investigação.

- Confrontam-se os resultados obtidos com a(s) teoria(s) que deu(ram) suporte à investigação.
- Formula-se a conclusão.
- Elabora-se o relatório de pesquisa.

Pode-se dizer que a análise de conteúdo compreende três etapas básicas: (a) pré-análise; (b) exploração do material; (c) tratamento dos dados e interpretação (BARDIN, 1977). A pré-análise refere-se à seleção do material e à definição dos procedimentos a serem seguidos. A exploração do material diz respeito à implementação destes procedimentos. O tratamento e a interpretação, por sua vez, referem-se à geração de inferências e dos resultados da investigação. Nesta última fase, suposições poderão ser confirmadas ou não.

O procedimento básico da análise de conteúdo refere-se à definição de categorias pertinentes aos propósitos da pesquisa (TESCH, 1990). Categorias são "rubricas ou classes, as quais reúnem um grupo de elementos sob um título genérico, agrupamento esse efetuado em razão dos caracteres comuns destes elementos" (BARDIN, 1977, p. 117). Categorizar implica isolar elementos para, em seguida, agrupá-los. As categorias devem ser: (a) exaustivas, isto é, devem permitir a inclusão de praticamente todos os elementos, embora nem sempre isso seja possível); (b) mutuamente exclusivas, ou seja, cada elemento só poderá ser incluído em uma única categoria; (c) objetivas, isto é, definidas de maneira precisa, a fim de evitar dúvidas na distribuição dos elementos; (d) pertinentes, ou seja, adequadas ao objetivo da pesquisa.

Três grades podem ser escolhidas pelo pesquisador para a definição das categorias: aberta, fechada ou mista (LAVILLE e DIONNE, 1999). Na primeira, as categorias são definidas durante o andamento da pesquisa. É uma grade flexível, pois permite alterações até que se obtenha um conjunto final. É recomendada para pesquisas de cunho exploratório. Na grade fechada, o pesquisador recorre à literatura pertinente ao tema da pesquisa para formular as categorias, ou seja, são estabelecidas *a priori*. Aqui, deseja-se, em geral, verificar a presença ou a ausência de determinados elementos. Alerta-se, contudo, para o fato de que alguns elementos podem ficar de fora da categorização, uma vez que a grade é rígida (LAVILLE e DIONNE, 1999). É inapropriada para pesquisas exploratórias, sendo, em geral, utilizada para as do tipo descritiva e explicativa. A terceira grade incorpora características das duas anteriores. Categorias são definidas *a priori*, com base na literatura, tal como na grade fechada. Contudo, elas são mutáveis. Ao contrário da grade fechada, todos os elementos presentes nos dados coletados podem ser considerados e, consequentemente, integrar as categorias.

A análise pode ser amparada por procedimentos de cunho quantitativo, qualitativo ou ambos (BARDIN, 1977; GODOY, 1995; LAVILLE e DIONNE, 1999; ROESCH, 1999). Procedimentos quantitativos privilegiam as frequências, ou seja, as ocorrências de determinados termos ou palavras-chave no texto (BAR-

DIN, 1977; LAVILLE e DIONNE, 1999). Os dados podem ser tratados por meio de técnicas estatísticas simples, como a análise de frequências, ou por meio de outras mais complexas, como a análise fatorial e a análise de variância (BARDIN, 1977; ROESCH, 1999). Procedimentos qualitativos focalizam as peculiaridades e as relações entre os elementos (LAVILLE e DIONNE, 1999). Enfatizam o que é significativo, relevante, o que pode não ser necessariamente frequente no texto. A interpretação dos resultados pode ser realizada por meio do emparelhamento (*pattern-matching*) ou da construção iterativa de uma explicação (LAVILLE e DIONNE, 1999). A primeira modalidade diz respeito à associação dos resultados ao referencial teórico utilizado, procedendo-se à comparação. A segunda refere-se à construção de uma explicação com base nas relações entre as categorias. É, em geral, utilizada em pesquisas exploratórias. Procedimentos quantitativos e qualitativos, contudo, não são mutuamente excludentes. Podem ser utilizados de forma complementar.

Obtidos os resultados, cabe ao pesquisador retornar às suposições formuladas (se houver) e confirmá-las ou não, conferindo as devidas explicações.

Exemplos da utilização da análise de conteúdo

❐ Exemplo 1: Gestão da comunicação organizacional

Silva e Oliveira (2003) valeram-se da análise de conteúdo em uma pesquisa sobre gestão da comunicação organizacional. Os pesquisadores discutiram a questão da comunicação sob uma ótica instrumental, pautada na geração de conformidade e obediência às diretrizes da organização, bem como sob uma ótica participativa, vista como uma arena de construção de significado. Abordaram a necessidade de se abandonar a visão tutelada com que o tema vem sendo tratado, em favor de uma visão participativa.

Para a realização da pesquisa, cujo objetivo foi identificar os aspectos que impactam a construção de uma comunicação baseada no sentido de participação, foi selecionada uma empresa brasileira prestadora de serviços de infraestrutura na área de energia.

Os dados foram coletados por meio de: (a) realização de entrevistas semiestruturadas com funcionários da empresa; (b) participação dos pesquisadores, como observadores, em três reuniões da empresa; (c) pesquisa documental.

Foram entrevistados 20 funcionários de diferentes áreas e níveis hierárquicos. As entrevistas foram norteadas pelos seguintes tópicos: comunicação vertical tanto no sentido da organização para os indivíduos quanto no sentido inverso; comunicação entre equipes; comunicação interpessoal; meios de comunicação utilizados.

Os dados obtidos foram submetidos à análise de conteúdo, com o auxílio do *software* ATLAS/ti. Frases e parágrafos foram definidos como unidades de análise. Foram identificados elementos que afetam o desenvolvimento de uma comunicação participativa, tendo sido agrupados nas seguintes categorias: diretrizes gerais da organização; identidade organizacional e conflitos de identidade entre grupos; integração entre áreas; integração pessoal; eficácia dos meios de comunicação institucional e interpessoal; eficácia dos canais de comunicação das pessoas para a organização; relações hierárquicas; características predominantes na cultura e no clima organizacional. Essas categorias foram obtidas *a posteriori*; logo, os pesquisadores valeram-se da grade de análise aberta.

No que diz respeito às diretrizes gerais da organização, os dados obtidos revelaram que há dificuldades para o alinhamento do esforço individual com estas diretrizes. Entre os principais aspectos referentes a estas dificuldades, os participantes da pesquisa mencionaram: pouco conhecimento sobre a visão da matriz estrangeira da empresa; percepções diversas sobre a missão e sobre a estratégia da empresa; metas fragmentadas por área, pouco claras e desatualizadas; definição das metas de modo vertical; ausência de *feedback*.

No que concerne à identidade organizacional e às identidades de grupos, foi possível perceber dificuldades para se compor uma identidade organizacional forte. Conflitos de identidade entre grupos foram também percebidos, tendo sido citados: indivíduos com uma visão mais coletivista e outros mais individualista; indivíduos que se consideram qualificados e outros que são vistos como tendo pouca qualificação; comportamento autêntico *versus* comportamento padronizado; indivíduos que se consideram marginalizados pela empresa e outros que parecem ter sido privilegiados; ação e carreira segundo uma lógica de mercado *versus* ação e carreira dirigidas apenas para a empresa.

Com relação à integração entre áreas, os participantes revelaram que a ausência de um sistema para a gestão de processos, a carga de trabalho excessiva, a rotatividade de pessoal, o desconhecimento da missão e da estratégia da empresa, entre outros fatores, dificultam a construção de uma visão integrada e, consequentemente, o desenvolvimento de uma comunicação pautada na participação.

Sobre a integração pessoal, foi possível perceber que, apesar do clima de cordialidade, sem disputas exageradas, as relações eram distantes, ficando restritas aos assuntos de trabalho. Os contatos, quando estabelecidos, eram, em grande parte, proporcionados pela tecnologia (*e-mail* e telefone). Dificuldades de integração foram citadas pelos participantes, e a empresa vinha tentando minimizá-las à época da pesquisa.

Com relação aos meios de comunicação institucional, a empresa utilizava um jornal institucional, informativos *on line*, um informe mensal de Recursos Humanos, comunicados de RH e murais setoriais. Para os participantes da pesquisa, o emprego destes instrumentos era limitado tanto no que se refere à difusão das políticas da organização quanto na promoção do fortalecimento da identidade dos funcionários com a empresa.

No que diz respeito aos meios de comunicação interpessoal, foram citados o correio eletrônico, o telefone, as reuniões, o contato pessoal e, para alguns setores, o rádio. Os participantes revelaram mais uma vez ser a comunicação formal e distante, tendo como principal meio o correio eletrônico.

Sobre os canais de comunicação das pessoas para a organização, os participantes destacaram a área de Recursos Humanos e a área de Comunicação Social. Aspectos positivos, principalmente no que se refere à Diretoria de Recursos Humanos, foram citados, tais como: fácil acesso aos profissionais da área, esforços para a aproximação com os empregados, promoção de eventos de integração, entre outros. Aspectos negativos foram relacionados à falta de clareza na divulgação das políticas de RH, centralização nas iniciativas de gestão de pessoas, entre outros.

No que diz respeito à estrutura hierárquica, foi possível perceber a distância entre a base e a cúpula da organização. Os gerentes intermediários pareciam atuar como repassadores de informação do topo para a base.

No que se refere às características predominantes na cultura e no clima da organização, os participantes sugeriram que fatores como o carisma da organização e sua capacidade de cativar os empregados, além da valorização de uma visão de resultados, afetavam positivamente o desenvolvimento de uma comunicação voltada para a participação. Por outro lado, o excesso de hierarquia, a pouca flexibilidade de normas e rotinas, a relação paternalista com os empregados, entre outros fatores, pareciam prejudicar este desenvolvimento.

Os resultados da pesquisa revelaram aspectos positivos e negativos que podem afetar o desenvolvimento da comunicação organizacional segundo uma visão participativa.

❒ Exemplo 2: Reconstrução de identidades em momentos de mudança organizacional

O processo de reconstrução de identidades em momentos de mudança organizacional foi objeto de estudo para Silva e Vergara (2002), em uma pesquisa realizada em cinco organizações brasileiras. Os pesquisadores tomaram como referência a premissa de que os contextos de mudança organizacional tendem a modificar o modo pelo qual os indivíduos percebem o conjunto de relações sociais relevantes para eles.

As cinco organizações selecionadas para a pesquisa tinham passado recentemente ou estavam passando por processos de mudança organizacional. Foram elas: (a) fundação privada com atuação em pesquisa, educação e consultoria nas áreas de economia e gestão; (b) instituição financeira estatal; (c) empresa privatizada que atuava como concessionária em serviços urbanos; (d) órgão da administração pública municipal com atuação na fiscalização de tributos; (e) empresa farmacêutica multinacional.

Os dados foram coletados por meio da realização de entrevistas semiestruturadas com cerca de 15 funcionários de cada organização, em um total de 75 funcionários. O tratamento destes dados se deu por meio da análise de conteúdo, com o auxílio do *software* ATLAS/ti. As unidades de análise foram frases e parágrafos. Os dados foram classificados com base nos diferentes conceitos abordados pelos entrevistados, entre os quais as múltiplas relações sociais e institucionais por eles visualizadas no contexto organizacional. Para a classificação destas relações, quatro categorias foram previamente definidas com base na literatura, caracterizando uma grade fechada. São elas: a relação do indivíduo consigo mesmo (eu e eu), as relações do indivíduo com o contexto geral (eu e o contexto), as relações do indivíduo com os outros indivíduos por ele considerados como relevantes (eu e os outros), as relações estabelecidas pelos grupos com os quais o indivíduo mantém identidade no contexto (nós e o contexto).

Os resultados da pesquisa revelaram diferentes elementos integrantes do conjunto de relações que afetam o processo de interpretação do contexto e reconstrução das identidades dos indivíduos. São eles: (a) a relação do indivíduo consigo mesmo (eu e eu); (b) a relação do indivíduo com o seu trabalho (eu e o trabalho); (c) as relações do indivíduo com os grupos com os quais possui alguma identidade (eu e os meus grupos); (d) as relações hierárquicas (eu e os gerentes/os subordinados); (e) as relações do indivíduo com a cúpula da organização (eu e a diretoria); (f) as relações do indivíduo com os outros grupos com os quais não mantém uma identidade forte (eu e os outros grupos); (g) as relações entre os grupos com os quais o indivíduo mantém uma identidade e os outros grupos (nós e os outros grupos); (h) as relações entre os grupos com os quais o indivíduo mantém uma identidade e a instituição (nós e a organização); (i) as relações do indivíduo com os clientes (eu e os clientes); (j) as relações do indivíduo com os colegas que deixaram a organização por ocasião das mudanças (eu e os colegas que saíram); (l) as relações do indivíduo com a família e os amigos que não pertencem à organização (eu e os entes queridos); (m) as relações do indivíduo com a instituição (eu e a organização); (n) as relações do indivíduo com o mercado de trabalho (eu e o mercado de trabalho); (o) as relações do indivíduo com a sociedade em geral (eu e a sociedade); (p) as relações da instituição com a sociedade (a organização e a sociedade); (q) as relações da instituição com o mercado (a organização e o mercado).

Para os pesquisadores, este conjunto de relações revela uma mistura de elementos em níveis macro e micro, demonstrando que o sentido da mudança para os indivíduos é construído pelos valores, diretrizes e regras sociais presentes no contexto, bem como pelas inúmeras interações das quais eles participam. Estes elementos parecem afetar o modo pelo qual as identidades pessoais, coletivas e institucionais são reconstruídas.

❐ Exemplo 3: A resiliência de profissionais angolanos

Angola, situada no sudoeste africano, é um país com diferentes formações étnicas, foi colonizado por Portugal e tornou-se a maior área de exportação de escravos para o Brasil. Em 1961, deu início à sua luta pela independência, com três facções disputando o poder. Em 1975, a facção de Agostinho Neto proclamou a independência do país, e Agostinho tornou-se presidente da República, cargo que ocupou até 1979, quando morreu. José Eduardo dos Santos assumiu, então, a presidência.

Desde a sua independência de Portugal instalou-se em Angola uma das mais duradouras guerras civis de que se tem notícia. A população esfomeada foi subjugada pela violência, com membros da mesma família lutando entre si e as estradas e os campos de cultivo se tornaram um covil de minas que fazem de Angola o país campeão na instalação delas. A guerra civil terminou em 2002.

As pressões, primeiro da colonização portuguesa que realizou intervenções nos modos de existir dos angolanos, e segundo de uma guerra civil que alterou ainda mais profundamente esses modos, cessaram. Persistem, porém, seus efeitos e vários movimentos no sentido de neutralizá-los começaram a acontecer no país. Um deles foi a realização de um curso de pós-graduação em gestão empresarial na cidade de Luanda, capital de Angola, em 2004.

Em dezembro desse ano, Vergara (2008) entrevistou 46 profissionais angolanos que faziam tal curso. Seu objetivo era descobrir que forças ligadas a sentimentos foram impulsionadoras ou facilitadoras das ações destes profissionais para superação das dificuldades. Suas respostas foram agrupadas por categorias inspiradas na literatura sobre a história de Angola e sobre o conceito de resiliência, assim como nas respostas dos entrevistados. Foi, portanto, uma grade mista.

As categorias identificadas foram quatro e apresentadas em ordem de importância, obtida pela frequência com que os fatores nelas incluídas apareceram. São elas: amor à pátria, solidariedade, esperança e recursos intangíveis.

Por amor à pátria foi entendido o local de nascimento, de pertencimento, de unidade e, ao mesmo tempo, de diversidade de interesses, de aspirações, de costumes. Por amor à pátria também foi entendido o sentimento que diz respeito ao sonho de dias melhores para o país, vontade de que ele tenha estabilidade financeira, social e econômica e de que Angola como um todo se recupere.

Por solidariedade, foi entendido um laço social que pressupõe a presença do Estado e de pessoas capazes de dar um novo rumo ao processo histórico. Assim, foram categorizadas as respostas que diziam respeito, de um lado, ao que cada entrevistado recebeu e, de outro, ao que deu, ambas referindo-se ao sentimento de interdependência humana. No primeiro estão o amor e a ajuda da família, de concidadãos, de amigos. No segundo, o amor ao próximo, a fraternidade, o reconhecimento das dificuldades da população.

Por esperança foram entendidos o desejo de sobreviver e vencer, a crença na justiça social, a fé, a intuição de que dias melhores viriam.

Por recursos intangíveis foram categorizados elementos que energizam, insumos que transformam resultados, tais como a educação, a capacidade de lidar com diferenças, a prontidão para o perdão, a autodefesa, a dignidade, a autoestima.

Leituras para aprofundamento

BARDIN, Laurence. **Análise de conteúdo**. Lisboa: Edições 70, 1977.

BAUER, Martin W. Análise de conteúdo clássica: uma revisão. In: BAUER, Martin W.; GASKELL, George (Ed.). **Pesquisa qualitativa com texto, imagem e som**: um manual prático. Petrópolis: Vozes, 2002.

FREITAS, Henrique M. R. de; CUNHA JR., Marcus V. M. da; MOSCAROLA, Jean. **Pelo resgate de alguns princípios da análise de conteúdo**: aplicação prática qualitativa em marketing. Porto Alegre: UFRGS/FCE/PPGA, 1996. 17 p. (Série Documentos para Estudo, PPGA/UFRGS, nº 5/96).

GODOY, Arilda S. Pesquisa qualitativa: tipos fundamentais. **Revista de Administração de Empresas**. São Paulo: Fundação Getulio Vargas, v. 35, nº 3, p. 20-29, maio/jun. 1995.

KELLE, Udo. Análise com auxílio de computador: codificação e indexação. In: BAUER, Martin W.; GASKELL, George (Ed.). **Pesquisa qualitativa com texto, imagem e som**: um manual prático. Petrópolis: Vozes, 2002.

LAVILLE, Christian; DIONNE, Jean. **A construção do saber**: manual de metodologia da pesquisa em ciências humanas. Porto Alegre: Artes Médicas Sul; Belo Horizonte: EDUFMG, 1999.

MOTTA, Paulo Cesar. **Serviços**: pesquisando a satisfação do consumidor. Rio de Janeiro: Papel Virtual, 1999.

ROESCH, Sylvia M. A. **Projetos de estágio e de pesquisa em administração**: guia para estágios, trabalhos de conclusão, dissertações e estudos de caso. 2. ed. São Paulo: Atlas, 1999.

SILVA, José Roberto Gomes da; OLIVEIRA, Maria do Carmo Leite de. A composição de um quadro de referência para a gestão da comunicação organizacional. In: ENCONTRO NACIONAL DA ASSOCIAÇÃO NACIONAL DOS PROGRAMAS DE PÓS-GRADUAÇÃO EM ADMINISTRAÇÃO, 27., 2003, Atibaia. **Anais...** Atibaia: Anpad, 2003.

SILVA, José Roberto Gomes da; VERGARA, Sylvia Constant. Mudança organizacional e as múltiplas relações que afetam a reconstrução das identidades dos indivíduos. In: ENCONTRO NACIONAL DA ASSOCIAÇÃO NACIONAL DOS PROGRAMAS DE PÓS-GRADUAÇÃO EM ADMINISTRAÇÃO, 26., 2002, Salvador. **Anais...** Salvador: Anpad, 2002.

TESCH, Renata. **Qualitative research**: analysis types and software tools. New York: Falmer Press, 1990.

VERGARA, Sylvia Constant. A resiliência de profissionais angolanos. **Revista de Administração Pública (RAP)**. Rio de Janeiro: Fundação Getulio Vargas, v. 42, nº 4, jul./ago. 2008, p. 701-718.

2

Análise do Discurso

A análise do discurso é um método que visa não só apreender como uma mensagem é transmitida, como também explorar o seu sentido. Analisar o discurso implica considerar tanto o emissor quanto o destinatário da mensagem, bem como o contexto no qual o discurso está inserido. Seu foco é "a forma como a língua é produzida e interpretada em um dado contexto" (CABRAL, 1999, p. 11). Ou, como asseveram Putnam e Fairhurst (2001, p. 79), é o "estudo de palavras e expressões, incluindo a forma ou estrutura destas palavras, o uso da linguagem no contexto e os significados ou interpretações de práticas discursivas".

A relação entre os participantes de um discurso pode, contudo, ir além do esquema emissor-receptor. Explorar o sentido do discurso demanda, então, reconhecer outros personagens: o locutor, o enunciador, o alocutor e os destinatários (BALLALAI, 1989). O primeiro refere-se ao autor da fala. O enunciador, também conhecido como animador, é aquele que profere uma sequência de palavras. A fala, neste caso, não é sua. O alocutor é o indivíduo a quem o discurso é dirigido, isto é, o verdadeiro destinatário da mensagem. Os destinatários, por sua vez, são ouvintes, pacientes dos atos.

A análise do discurso compreende diferentes abordagens. Em linhas gerais, consideram-se duas grandes escolas: a anglo-saxã e a francesa (CABRAL, 1999; PEREIRA, 1991). A primeira refere-se a uma perspectiva pragmática, enquanto a segunda diz respeito à perspectiva ideológica. Maingueneau (1998) situa a análise do discurso no entrecruzamento das ciências humanas. Com relação às abordagens, observa que nos Estados Unidos a análise do discurso é marcada pela antropologia, enquanto na França há uma orientação de cunho linguístico, marcada pela psicanálise.

Diferentes enfoques assumidos pela análise do discurso foram discutidos por Ballalai (1989): a pragmática, a teoria da argumentação e a teoria da interrogação e do questionamento. No âmbito da pragmática, busca-se o sentido do discurso, em função do seu caráter utilitário, de sua utilização em um determinado contexto. Com relação à teoria da argumentação, assume-se a perspectiva de ação sobre o outro, de modo explícito ou implícito. No âmbito da teoria da interrogação e do questionamento, busca-se identificar o sentido de um discurso, definindo-se a questão da qual ele se origina.

Gill (2002), por sua vez, assevera que há inúmeras abordagens de análise do discurso, porém sugere que se pense em termos de tradições teóricas amplas, tais como: (a) linguística crítica, semiótica social ou crítica, estudos de linguagem, (b) teoria do ato da fala, etnometodologia e análise da conversação, (c) pós-estruturalismo.

No âmbito dos estudos organizacionais, Putnam e Fairhurst (2001) apresentam oito categorias de análise da linguagem: (a) sociolinguística, (b) análise da conversação, (c) linguística cognitiva, (d) pragmática, (e) semiótica, (f) análise literária e retórica, (g) estudos críticos da linguagem, (h) análise pós-moderna da linguagem. A sociolinguística trata a linguagem como um sistema de códigos, no qual comunidades organizacionais definem suas identidades e relações. A análise da conversação, por sua vez, enfatiza a estrutura da língua. A linguística cognitiva, ao contrário da análise da conversação, privilegia a ligação entre formas de discurso e usuários da língua. Esta perspectiva aborda o estudo de padrões do discurso que emergem de processos mentais. A pragmática, por seu turno, é um termo amplo, tratado, muitas vezes, como uma abordagem genérica para diversas perspectivas do discurso. Incorpora tanto a forma linguística quanto o contexto comunicativo do discurso. Privilegia características contextuais e trata o discurso como ação e interação simbólica em comunidades de fala. A semiótica está centrada em sistemas de signos, isto é, da conjugação arbitrária de um significante (componente material) e um significado (conceito, ideia). Esta perspectiva amplia o foco dos estudos da linguagem, incluindo códigos não verbais, imagens e objetos. A perspectiva literária e retórica, por sua vez, focaliza símbolos ao invés de signos. Símbolos são "um tipo de signo em que a relação entre o significante e o significado é puramente arbitrária, ou convencional, por exemplo, uma rosa vermelha significando amor" (BAUER e GASKELL, 2002, p. 512). Realça o significado e elementos contextuais da linguagem, ao invés de códigos e características estruturais. Ao contrário das abordagens anteriores, que tratam a linguagem por meio de determinados métodos de análise do discurso, os estudos críticos da linguagem centram-se no discurso e na sociedade. Por fim, na análise pós-moderna da linguagem, temas como poder e resistência são vistos como dominantes.

A análise do discurso presta-se ao leitor cujo objetivo de pesquisa não descarta o conteúdo, ou seja, o que está sendo dito sobre determinado tema, mas vai além. Investiga como o conteúdo é usado para o alcance de determinados efeitos. Assim, se é importante verificar a forma pela qual se diz alguma coisa, a análise do discurso é recomendada como método de pesquisa; se, ao contrário, basta verificar o que se fala, a análise de conteúdo parece viável. Esta envolve categorias, enquanto a análise do discurso busca identificar como os participantes constroem e empregam categorias em sua fala, já que o discurso pode ter múltiplas funções e significados (WOOD e KROGER, 2000).

A análise do discurso compreende diversas abordagens e exige sensibilidade do pesquisador para captar e interpretar a subjetividade do pesquisado. As características e os procedimentos apresentados neste capítulo, contudo, são básicos.

Palavras-chave

- Prática social
- Locutor, enunciadores, alocutor, destinatários
- Destinaridade, isto é, a quem se destina
- Contexto interpretativo
- Intencionalidade do discurso
- Mensagens explícitas ou implícitas

Características principais

- Permite reconhecer o significado tanto do que está explícito na mensagem quanto do que está implícito; portanto, não só o que se fala, mas como se fala.
- Permite identificar como se dá a interação entre membros de uma organização: a participação, o processo de negociação, as manifestações de poder.
- Um de seus pontos-chave é a destinaridade, ou seja, o receptor.
- A análise do discurso é uma interpretação do discurso produzido por outros. Há de considerar-se, portanto, a subjetividade do pesquisador.
- Exige do pesquisador habilidade para registrar os recursos utilizados pelos participantes para intensificar ou mitigar o que está sendo dito, para observar aspectos comportamentais emergentes durante

o discurso, bem como para registrar fatos relacionados à situação estudada.[1]

✰ Como utilizar[2]

- ❒ Definem-se o tema e o problema de pesquisa.
- ❒ Procede-se a uma revisão da literatura pertinente ao problema de investigação e escolhe(m)-se a(s) orientação(ões) teórica(s) que dará(ão) suporte ao estudo.
- ❒ Define-se o tipo de material a ser considerado como fonte de dados para a pesquisa: textos, gravações de entrevistas, reuniões, conversas telefônicas ou outras situações de interação social.
- ❒ No caso de dados provenientes de entrevistas ou de reuniões:
  - ➪ Realizam-se as entrevistas ou participa-se das reuniões.
  - ➪ Registra-se o conteúdo literal das entrevistas ou das reuniões, utilizando-se gravações em áudio.
  - ➪ Registram-se aspectos paralinguísticos e não verbais, em notas de campo.
  - ➪ Procede-se à audição das gravações, antes de dar início à transcrição.
  - ➪ Transcreve-se o conteúdo das entrevistas ou das reuniões, valendo-se de critérios de convenção de transcrição.
- ❒ No caso de dados provenientes de conversas telefônicas (no âmbito de um *Call Center*, por exemplo): selecionam-se previamente as interações a serem analisadas.
- ❒ Procede-se à leitura das transcrições das entrevistas, reuniões, conversas telefônicas ou dos textos selecionados, tantas vezes quantas o pesquisador julgar necessário.
- ❒ Identificam-se as primeiras ideias relativas ao texto.
- ❒ Identificam-se os pontos-chaves do discurso: como o emissor se projeta, que referências utiliza, como se dirige ao receptor, como a linguagem é empregada, que dimensões enfatiza, como se dá a comunicação ou a argumentação (que elementos utiliza).

---

[1] Vergara, Bastos e Gomes (2004), cuja pesquisa é apresentada no exemplo 2 deste capítulo, registraram o fato de que as operadoras de televendas tentaram adiar uma reunião que estava com seu início atrasado em mais de uma hora, alegando que perderiam o ônibus. A solicitação não foi aceita pelo Gerente de Vendas.

[2] A ordem aqui apresentada não é rígida. Pode, portanto, ser alterada conforme a situação.

- Identificam-se nos dados padrões, isto é, relações entre características do discurso, bem como variabilidades, ou seja, diferenças entre discursos de diferentes indivíduos e entre discursos de um mesmo indivíduo.
- Descrevem-se detalhadamente e analisam-se os elementos identificados.
- Resgata-se o problema que suscitou a investigação.
- Confrontam-se os resultados obtidos com a(s) teoria(s) que deu(ram) suporte à investigação.
- Formula-se a conclusão.
- Elabora-se o relatório de pesquisa.

Para analisar o discurso, é importante levar em consideração não só os aspectos verbais ou linguísticos, como, também, os paraverbais ou paralinguísticos, bem como os não verbais. Aspectos paraverbais referem-se às pausas, à entonação, às hesitações. Aspectos não verbais dizem respeito aos gestos, aos olhares, à postura corporal, à distância entre os participantes. Ao analisar materiais provenientes de entrevistas ou reuniões, o pesquisador deve considerar as transcrições, bem como as notas de campo resultantes de suas observações.

As transcrições devem ser realizadas na íntegra, sem cortes, correções ou interpretações iniciais. Deve-se preservar a fala dos participantes.

Sugere-se que o relatório de pesquisa inclua fragmentos, trechos do material analisado, de modo a ilustrar a interpretação do pesquisador. É importante, ainda, registrar os critérios de convenção de transcrição estabelecidos, de modo a facilitar o entendimento do leitor. Pode-se utilizar, por exemplo, a versão apresentada por Wood e Kroger (2000).

Exemplos da utilização da análise do discurso

Exemplo 1: Atendimento prestado por uma empresa de seguro-saúde aos seus usuários

A relação entre uma empresa de seguro-saúde e seus usuários foi investigada por Oliveira e Bastos (2001) com base no estudo de narrativas construídas pelos usuários e as respectivas respostas fornecidas pela empresa. A pesquisa teve como objetivo investigar como a interação usuário/empresa é modelada pela construção de identidade e afetada pela representação do que é um tratamento justo para cada uma das partes.

As pesquisadoras destacaram a identidade, entendida como o processo de expor e interpretar posições sociais, afiliações, papéis e *status*, como um ponto central para o estudo das narrativas. Se, por um lado, para a empresa, a saúde é vista como uma atividade comercial, norteada por um contrato que define direitos e deveres de ambas as partes, por outro, para o usuário, ela é um direito, devendo o atendimento ser guiado pelas suas necessidades pessoais. É com base em cada uma das representações que os participantes da interação constroem seu discurso.

Os dados foram coletados nas correspondências (texto) trocadas pelos usuários e pela empresa, representada pelo serviço de atendimento ao cliente. Este serviço era realizado, na época em que os dados foram coletados, por seis funcionárias, responsáveis pelo atendimento telefônico e pelas correspondências dos usuários, em geral, referentes a reclamações ou solicitações.

Duas correspondências e suas respectivas cartas-resposta foram selecionadas para análise. A primeira tratava de uma solicitação de anistia de dívidas contraídas pelo titular, para tratamento do filho, uma vez que não havia cobertura para a situação ocorrida. A segunda referia-se a uma reclamação pelo mau atendimento prestado por um credenciado. O discurso dos dois usuários foi analisado com foco: (a) na identidade dos narradores (afiliações sociais, gerenciamento de imagem positiva, alinhamentos e sentimentos de inclusão/exclusão nos grupos sociais referidos); (b) os fatos e suas evidências, bem como a carga dramática presente nos relatos. Os dois discursos apoiaram-se na argumentação para o alcance dos seus objetivos.

Na primeira carta, o autor do discurso apresenta um *replaying*, ou seja, sua versão da experiência como pai cujo filho sofreu um acidente, pagador e, agora, devedor do seguro-saúde. Explicita em seu discurso afiliações a categorias sociais, colocando-se como pobre (*"não tenho bens", "não tinha dinheiro para pagar as passagens", "o pouco dinheiro que tinha era para alimentação", "meu salário de funcionário público não dá para pagar a dívida"*), velho (*"não tenho condições de pegar em peso, pois sou velho"*) e doente (*"tenho problemas de coluna"*). Apresenta em seu discurso, de forma indireta, atributos socialmente aceitos, mostrando-se um pai dedicado, responsável, generoso e humilde. A evidência dos fatos relatados é fornecida por meio de referências: nome de hospitais, cidades, termos médicos e datas. A carga dramática do discurso corresponde à própria situação apresentada: o acidente do filho. A dimensão do drama pode ser observada pela ordenação dos fatos relatados. Entretanto, há uma única referência explícita à emoção: seu desespero devido à doença do filho, associada ao aumento das despesas e à displicência dos médicos.

O autor do discurso entende como tratamento justo o cancelamento de suas dívidas em virtude de suas necessidades pessoais. Esse é o objetivo do discurso.

Na segunda carta, a autora do discurso relata seu sofrimento devido ao atendimento médico do qual foi vítima. Seu discurso não foi construído com base em afiliações a categorias sociais ou referências ao exercício de papéis no âmbito familiar. Apresenta-se, entretanto, como uma trabalhadora consciente e responsável (*"tinha horário no dia em que eu podia sair mais cedo do trabalho"*), cujas decisões são baseadas em razões objetivas (*"como eu não tinha cheque para pagar a anestesia procurei outro estabelecimento que não me atrasasse tanto"*, *"resolvi fazer no Hospital X porque tinha horário no dia..."*). Mostra-se uma pessoa corajosa e determinada, capaz de protestar e denunciar (*"não me calarei diante de tal brutalidade"*). Seu desespero, devido ao atendimento desumano (*"a Dra. XZ não esperou que eu dormisse e mesmo assim fez o exame"*), é expresso de forma explícita, com evidências dos fatos (*"eu gritava, chorava..."*). Sua narrativa é dramática. Explicitar sua indignação, cobrando providências, é o próprio objetivo do discurso.

A análise das duas cartas revelou que os locutores ou autores do discurso enfatizam as dimensões pessoais de suas identidades. Além disso, ambos assumem que organizações são pessoas, sendo a primeira carta dirigida ao presidente e a segunda ao médico auditor. A segunda, contudo, agradece e solicita providências à organização.

A resposta da empresa à primeira carta tratou a narrativa de sofrimento do autor como um relato de problemas. Foi objetiva, mencionando as responsabilidades assumidas pelo autor e demonstrando a ilegitimidade do pedido. A empresa mostrou-se guiada por regras claras que justificavam a cobrança.

No segundo caso, a narrativa é tratada como fato. A empresa foi formal e distante. Além disso, não se via como corresponsável pelo atendimento. Apenas comunicou à usuária o descredenciamento da clínica.

A análise das cartas-resposta revelou a distância da empresa com relação aos assuntos relatados pelos usuários, bem como uma interação formal e padronizada. A mensagem foi transmitida por meio da construção de uma identidade impessoal para a empresa; do tratamento dado ao usuário, visto como cliente e não como pessoa; da legitimação do que a empresa entende como tratamento justo.

Os resultados da pesquisa revelaram que a interação foi modelada pelas identidades dos participantes, a partir de suas representações da saúde. De um lado, usuários utilizaram o modelo pessoa-pessoa, entendendo a saúde como um direito. De outro, a empresa utilizou o modelo não pessoa – não pessoa, entendendo a saúde como um negócio. Essas percepções opostas afetaram, portanto, a interação. Foi observada, ainda, a necessidade humana de autoaprovação, identificada nas narrativas dos usuários. Por fim, a injustiça no nível micro foi associada àquela, em nível macro, que exclui as classes menos favorecidas e que não garante atendimento digno aos usuários de planos de saúde.

❒ Exemplo 2: Estilos discursivos de liderança gerencial

Vergara, Bastos e Gomes (2004) discutiram a construção de estilos discursivos de liderança gerencial, em uma pesquisa amparada metodologicamente pela sociolinguística interacional, em interface com a análise da conversação, vertentes da análise do discurso.

A pesquisa teve como objetivo responder à seguinte questão: que estilos discursivos de liderança gerencial podem ser identificados na relação líder/liderados em situações de busca de solução de problemas? Foi orientada pelo pressuposto de que líderes alinham e realinham seus discursos em função de seus propósitos e dos significados construídos com os liderados no processo de comunicação e solução de problemas. Reuniões em uma empresa brasileira foram eventos considerados oportunos para identificar os estilos discursivos, uma vez que permitem observar nitidamente as mudanças de alinhamento. Foram focalizadas as relações dos líderes da Ramo Ferro Ltda. (nome fictício atribuído à empresa): o Diretor Geral, o Diretor Administrativo e o Gerente de Vendas, com os seus liderados: operadoras de televendas e representantes comerciais autônomos.

A coleta de dados se deu por meio da observação e da gravação em áudio de sete reuniões da empresa (BASTOS, 2001), sendo que no artigo aqui utilizado como exemplo foram apresentados dados referentes a três reuniões: uma com profissionais do setor de televendas e duas com representantes comerciais. Aspectos não verbais foram registrados em notas de campo. Além disso, foram realizadas entrevistas informais com os líderes, antes de cada reunião.

Os resultados da pesquisa revelaram quatro estilos discursivos de liderança gerencial, quais sejam: o autocentrado, o consultivo, o instrutivo e o colaborativo. Essa categorização foi construída pelas pesquisadoras à luz da literatura sobre liderança e das observações nas reuniões.

O estilo autocentrado é aquele no qual o líder prioriza os significados que ele constrói, tomando como base seus valores, seu conhecimento e sua própria experiência. Sua voz soa individual na construção discursiva. São utilizados como recursos de intensificação a repetição de palavras e expressões, os advérbios de intensidade e a ênfase na entonação. Hesitações e diminutivos constituem estratégias de atenuação.

A análise de um dos trechos da segunda reunião com representantes comerciais, relativa à discussão sobre o preço das mercadorias, permitiu evidenciar o alinhamento do líder consigo mesmo. O trecho é apresentado a seguir:

/.../

Tom: *Só oh, Daniel,*

Daniel: *Pois não.*

Tom: *Prestem bem atenção... esqueçam, esqueçam... esqueçam daqui pra frente o preço. O preço não vai ser o principal fator pra vender, e não é, e não é. Não adianta a Ramo fazer promoção, não adianta. A Ramo vai fazer promoção de tubos e conexões Tigre, vai lançar a semana que vem no mercado. Você acha que a concorrência não vai acompanhar? Primeiro, quando fazem promoção, a promoção não vem só diretamente pra Ramo, impossível isso, tá? Ela vai oferecer à Ramo, vai oferecer a Fulano, a Beltrano, Sicrano, aí uma meia dúzia deles, tá? A Ramo não tem como, não tem gás, tá? É... é... é... aliás, não tem nada pra expurgar mais no preço, não tem nada que pudesse justificar, não houve uma redução no custo da entrega de 5%, "ah, vamos repassar isso para o preço", não existe mais isso. O preço é muito competitivo, haja visto vocês citaram aí, o preço de algumas coisas aí, você viu? Um tubo 6,39, o do concorrente 6,43, diferença de centavos.*

Daniel: *Uma diferençazinha maior, o de sempre, né?*

Tom: *Pois bem, mas você vê que os preços estão muito próximos.*

/.../

Como se vê, o líder inicia o seu discurso dando uma ordem aos representantes comerciais. Utiliza o modo imperativo do verbo e repete a ordem três vezes, a fim de intensificá-la. Ele redefiniu o problema apresentado por um representante comercial, assumindo que o preço não é o principal fator para vender e procurou reorientar a compreensão dos participantes, de modo a modificar-lhes a posição.

O estilo consultivo, por sua vez, caracteriza-se pelo alinhamento do líder com o outro. A postura do líder ora é mais centralizada, ora é mais descentralizada. Os líderes utilizam, em geral, as perguntas-consultas, como as elaboradas pelo Gerente de Vendas, durante as reuniões com os representantes comerciais: "*Tem acontecido muito isso?*", sobre a falta de mercadoria; "*Qual o produto?*", sobre o problema da embalagem.

O estilo instrutivo também se caracteriza pelo alinhamento do líder com o outro, mas a intenção não é uma consulta, como no caso anterior; é dizer como fazer. O líder, com base na sua experiência, ensina como fazer. O outro é aquele que aprende. Diferentes estratégias podem ser utilizadas para ensinar. O trecho extraído de uma interação relativa ao atendimento ao cliente que vai à empresa para comprar mercadorias, ocorrida na reunião de televendas, ilustra uma das possibilidades: "*... ó pois não, Dias, pode chegar*". Nesse caso, o Diretor Geral utiliza o diálogo fictício, construído para ensinar a receber o cliente. O diálogo fictício foi, também, construído para ensinar as operadoras a administrar tarefas, separando o trabalho de atendimento ao cliente face a face e de vendas por telefone, conforme ilustrado pela fala do Diretor Administrativo: "*... Rosa, olha não estou com cliente nenhum aqui, ligação pode passar pra mim, também...*"

O estilo colaborativo é o mais descentralizado. O líder reconhece o outro como coconstrutor do significado. Posições são desenvolvidas em conjunto. Os resultados da interação são, portanto, fruto de uma voz coletiva. Uma coconstrução colaborativa pode ser observada no fragmento extraído da reunião de televendas. Trata-se da decisão sobre o local de atendimento ao cliente. Participaram da interação o Gerente de Vendas, o Diretor Administrativo e uma das operadoras.

> /.../
>
> Nilson: *Outras necessidades?*
>
> Jota: *Isso eu posso implementar o mais rápido possível. Por quê? A estrutura lá tá pronta. Eu tenho telefone na sala, tenho computador, tenho tudo.*
>
> Sue: *É.*
>
> Jota: *Hoje eu já já adquiri o ar, já vai o ar pra lá.*
>
> Sue: *Tá bom então. Pra mim tá ótimo. Acredito que isso aí já vai melhorar.*
>
> Jota: *E tem um detalhe... eu posso estudar... qual a sala que vai se adequar mais.*
>
> Sue: *Hum.*
>
> Jota: *Se é aquela lá totalmente reservada, ou se é essa aqui onde está o Carlos, que ali é o nicho.*
>
> Sue: *Eu acho que seria melhor a totalmente reservada.*
>
> Jota: *Reservada?*
>
> Sue: *Porque, justamente o pedido, ficaria mais à vontade pra acrescentar mais alguma coisa, eu acredito.*
>
> Jota: *Certo. Vamos começar.*
>
> Sue: *Que ali o Carlos vem, depois o cliente toca, tá procurando o pedido lá, acho que seria né, Joe, né? O cliente ficaria mais à vontade lá.*
>
> Jota: *Então vocês ficariam mais à vontade lá, com certeza.*
>
> /.../

Neste exemplo, o líder informa os meios de que a empresa dispõe para implementar o rodízio para atendimento ao cliente em local independente do setor de televendas. A operadora, colaborativamente, concorda. O líder, então, fala sobre a possibilidade de escolha da sala, indicando a sua preferência. A operadora, contudo, argumenta pela escolha da outra sala, expondo suas razões. O líder, por fim, ratifica a opção pela sala reservada, construindo com a operadora a decisão final.

Os resultados da pesquisa demonstraram que cada estilo tem uma função diferente e complementar no contexto da interação. A identificação dos estilos revelou o exercício do poder dos líderes e como eles, por meio de habilidades comunicativas, procuram influenciar seus liderados em direção aos propósitos da organização. A mudança de alinhamento é considerada, portanto, uma estratégia discursivo-persuasiva.

Leituras para aprofundamento

BALLALAI, Roberto. Notas e subsídios para a análise do discurso (uma contribuição à leitura do discurso da Administração). **Fórum Educacional.** Rio de Janeiro: Fundação Getulio Vargas, 13 (1-2), p. 56-80, fev./maio 1989.

BASTOS, Clarissa R. P. **Estilos discursivos de liderança gerencial em atividades de fala problema – solução em reuniões empresariais**. 2001. 350 f. Tese (Doutorado em Letras) – Departamento de Letras, Pontifícia Universidade Católica, Rio de Janeiro.

BAUER, Martin W.; GASKELL, George (Ed.). **Pesquisa qualitativa com texto, imagem e som**: um manual prático. Petrópolis: Vozes, 2002.

CABRAL, Augusto Cezar de Aquino. A análise do discurso como estratégia de pesquisa no campo da administração: um olhar inicial. In: ENCONTRO NACIONAL DA ASSOCIAÇÃO NACIONAL DOS PROGRAMAS DE PÓS-GRADUAÇÃO EM ADMINISTRAÇÃO, 23., 1999, Foz do Iguaçu. **Anais...** Foz do Iguaçu: Anpad, 1999.

GILL, Rosalind. Análise do discurso. In: BAUER, Martin W.; GASKELL, George (Ed.). **Pesquisa qualitativa com texto, imagem e som**: um manual prático. Petrópolis: Vozes, 2002.

MAINGUENEAU, Dominique. **Termos-chave da análise do discurso**. Belo Horizonte: EDUFMG, 1998.

OLIVEIRA, Maria do Carmo Leite de; BASTOS, Liliana Cabral. Saúde, doença e burocracia: pessoas e dramas no atendimento de um seguro saúde. In: RIBEIRO, Branca Telles; LIMA, Cristina Costa; DANTAS, Maria Tereza Lopes (Org.). **Narrativa, identidade e clínica**. Rio de Janeiro: IPUB/CUCA, 2001.

PEREIRA, Aracy Ernst. Uma introdução à análise do discurso. **Letras de Hoje**. Porto Alegre, v. 84, nº 1, jun. 1991.

PUTNAM, Linda; FAIRHURST, Gail. Discourse analysis in organizations: issues and concerns. In: JABLIN, F. M.; PUTNAM, L. (Ed.). **The new handbook of organizational communication**: advances in theory, research and methods. Thousand Oaks: Sage, 2001.

VERGARA, Sylvia Constant; BASTOS, Clarissa Rollin Pinheiro; GOMES, Ana Paula Cortat Zambrotti. Estilos discursivos de liderança gerencial. In: ENCONTRO DE ESTUDOS ORGANIZACIONAIS, 3., 2004, Atibaia. **Anais**... Atibaia: Anpad, 2004.

WOOD, Linda; KROGER, Rolf. **Doing discourse analysis**: methods for studying action in talk and text. Thousand Oaks: Sage, 2000.

3

Analogias e Metáforas

Analogias e metáforas são recursos metodológicos utilizados para o tratamento de dados coletados. Inserem-se na lógica da argumentação.

A analogia é uma comparação entre dois conceitos diferentes por meio da descrição de um elemento e outro. Ocorre no plano concreto. É uma semelhança de relação. Trata-se do confronto entre um tema, conjunto dos termos A e B, sobre os quais repousa uma conclusão, e um foro, conjunto dos termos C e D, que servem para estribar o raciocínio (PERELMAN e OLBRECHTS-TYTECA, 1996).

Analogias podem ressaltar semelhanças, ou diferenças, como apresentado por Perelman e Olbrechts-Tyteca (1996), ao tratarem da similitude pelos contrários. Os autores mencionam o seguinte exemplo (PERELMAN e OLBRECHTS-TYTECA, 1996, p. 441):

> Não, para dizer a verdade, não é como na corrida, na qual aquele que recebe a tocha ardente está mais ágil na corrida de revezamento do que aquele de quem a recebe; o novo general, que recebe um exército, não é superior ao que se retira; pois é o corredor cansado que entrega a tocha a um corredor descansado; aqui é um general experiente que entrega seu exército a um general inexperiente.

Ao abordar a inovação e a renovação organizacional por meio da analogia com a improvisação coletiva nas orquestras de *jazz*, Weick (2002) sugere que analogias nos permitem compreender melhor as organizações. Como diz o autor: "ao se conhecer alguma coisa, qualquer coisa em profundidade, você terá aprendido algo sobre caos e ordem na condição humana. E uma vez que você começa a entender caos e ordem, você passa a entender algo sobre as grandes organizações humanas" (WEICK, 2002, p. 7).

A metáfora é uma figura de linguagem que, valendo-se da comparação entre dois conceitos diferentes, tem como objetivo formar outros conceitos. Um elemento é utilizado para entender outro, na medida em que se diz que A é (ou é como) B (MORGAN, 1996). Ela é uma associação entre duas coisas por meio da intuição (NONAKA e TAKEUCHI, 1997). Está inserida em uma abordagem simbólica. Trata-se de uma comparação abstrata, no plano das ideias. Para Perelman e Olbrechts-Tyteca (1996), a metáfora é a fusão de um elemento do foro com um elemento do tema. Trata-se, então, de uma analogia condensada (PERELMAN e OLBRECHTS-TYTECA, 1996), ou seja, um termo resultante, uma imagem da comparação.

Na área de administração, Morgan (1980, 1996) disseminou a discussão acerca da utilização deste método argumentativo. No livro *Imagens da organização*, o autor explorou a imagem das organizações como máquinas, organismos, cérebros, culturas, sistemas políticos, prisões psíquicas, fluxo e transformação, instrumentos de dominação. Para o autor, metáforas ressaltam semelhanças entre elementos, mas tornam outros obscuros. Na linha de Morgan (1996), Vergara e Carpilowski (1998) apresentaram a metáfora da organização como sistema criativo.

Quando a comparação entre dois conceitos diferentes se dá de forma exagerada, há uma hipérbole. Trata-se de uma figura de estilo que tem como objetivo aumentar ou diminuir exageradamente o conceito resultante da comparação.

Na lógica da argumentação, há casos em que os elementos confrontados pertencem a uma mesma área. Sendo assim, analogias e metáforas dão lugar ao exemplo e à ilustração, técnicas que fundamentam o real pelo recurso ao caso particular.

Palavras-chave

- Argumentação
- Formação de conceitos
- Comparação
- Intuição
- Simbolismo

❖ Características principais

- Metáforas e analogias permitem um novo olhar sobre os fenômenos, provocando a geração de *insights* para compreendê-los e com eles interagir de novas maneiras.
- A utilização de uma metáfora pode provocar o desenvolvimento de outras mais adequadas ao objeto em estudo, como, por exemplo, a utilização da metáfora do teatro para o desenvolvimento da metáfora do cinema, considerada mais apropriada para o estudo das organizações espetaculares (WOOD JR., 2001). As perspectivas resultantes deste processo são distintas, mas, em geral, complementares.
- A utilização de analogias e metáforas requer do pesquisador criatividade no momento da elaboração e habilidade de argumentação para comunicar ao leitor as conclusões a que chegou, de modo a envolvê-lo, compartilhando com ele novos pontos de vista.
- A metáfora é parcial, na medida em que ressalta um determinado aspecto dos elementos sob comparação, em detrimento de outros.
- Há o risco do uso exagerado da metáfora, o que pode limitar uma compreensão mais geral do fenômeno.

☆ Como utilizar[1]

- Define-se o tema da pesquisa, por exemplo, controle e coerção nas organizações; indivíduos em organizações e orixás.
- Definem-se os elementos a serem objeto da analogia, por exemplo, teatro e organizações; mitologia afro-brasileira e organizações.
- Define-se o problema de pesquisa.
- Procede-se a uma revisão da literatura pertinente ao problema de investigação e escolhe(m)-se a(s) orientação(ões) teórica(s) que dará(ão) suporte ao estudo.
- Delimitam-se os aspectos de cada elemento a serem considerados na pesquisa.
- Selecionam-se os dados congruentes com o problema de pesquisa.
- Descreve-se cada um dos elementos conforme a delimitação estabelecida.
- Interpretam-se os dados coletados por meio da pesquisa bibliográfica.

---

1 A ordem aqui apresentada não é rígida. Pode, portanto, ser alterada conforme a situação.

- Analisam-se as similaridades ou as diferenças.
- Elaboram-se metáforas resultantes da analogia desenvolvida (se houver intenção em desenvolver metáforas).
- Resgata-se o problema que suscitou a investigação.
- Confrontam-se os resultados obtidos com a(s) teoria(s) que deu(ram) suporte à investigação.
- Formula-se a conclusão.
- Elabora-se o relatório de pesquisa.

Se os elementos da analogia ou da metáfora forem completamente diferentes (Figura 1) ou, ao contrário, muito semelhantes (Figura 2), o processo de construção metafórica ficará enfraquecido. Esse processo tende a ser rico quando as diferenças entre os elementos são significativas, mas não totais (Figura 3) (MORGAN, 1980). Morgan (1980) apresenta um exemplo interessante: um lutador de boxe pode ser descrito como um tigre em um ringue. A comparação sugere que o lutador possui características semelhantes às do tigre, tais como força e rapidez para atingir seu adversário. A metáfora enfatiza parte das características do elemento sob comparação. Neste caso, é evidente que a diferença entre os dois é significativa: um lutador não é um animal de quatro patas. Outra comparação se deu entre um lutador e uma panela, ou seja, elementos totalmente diferentes, que não devem ser tomados como referência para análise, como mostra a Figura 1. Por fim, o lutador foi comparado a um homem, o que remete ao caso da Figura 2, isto é, elementos praticamente idênticos.

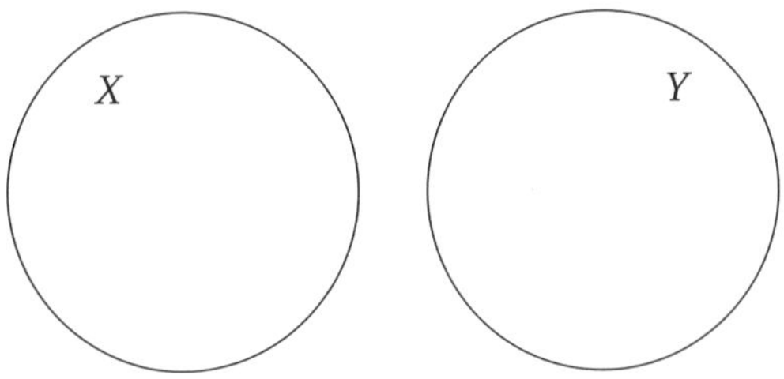

Fonte: Morgan (1980, p. 612).

Figura 1 *Elementos totalmente diferentes.*

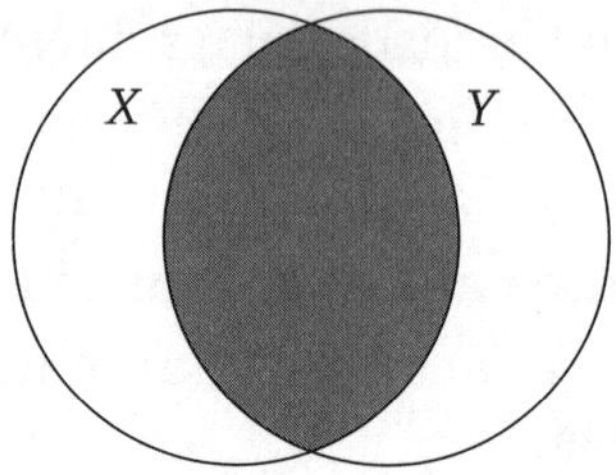

Fonte: Morgan (1980, p. 612).

Figura 2 *Elementos muito semelhantes.*

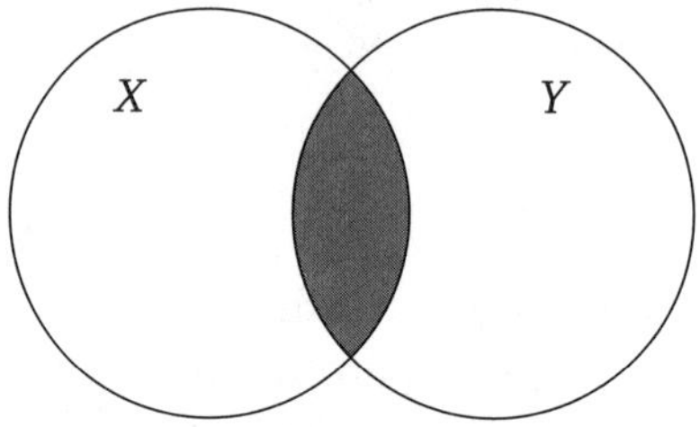

Fonte: Morgan (1980, p. 612).

Figura 3 *Diferenças significativas entre os elementos.*

Toda pesquisa requer uma delimitação, ou seja, a seleção e a apresentação ao leitor do que será abordado. Como a utilização de analogias e metáforas demanda o estudo de elementos diferentes, ambos devem ter seus aspectos definidos.

A descrição de cada um dos elementos da analogia pode ser enriquecida com a utilização de exemplos.

O desenvolvimento de analogias pode ou não vir acompanhado da elaboração de metáforas. Vergara e Irigaray (2000b), por exemplo, abordaram as organizações produtivas por meio da analogia com a mitologia afro-brasileira e elaboraram metáforas como a organização-iemanjá.

Metáforas podem ser propostas sem a necessidade da descrição antecipada dos elementos. Os aspectos de cada um dos elementos, bem como as possibilidades e as limitações da metáfora, podem ser abordados após a proposta, como fez Morgan (1996) ao apresentar, entre outras imagens, as organizações como máquinas.

Exemplos da utilização de analogias e metáforas

❐ Exemplo 1: Mitologia afro-brasileira e organizações produtivas

Analogias e metáforas foram utilizadas por Vergara e Irigaray (2000a, 2000b) em uma pesquisa sobre a mitologia afro-brasileira e as organizações produtivas. Os orixás foram utilizados metaforicamente, tendo sido caracterizados como símbolos.

A pesquisa teve como objetivo responder à seguinte questão: como as similaridades entre a mitologia afro-brasileira e a vida nas organizações produtivas podem nos ajudar a compreender melhor estas últimas? Para tanto, foi realizado um levantamento bibliográfico sobre semiótica, para auxiliar a transposição dos orixás da categoria de mitos para a de símbolos, sobre antropologia cultural no que diz respeito às culturas negras, e sobre teoria das organizações, para a análise do *corpus* administrativo.

Inicialmente, foi estabelecida analogia entre os orixás e os indivíduos que trabalham nas organizações produtivas (2000a). Foram selecionados nove orixás expressivos das culturas daomianas e iorubas, devido a sua grande influência na formação da cultura afro-brasileira, quais sejam: (a) Oxalá (Obatalá, Obatiala, Oba-ti-nla), o rei da brancura e da pureza; (b) Nanamburucu (Nanã), orixá do barro; (c) Xapanã (Obaluaê, Omulu, Sapotã), orixá da varíola; (d) Iemanjá (Yemaja), mãe-d'água; (e) Exu, encarregado de trazer verbalmente as mensagens dos orixás aos homens, símbolo do ato sexual em si; (f) Xangô (Shango), deus da justiça, cruel e vaidoso; (g) Ogum, deus da guerra e do ferro fundido; (h) Oxossi (Oshishi), deus da caça; (i) Oxum, deusa da fecundidade e da reprodução. Posteriormente, a analogia foi baseada na interação dos indivíduos no palco-empresa (2000b).

Como os indivíduos que trabalham nas organizações possuem características diversas, esses personagens, aqui denominados orixás da administração, foram classificados em três grupos. São eles: o profeta, o professor e o *pizzaioli*. Esses grupos, por sua vez, foram assim subdivididos: (a) profetas – Iemanjá, Oxum e Exu, (b) professores – Nanã, Ogum e Oxossi, (c) *pizzaioli* – Obaluaê, Oxalá e Xangô. Profetas são indivíduos geradores de ideias. Os professores são instrumentalizadores. *Pizzaioli*, por seu turno, são os operacionalizadores.

Com relação aos profetas, Iemanjá, a mãe-d'água, ao fugir de Oxalá, caiu e teve seu ventre arrebentado, de onde nasceram sete orixás de uma só vez. De seus seios jorrou o rio Níger. Analogamente, funcionários profetas-iemanjá são aqueles capazes de gerar várias ideias ao mesmo tempo, mas que têm dificuldade para estabelecer um foco. Além disso, como Iemanjá que criou os filhos rejeitados de Nanã e Oxalá, estes profissionais conseguem acolher e desenvolver ideias de terceiros sem, no entanto, tomar para si a autoria. Oxum, filha perfeita de Nanã, tornou-se a deusa do ouro, da água doce e das cachoeiras. É a deusa da fecundidade. Nas organizações produtivas, esses profissionais são preciosistas, detalhando melhor a sua criação, o que, por outro lado, pode levar a divagações. Exu, por sua vez, foi um dos filhos rejeitados por Nanã. É conhecido por sua facilidade de acesso a todos os orixás, transmitindo-lhes os pedidos e os desejos humanos. Analogamente, os funcionários profetas-exu são capazes de captar as ideias que estão no inconsciente coletivo. São capazes de conceber o desejo dos outros.

No que diz respeito aos professores, Nanã está associada ao barro e à figura da avó. Nas organizações, indivíduos professores-Nanã são aqueles cuidadosos e detalhistas, que trabalham no ritmo "devagar e sempre". Ogum, por outro lado, é rápido. Está associado ao avanço tecnológico. Funcionários professores-Ogum são determinados. Gastam pouco tempo no planejamento, partindo de imediato para a ação. Oxóssi, deus da caça, ensinou os negros a sobreviver na floresta, utilizando o arco e a flecha. Funcionários professores-Oxóssi providenciam o arco e a flecha para que as pessoas possam agir. Acreditam na política participativa e no espírito de colaboração.

No que se refere aos *pizzaioli*, Obaluaê nasceu leproso e foi rejeitado por Nanã. Passou a viver isolado do mundo. Analogamente, os funcionários *pizzaioli*-Obaluaê são responsáveis, mas têm dificuldade para trabalhar em equipe, compartilhando tarefas. Oxalá, por seu turno, recebeu o privilégio de criar o mundo, esquecendo, contudo, de despachar Exu. Nas organizações, indivíduos *pizzaioli*-Oxalá não são cautelosos. São adeptos da lei do menor esforço. Por fim, Xangô é conhecido por sua vaidade e egocentrismo. Funcionários *pizzaioli*-Xangô são autoritários. Sentem-se donos do projeto ou superiores aos outros funcionários.

Em um segundo momento, foi analisada a interação dos diversos profetas, professores e *pizzaioli* e estabelecidas as analogias com o processo de interação dos indivíduos nas organizações (2000b). A análise sugere que as melhores combinações para o desenvolvimento de um projeto seriam profeta-Iemanjá com professor-Ogum, profeta-Oxum com professor-Nanã e professor-Oxóssi com *pizzaioli*-Xangô. Considerando os três tipos, a melhor combinação seria profeta-Oxum, professor-Oxóssi e *pizzaioli*-Obaluaê.

As organizações foram, também, classificadas em nove tipos com base nos orixás selecionados, sendo a elas atribuídas auras de mitos. A organização-Iemanjá caracteriza-se por seus traços paternalistas, mas que busca o engajamento dos funcionários e o aumento da produtividade. A organização-Oxum é aquela que busca os melhores profissionais do mercado. Para ela, a defesa é o melhor ataque. A organização-Exu, por sua vez, é pragmática. Não mede esforços para atingir seus objetivos. A organização-Nanã é fechada, sua estrutura de poder é rígida. Empresas familiares são um exemplo deste tipo de organização. A organização-Ogum enfatiza a inovação e as novas tecnologias. Para ela, o ataque é a melhor defesa. Organizações-Oxóssi são aquelas cuja estratégia de atuação não é o ataque nem a defesa, mas a imagem que passam para o público em geral. Enfatizam a responsabilidade social e adotam um comportamento politicamente correto. As organizações-Obaluaê são as que fazem constantes autorreavaliações. Buscam a renovação. A organização-Oxalá é tradicional. Interage com o mercado, permanecendo, contudo, convicta de que seu modo de agir e seus ideais são os corretos. Por fim, a organização-Xangô é a que valoriza a aparência de suas instalações e de seus integrantes. Exerce competição planejada.

Como os pesquisadores alertam, as organizações são híbridas, podendo apresentar, simultaneamente, características de cada um dos orixás. Além disso, organizações e indivíduos estão em constante transformação, o que não permite o estabelecimento de combinações perfeitas. Os pesquisadores sugerem um questionamento constante no que diz respeito aos indivíduos, às organizações e às ações sugeridas pelo questionamento.

❐ Exemplo 2: A pedagogia do olhar no teatro e nas organizações

Analogia foi o método escolhido por Vergara, Carvalho e Gomes (2004) em uma pesquisa sobre teatro e organizações. Buscaram responder à seguinte questão: como as similaridades entre a evolução histórica do edifício teatral e a definição do ambiente físico do trabalho nas organizações podem ajudar a compreender a pedagogia do olhar como um mecanismo de controle e coerção dos trabalhadores?

Na espacialidade do teatro, a pedagogia do olhar do espectador diz respeito ao processo por meio do qual os encenadores passaram a conduzir, a direcionar e a concentrar a atenção da platéia cada vez mais da natureza para o palco, para os atores, para os detalhes cênicos e, com o advento do cinema, para as dimensões hiper-reais da cena.

Na espacialidade das organizações, a pedagogia do olhar refere-se ao processo por meio do qual se controla o olhar do trabalhador, valendo-se do fato de que a relação do corpo humano com a espacialidade se dá por meio da apreensão de imagens e de seu processamento. A pesquisa destacou a pedagogia do olhar como mais uma forma de controle e coerção dos indivíduos. O foco não é o olhar do supervisor sobre os subordinados, mas o olhar do trabalhador sendo "educado" para ver o que determinados propósitos políticos, econômicos e culturais desejam que eles vejam.

Duas facetas da evolução do edifício cênico foram discutidas à luz dos contextos históricos que produziram as manifestações hegemônicas da arte teatral ocidental: o desenho do espaço e o olhar do espectador. Foram explorados cinco momentos evolutivos do edifício teatral: o anfiteatro grego, o teatro de Roma, os palcos santos, o palco italiano e o cinema. Cada momento artístico foi debatido à luz das questões organizacionais correspondentes.

No anfiteatro grego, o espaço era aberto. O espectador podia escolher se desejava olhar para a cena, para a paisagem ou para a própria plateia. Analogamente, nas organizações, o trabalhador tinha autonomia do corpo e do olhar. Era livre para integrar-se ao ambiente da forma que melhor lhe conviesse. Os primeiros artesãos, tecelões, agricultores podiam decidir como e quanto produzir.

O teatro de Roma, por meio de sua arquitetura, teve como consequência imediata a supressão do olhar livre. O olhar do espectador voltou-se para dentro da cena. Nas organizações, surgem os patrões e os empregados, os horários de trabalho, os cronogramas de produção. A consequência imediata é, como no teatro, a supressão do olhar livre. O olhar do patrão volta-se para a perseguição do excedente. O olhar do trabalhador é contido no espaço que produz o excedente. O espaço organizacional, um espaço disciplinar, é estruturado para os fins utilitaristas. O olhar do trabalhador fixa-se em linhas de montagem, caixas empilhadas de produtos, pilhas de papel sobre as mesas.

Com a ascensão do Cristianismo como força política hegemônica, surgiram os palcos santos. Era necessário conduzir o olhar do espectador em uma direção que acompanhasse as convenções e as normas predeterminadas pelo clero. A espacialidade do teatro era a Igreja. A pedagogia do olhar acirra-se, pois não só o olhar do espectador passa a ser direcionado, mas também seu corpo inteiro. Os espectadores eram conduzidos de uma *mansão* a outra para acompanhar as cenas. Como nos palcos santos, a relação de opressão também se impôs nas fábricas e nos escritórios, trazendo à tona a perspectiva *foucaultiana* segundo a qual o corpo é peça central para a análise das organizações. Os trabalhadores têm seu olhar educado para detectar a presença de seus chefes. O olhar direto do trabalhador volta-se para a execução da tarefa. Seu olhar periférico funde-se aos próprios sistemas de vigilância. O trânsito dos indivíduos é regulado. Como os espectadores, conduzidos de uma *mansão* a outra, os corpos dos trabalhadores são conduzidos às estações de trabalho. Consolida-se o poder disciplinar.

O palco italiano surgiu em um contexto de ruptura entre a cena e a religião. Reproduzia a ordem social dominante. Na sala italiana, um dispositivo hierárquico, comerciantes e duques ocupavam espaços diferentes. Além disso, a pedagogia do olhar do espectador era potencializada pelo desenvolvimento da iluminação cenográfica. Nas organizações, também estruturadas de acordo com o sistema hierárquico, há uma nítida correlação entre a importância do cargo, o tamanho do espaço e a personalização do local de trabalho. No que se refere à pedagogia do olhar, os trabalhadores passam a sentir os efeitos do controle tecnológico. Surgem os superpanópticos ou panópticos virtuais.

Com a chegada do cinema, os corpos dos espectadores foram esquecidos ou amortecidos, para que suas mentes pudessem estar aptas a produzir padrões extremos de ilusionismo. Seus olhos ficaram à mercê da câmera. Nas organizações, controles normativos anestesiam as mentes dos que trabalham. Entram em ação as metas, a carga excessiva de trabalho, a remuneração variável, o trabalho em equipe e o controle pelos pares. O olhar do trabalhador vai da linha de montagem aos gráficos de vendas.

Para os pesquisadores, a espacialidade, do anfiteatro grego às salas de cinema, é um elemento central na pedagogia do olhar do espectador. A esta pedagogia não ficam imunes as organizações. Na espacialidade do teatro e das organizações, possibilidades de dominação e controle são realizadas. A eficácia da pedagogia do olhar do trabalhador é garantida pelo emprego de modos mais coercitivos e diretos de controle e daqueles mais normativos ou disfarçados, os quais, sem dúvida, ampliam as possibilidades do exercício do poder.

❐ Exemplo 3: Organizações espetaculares

Metáforas foram utilizadas por Wood Jr. (2001) para desenvolver o conceito de organização espetacular. A pesquisa teve como objetivo desenvolver o argumento de que a realidade ou a irrealidade das organizações contemporâneas está se tornando cinematográfica ou espetacular.

Para o pesquisador, as organizações contemporâneas podem ser consideradas teatrais, em razão de características como gerentes simbólicos, rituais de passagem, interação virtual, entre outras. Ampliando esta abordagem, sugere que as organizações são cinematográficas, devido à importância da imagem e ao tratamento dramático dado aos eventos e fenômenos. Nesse contexto, a metáfora do cinema foi desenvolvida a partir da metáfora do teatro. Seis filmes foram abordados com a intenção de manter a metáfora do cinema viva e provocar no leitor uma percepção cinematográfica das organizações. São eles: *The cameraman*, *Zelig*, *Citzen Kane*, *Terra em transe*, *Wag the dog* e *Primary colors*.

Inicialmente, foi apresentada a abordagem do simbolismo organizacional, na qual se insere a metáfora do teatro, uma metáfora milenar, que concebe o mundo como palco, as pessoas como atores e as situações como cada vez mais teatrais, com o predomínio da manipulação da impressão. Foram discutidas semelhanças e diferenças entre a metáfora do teatro e a do cinema. A segunda é concebida como uma extensão parcial da primeira.

O pesquisador sugere que as organizações espetaculares estão inseridas em um contexto próprio de uma época, cujos traços característicos são: a complexidade, a aceleração, a fragmentação, a excelência, a abstração e a simulação. A complexidade diz respeito, principalmente, à hipercompetição no mundo dos negócios, à capacidade de inovação como fator de sucesso para as empresas, à intensa interação entre atores, sejam indivíduos ou organizações. A aceleração está ligada ao tempo, à correria, à necessidade de fazer mais coisas com menos recursos, ao estilo de vida dos *workaholics*. A fragmentação, entendida como uma percepção segmentada da realidade, tem como consequência o enfraquecimento da identidade individual e organizacional. A excelência está relacionada aos ideais de *performance*, à disseminação de rótulos e denominações, à busca de renovação por parte das empresas, ao funcionário empreendedor, ambicioso e comprometido. A abstração está ligada ao trabalho de cineastas, publicitários, consultores, no qual há necessidade de se perceber a realidade e desenvolver soluções específicas para cada caso. A simulação é marcada pela mudança de relação entre cópia e original.

O *show* de gestão empresarial foi discutido com base nos pilares que o sustentam, quais sejam: as escolas de administração, as empresas de consultoria, os gurus de gestão e a mídia de negócios.

A definição das organizações espetaculares se deu por meio de categorias tradicionais, como cultura, estrutura e estratégia, e de quatro parâmetros, denominados pelo pesquisador provedores de narrativa. São eles: a liderança simbólica, o gerenciamento de impressão, a inovação gerencial e a mão de obra.

Nas organizações espetaculares, a cultura organizacional aparece como um elemento de controle social. Há poucos níveis hierárquicos e predominam o trabalho em equipe e a informalidade. A formulação de estratégias é tarefa de todos e não apenas de um pequeno grupo.

Com relação à liderança, líderes simbólicos utilizam linguagem metafórica, retórica e imagens. São, em geral, carismáticos. O gerenciamento de impressão é mais um elemento de controle utilizado pelas organizações espetaculares. Está relacionado com a conformidade e provoca nos indivíduos um tipo de comportamento desejado pelos líderes. O processo de inovação gerencial está envolvido pela alta intensidade simbólica e pela elevada carga dramática. Com relação à mão de obra, a presença de analistas simbólicos, cujas atividades são caracterizadas pela manipulação de imagens e representações, é destacada. Dois exemplos de organizações espetaculares foram apresentados: a *Whittle Communications* e a MTV.

Por fim, o pesquisador comenta oito pontos considerados relevantes para o entendimento das organizações nas quais atuamos e das mudanças a elas relacionadas. São eles: (a) vivemos numa sociedade de organizações; (b) vivemos numa sociedade de grandes organizações; (c) a emergência da indústria do *management*; (d) o papel relevante das organizações e do *management* na construção do imaginário e da subjetividade; (e) o processo de transformação pelo qual as organizações estão passando; (f) o afastamento entre substância e imagem; (g) a adoção da metáfora do cinema para facilitar a compreensão das mudanças; (h) a emergência de um novo tipo ideal, as organizações espetaculares.

Leituras para aprofundamento

DONNELLON, Anne; GRAY, Barbara; BOUGON, Michel G. Communication, meaning, and organized action. **Administrative Science Quarterly**, v. 31, nº 1, p. 43-55, 1986.

HATCH, Mary Jo. Explorando os espaços vazios: jazz e estrutura organizacional. **Revista de Administração de Empresas**. São Paulo: Fundação Getulio Vargas, v. 42, nº 3, p. 19-35, jul./set. 2002.

MORGAN, Gareth. **Imagens da organização**. São Paulo: Atlas, 1996.

______. Paradigms, metaphors, and puzzle solving in organization theory. **Administrative Science Quarterly**, v. 25, nº 4, p. 605-622, 1980.

NONAKA, Ikujiro; TAKEUCHI, Hirotaka. **Criação de conhecimento na empresa:** como as empresas japonesas geram a dinâmica da inovação. 11. ed. Rio de Janeiro: Campus, 1997.

PERELMAN, C.; OLBRECHTS-TYTECA, L. **Tratado da argumentação:** a nova retórica. São Paulo: Martins Fontes, 1996.

VERGARA, Sylvia Constant; CARVALHO, José Luis Felício dos Santos de; GOMES, Ana Paula Cortat Zambrotti. Controle e coerção: a pedagogia do olhar na espacialidade do teatro e das organizações. **Revista de Administração de Empresas**. São Paulo: Fundação Getulio Vargas, v. 44, nº 3, p. 10-19, jul./set. 2004.

______; IRIGARAY, Hélio Arthur Reis. Os orixás da administração. **Revista de Administração Pública**. Rio de Janeiro: Fundação Getulio Vargas, v. 34, nº 2, p. 7-24, mar./abr. 2000a.

______. Orixás, indivíduos e organizações. **Revista de Administração Pública**. Rio de Janeiro: Fundação Getulio Vargas, v. 34, nº 3, p. 7-33, maio/jun. 2000b.

______; CARPILOWSKY, Marcelo. A metáfora da organização como sistema criativo. **Revista de Administração Pública**. Rio de Janeiro: Fundação Getulio Vargas, v. 32, nº 3, p. 77-98, maio/jun. 1998.

WEICK, Karl. A estética da imperfeição em orquestras e organizações. **Revista de Administração de Empresas**. São Paulo: Fundação Getulio Vargas, v. 42, nº 3, p. 6-18, jul./set. 2002.

WOOD JR., Thomaz. **Organizações espetaculares**. Rio de Janeiro: Fundação Getulio Vargas, 2001.

4

Construção de Desenhos

A construção de desenhos[1] é um método para a obtenção de dados por meio do qual o pesquisador solicita aos sujeitos da pesquisa que elaborem uma imagem gráfica (desenho de livre criação) relacionada ao tema proposto. Trata-se, portanto, da criação de uma resposta visual à situação sob investigação.

A utilização da construção de desenhos em pesquisas empíricas na área de administração visa estimular a manifestação de dimensões emocionais, psicológicas e políticas, pouco enfatizadas por métodos de cunho racional. Com Kolck (1968, p. 10), há de admitir-se que "um desenho representa uma maneira de ver as coisas, de se colocar diante delas e de senti-las, e como tal nos dá indicações da maneira peculiar de ser e sentir de uma pessoa". Ou, como afirmam Pagès et al. (1993), desenhos representam o imaginário, teatralizam o inconsciente. Pode-se dizer, portanto, que a proposta de construção de desenhos representa uma tentativa de resgate da subjetividade dos indivíduos. Trata-se de reconhecer que palavras e números nem sempre são suficientes para expressar sentimentos e percepções de cunho mais afetivo (VERGARA, 2004b).

Este método insere-se nas chamadas técnicas projetivas,[2] originárias e amplamente utilizadas na área de psicologia (CATTERALL e IBBOTSON, 2000). Na área de administração, contudo, a construção de desenhos ainda é pouco empregada, prevalecendo a utilização de procedimentos como questionários, en-

---

1 Embora a construção de desenhos esteja incluída nas técnicas de construção (ver cap. 20), aqui se a destaca.

2 Os diversos tipos de técnicas projetivas estão descritos no Capítulo 19.

trevistas individuais, grupos de foco e observação (VERGARA, 2004b). Algumas iniciativas, no entanto, podem ser destacadas: Azevedo e Caldas (2003), Brito (2004), Caldas e Tonelli (2001), Gould, Ebers e Clinchy (1999), Nossiter e Biberman (1990), Silva e Vergara (2000), Vince e Broussine (1996), Zuboff (1988). O método foi, entre outros, empregado por Pagès et al. (1993) em sua famosa pesquisa na "TLTX", que deu origem ao livro *O poder nas organizações*.

Como as demais técnicas projetivas, a construção de desenhos pode ser combinada com outros procedimentos de coleta de dados, tanto de cunho quantitativo quanto qualitativo. Sua utilização envolve diferentes modalidades de interação com os participantes da pesquisa e a interpretação e a explicação das representações podem ser feitas tanto pelo participante quanto pelo pesquisador.

Palavras-chave

- Projeção
- Aspectos emocionais, psicológicos
- Reflexão individual e em grupo
- Representações individuais e coletivas
- Resposta visual

❖ Características principais

- Permite a complementação de dados obtidos por meio de informações orais ou escritas, isto é, pode contribuir para a triangulação de dados,[3] enriquecendo a visão acerca do fenômeno sob investigação.
- Permite a manifestação de aspectos de natureza subjetiva, como sentimentos e necessidades (KOLCK, 1968).
- A utilização do método em tarefa grupal propicia o engajamento pessoal e do grupo na construção das imagens e na interpretação dos resultados.
- Nos casos em que os sujeitos da pesquisa não participam da fase de análise dos dados, o método exige do pesquisador conhecimentos de psicologia ou alta sensibilidade para a interpretação dos desenhos.

---

[3] Sobre os diversos tipos de triangulação, ver Capítulo 22.

☆ Como utilizar[4]

- Definem-se o tema e o problema de pesquisa.
- Procede-se a uma revisão da literatura pertinente ao problema de investigação e escolhe(m)-se a(s) orientação(ões) teórica(s) que dará(ão) suporte ao estudo.
- Define-se a modalidade de interação com os sujeitos da pesquisa, para a obtenção de desenhos acerca do que está se investigando: inserção da proposta de elaboração de desenhos em questionários de pesquisa, realização de seminários ou *workshops* com os sujeitos, solicitação para elaboração de desenhos no início ou ao final da realização de entrevistas, entre outras possibilidades.
- Definem-se, se for o caso, os procedimentos adicionais a serem utilizados para a coleta de dados: questionários, entrevistas, grupos de foco, técnicas de complemento, observação.
- Selecionam-se os sujeitos da pesquisa.
- Coletam-se os dados por meio do método de construção de desenhos e de outros procedimentos definidos anteriormente pelo pesquisador.
- Analisam-se os desenhos obtidos, o que pode ser feito ou não junto com os sujeitos da pesquisa.
- Comparam-se os dados obtidos por meio dos diversos instrumentos de coleta utilizados (se for o caso).
- Resgata-se o problema que suscitou a investigação.
- Confrontam-se os resultados obtidos com a(s) teoria(s) que deu(ram) suporte à investigação.
- Formula-se a conclusão.
- Elabora-se o relatório de pesquisa.

A proposta de construção de desenhos pode variar em seus graus de estrutura (BRITO, 2004; MEYER, 1991; VERGARA, 2004b). Pode ser semi ou não estruturada. Na primeira situação, o pesquisador solicita a elaboração de tipos específicos de representações, como, por exemplo, carros ou animais. Na segunda, o sujeito tem liberdade para elaborar as representações, segundo a sua própria escolha. A definição do grau de estrutura irá depender dos objetivos do pesquisador e dos demais procedimentos a serem utilizados para a coleta de dados.

Conforme mencionado, a coleta de dados por meio do método de construção de desenhos permite diversas modalidades de interação com os sujeitos da pesquisa. Lançar a proposta de elaboração de desenhos durante a realização de

---

4 A ordem aqui apresentada não é rígida. Pode, portanto, ser alterada conforme a situação.

seminários ou *workshops* com os sujeitos da pesquisa, tal como fizeram Silva e Vergara (2000) e Vince e Broussine (1996), é uma possibilidade. Neste caso, pode-se optar pela realização de dinâmicas individuais (reflexão individual e elaboração de um desenho por participante) ou coletivas (reflexão em grupo e elaboração de um desenho coletivo), conforme seja mais adequado aos propósitos da investigação. Recomenda-se, inicialmente, identificar o número de *workshops* necessários para a realização das dinâmicas, em função do número de sujeitos selecionados para a pesquisa. Sugere-se reunir os participantes em turmas de 20 a 30 pessoas. Se o pesquisador optar pela elaboração individual de desenhos, deve solicitar aos participantes que elaborem uma imagem gráfica (desenho de livre criação) que represente sua percepção com relação à situação sob investigação. Se, por outro lado, a intenção for obter uma representação coletiva, devem-se subdividir os participantes em pequenos grupos (quatro ou cinco pessoas) e solicitar-lhes que após uma reflexão conjunta sobre o que está se investigando, elaborem um desenho que reflita a percepção do grupo a respeito do tema.

A análise e a interpretação dos desenhos obtidos durante a realização de seminários ou *workshops* podem privilegiar a participação dos sujeitos da pesquisa. Após a elaboração dos desenhos, a turma pode ser reunida para que cada grupo ou indivíduo explique sua representação. O pesquisador pode atuar como um moderador, estimulando a discussão sobre o significado dos desenhos, registrando os comentários dos participantes e elencando as conclusões obtidas para a validação pela turma.

Os seminários ou *workshops* poderão ser realizados em uma única fase ou em várias, estabelecidas conforme o tema ou a complexidade da pesquisa e de acordo com a disponibilidade dos participantes.

A inserção da proposta de construção de desenhos em questionários de pesquisa é outra possibilidade de utilização do método. Neste caso, o questionário poderá incluir questões abertas e fechadas, além da solicitação para a elaboração de desenhos. Contudo, deve-se evitar a utilização de vários tipos de questões, para não confundir o respondente. Deve-se, também, ter o cuidado de apresentar instruções claras para o preenchimento do questionário e para a construção dos desenhos.

Outra variação possível para a utilização do método é a solicitação para a elaboração de desenhos durante a realização de entrevistas, preferencialmente no seu início ou ao final, como o fez Brito (2004).

No caso da utilização do método por meio da aplicação de questionários ou da realização de entrevistas, a análise e a interpretação dos dados cabem, geralmente, ao pesquisador. Neste caso, categorias para a análise podem ser criadas com base em referenciais da literatura, como o fizeram Caldas e Tonelli (2001), ou podem ser identificadas durante o processo de análise.

Exemplos da utilização da construção de desenhos

❐ Exemplo 1: Mudança organizacional em uma empresa brasileira

Silva e Vergara (2000) elegeram a construção de desenhos como método de coleta de dados em uma pesquisa cujo objetivo foi buscar compreender quais as percepções e expectativas dos funcionários de uma empresa estatal brasileira diante de um contexto de quase privatização.

A pesquisa de campo, inserida em um programa de desenvolvimento gerencial da empresa, contou com a participação de 165 funcionários de níveis hierárquicos intermediários, divididos em grupos de cerca de 25 pessoas cada um, uma vez que este segmento constituiu o público-alvo do programa. Este contou com uma fase tutorial e uma presencial. Os pesquisadores optaram pela utilização do método de construção de desenhos durante a fase presencial, em atividade de *workshop*.

Na abertura do *workshop*, os participantes foram subdivididos em grupos de cinco pessoas. Inicialmente, foi-lhes solicitado que elaborassem, em grupo, um desenho que refletisse suas percepções acerca da relação entre a empresa e seus funcionários naquele contexto de mudanças atuais e futuras. Este procedimento foi denominado, pelos pesquisadores, *dinâmica de construção coletiva de imagens*. Após a dinâmica, a turma foi novamente reunida para a interpretação dos desenhos pelos próprios participantes e para a discussão dos resultados. Os pesquisadores privilegiaram, assim, a reflexão conjunta dos participantes, tanto na fase de construção dos desenhos (coleta dos dados) quanto na de interpretação (análise dos dados). Ainda nesta fase, os pesquisadores optaram por complementar os dados obtidos por meio de desenhos, com a aplicação de um questionário de pesquisa, abordando diferentes dimensões da organização, a cultura predominante, o clima organizacional e a forma como eram conduzidos os processos de gestão de pessoas. Os resultados foram registrados durante o encontro e discutidos com os participantes.

Com relação aos resultados obtidos por meio da *dinâmica de construção coletiva de imagens*, os pesquisadores destacaram que os desenhos elaborados revelaram tanto aspectos positivos quanto negativos, relacionados à mudança. O desenho de uma lagarta que se transforma em borboleta, por exemplo, revelou a percepção do grupo de que uma organização melhor poderia nascer com a mudança. Outro desenho permitiu visualizar um grupo de pessoas que se mantêm firmes, remando em um barco, diante de uma tempestade, o que revelou a percepção de que havia pessoas trabalhando juntas para que a organização não se perdesse no processo de mudança. Por outro lado, desenhos de pessoas que pulam de um edifício que ameaça desabar ou de um barco que ameaça afundar revelaram a percepção de que havia pessoas na organização que entraram em pânico e desistiram de lutar pelo bem comum. Outro desenho elaborado (Figura 1) mostra um barco, em uma tempestade, guiado por um piloto que não olha para os passageiros que se atiram no mar, o que revelou a percepção de distanciamento de quem está à frente da organização. Os participantes manifestaram, também, a sensação de que a organização não estava totalmente preparada para a mudança, o que foi observado por meio do desenho de um fusquinha, em uma estrada cheia de buracos, com uma âncora pendurada em seu para-choque traseiro (Figura 2).

Fonte: Silva e Vergara (2000, p. 93).

Figura 1 *Barco enfrentando uma tempestade.*

Fonte: Silva e Vergara (2000, p. 93).

Figura 2 *Fusquinha numa estrada cheia de buracos.*

Em síntese, os desenhos revelaram a percepção de aspectos que poderiam favorecer as mudanças pretendidas, bem como daqueles que poderiam representar obstáculos ao alcance destas mudanças.

Um aspecto metodológico da pesquisa foi destacado pelos pesquisadores. Diz respeito à construção de desenhos como método de coleta de dados que contribuiu para a manifestação de sentimentos e percepções dos participantes, de forma mais espontânea. Para os pesquisadores, a elaboração de desenhos, de modo coletivo, liberou os indivíduos de um excessivo senso de autocrítica, o que poderia limitar a exposição de suas ideias diante do grupo.

Em termos gerais, os resultados da pesquisa, obtidos por meio da construção de desenhos, do questionário e das discussões com os participantes, revelaram que os funcionários tinham grande orgulho de pertencer à organização e que reconheciam a necessidade de mudanças, bem como a do desenvolvimento da capacidade de inovação.

❒ Exemplo 2: Mudança organizacional em empresas do Reino Unido

Vince e Broussine (1996) valeram-se do método de construção de desenhos em uma pesquisa cujo objetivo foi identificar os aspectos emocionais, psicológicos e políticos que impactam os processos de mudança organizacional.

Para os pesquisadores, a construção de desenhos está inserida em um conjunto de abordagens qualitativas conhecido como pesquisa colaborativa, o qual se baseia no pressuposto de que o processo de pesquisa é conduzido com pessoas e não sobre elas. Defendem a utilização da construção de desenhos como método de coleta de dados, uma vez que ele funciona como um catalisador, permitindo que as pessoas digam o que geralmente não é dito (*to say the unsaid*).

A pesquisa de campo foi realizada em seis empresas do setor público no Reino Unido. Contou com a participação de 86 gerentes destas empresas, sendo 49 de nível intermediário e 37 de nível sênior. Os pesquisadores lançaram a proposta de construção de desenhos durante a realização de *workshops* com os participantes.

A pesquisa foi dividida em duas fases. Na primeira, os participantes foram agrupados conforme o nível hierárquico, ou seja, em grupos constituídos exclusivamente por gerentes intermediários ou por gerentes seniores. Os pesquisadores privilegiaram, inicialmente, a reflexão individual dos participantes acerca do tema da pesquisa. Nesta fase, cada participante elaborou um desenho, não acompanhado de texto, expressando seus sentimentos com relação às mudanças em sua organização. Após a elaboração dos desenhos, os participantes foram orientados a escrever, no verso da folha, de cinco a dez palavras ou frases que lhes vinham à mente quando olhavam para o desenho. Após esse momento de elaboração de desenhos e reflexão individual, os grupos foram reunidos para a discussão dos desenhos, cujos resultados foram registrados em *flipcharts*. A segunda fase constituiu um momento de reunião de grupos mistos, sem distinção do nível hierárquico, para a discussão dos desenhos e dos resultados registrados na primeira fase.

Os resultados da pesquisa revelaram tanto sentimentos de pessimismo quanto de otimismo, manifestados, algumas vezes, pela mesma pessoa. Foram discutidos sentimentos como o medo e a perda em níveis individuais e organizacionais. Desenhos como um indivíduo recebendo um cartão de desemprego, uma pessoa doente, na cama, medindo a temperatura com um termômetro, um navio sendo atingido por uma onda gigante, entre outras representações, revelaram a percepção negativa dos sujeitos com relação às mudanças. Em muitos casos, os indivíduos mostravam-se impotentes diante da mudança. Em outros, viam o ideal como algo que não seria nunca alcançado. Desenhos relacionados à violência também foram elaborados. De um modo positivo, as mudanças foram tratadas como uma oportunidade de crescimento, um processo de rompimento de barreiras. Desenhos como uma face sorridente foram relacionados à visão otimista.

Para os pesquisadores, a construção de desenhos baseados na reflexão individual dos participantes propiciou condições para que eles manifestassem percepções de natureza subjetiva, de modo mais espontâneo. Além disso, a realização de *workshops* constituiu uma oportunidade tanto para a reflexão quanto para o diálogo entre os participantes.

❒ Exemplo 3: Casamento, estupro ou dormindo com o inimigo?

A construção de desenhos foi utilizada por Caldas e Tonelli (2001) em uma pesquisa que teve como objetivo identificar o tipo de representação que os processos de fusão e aquisição constituem para os indivíduos "sobreviventes": casamento, estupro ou dormindo com o inimigo.

Participaram da pesquisa de campo 249 executivos de 56 empresas que passaram por processos de fusão e aquisição no Brasil. A amostra foi constituída por no mínimo três e no máximo sete sujeitos de cada empresa. Os dados foram coletados por meio de um questionário com perguntas abertas e fechadas. Os pesquisadores optaram por inserir neste questionário uma proposta de construção de desenhos, cujo enunciado era: "*procure representar como você viu o processo de integração através de um desenho*".

Foram obtidos 120 desenhos, uma vez que nem todos os participantes responderam a esta proposta. De acordo com os pesquisadores, os desenhos elaborados representavam diferentes enfoques: em alguns casos, era o indivíduo que estava em destaque, em outros, era o grupo de referência, ou ainda, a organização como um todo. Alguns desenhos contemplavam os três níveis ao mesmo tempo.

No artigo aqui utilizado como exemplo, os pesquisadores apresentaram a análise de 95 desenhos cujo enfoque era o grupo. Tal análise se deu com base em três suposições básicas fornecidas pela literatura (BION, 1970): luta-fuga, dependência e acasalamento.

A luta-fuga está relacionada à ideia de grupos como inimigos potenciais. Desenhos como um grupo engolindo o outro (Figura 3), um grupo de pessoas escalando uma montanha íngreme, mostrando que nem todos chegarão ao topo, alvos a serem atingidos deixaram evidente a perda, a ruptura, a sensação de exclusão do processo.

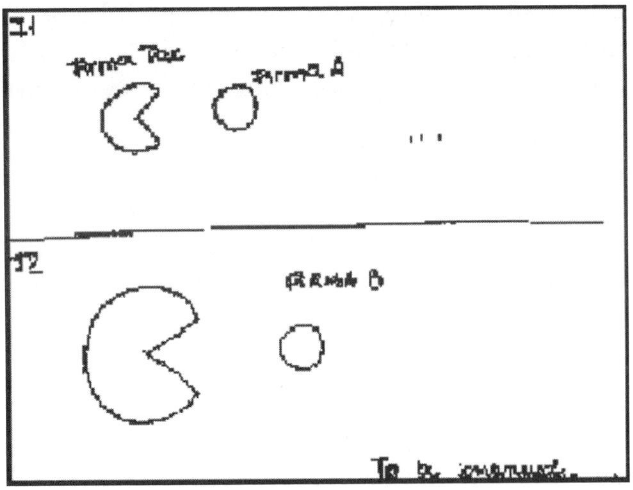

Fonte: Caldas e Tonelli (2001, p. 9).

Figura 3 *Luta-fuga.*

A dependência diz respeito ao depósito das expectativas do grupo na figura de um líder, conforme a Figura 4 permite visualizar. Outros desenhos, como a representação do símbolo da energia e a palavra *empowerment*, foram também relacionados a esta ideia.

Fonte: Caldas e Tonelli (2001, p. 10).

Figura 4 *Dependência.*

O acasalamento, por sua vez, refere-se ao elevado grau de idealização e esperança sobre os processos de fusão e aquisição. Desenhos como uma grande casa, onde todos serão felizes para sempre, ou a figura *yin-yang* (Figura 5) revelaram uma expectativa positiva, ou seja, a esperança de que no futuro tudo vai dar certo.

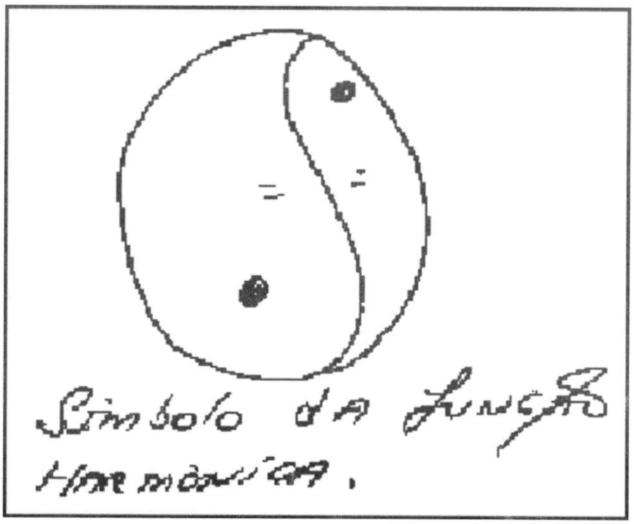

Fonte: Caldas e Tonelli (2001, p. 11).

Figura 5 *Acasalamento.*

Os resultados da pesquisa revelaram que, em termos de grupos, são evidentes as lutas de poder e dominação (luta-fuga) e, também, as idealizações sobre o processo (acasalamento). Poucos desenhos foram relacionados à dependência, o que, segundo os pesquisadores, se deve, provavelmente, ao fato de que os membros da empresa resultante dos processos de fusão e aquisição são oriundos de grupos e culturas distintos e não partilham dos mesmos valores e ideais. Isso confirma a manifestação contundente das características da luta-fuga.

Os pesquisadores procederam, ainda, à comparação dos resultados obtidos por meio da análise das representações com o perfil dos sujeitos da pesquisa, ou seja, decidiram verificar até que ponto as percepções manifestadas por meio dos desenhos estavam relacionadas com a posição ou situação do indivíduo. Para tanto, foram considerados os seguintes aspectos: empresa de origem do sujeito (adquirente ou adquirida), papel desempenhado no processo (responsável, objeto), resultados pessoais obtidos em função do processo (ganho, perda, indiferença).

Os resultados da comparação revelaram que tanto a origem do sujeito quanto o seu papel no processo não alteraram o tipo de representação manifestada. Desenhos relacionados à luta-fuga predominaram em ambos os casos, seguidos pelas representações de acasalamento. Para os pesquisadores, a manifestação de agressividade pelos sujeitos da empresa adquirente pode estar relacionada à condição de domínio, de conquista, enquanto pelos indivíduos provenientes da empresa adquirida parece estar ligada a uma atitude reativa. Com relação ao papel do sujeito no processo, ficou claro que mesmo os responsáveis pelo processo demonstraram desconforto com a situação. No que concerne aos resultados pessoais obtidos em função do processo, a comparação permitiu evidenciar que a representação do acasalamento foi maior entre os sujeitos que não obtiveram ganhos nem perdas, o que para os pesquisadores se deve, possivelmente, ao fato de que estas pessoas não têm envolvimento direto com o processo e, assim, têm mais expectativas com relação ao futuro. Entre os que obtiveram vantagens, as representações de luta-fuga predominaram, talvez, decorrentes da condição de conquista mencionada. Entre os que perderam com o processo, as representações de acasalamento são proporcionalmente menores, mostrando que o grupo não tem muitas esperanças com relação ao futuro.

Para os pesquisadores, os sujeitos da pesquisa temem tanto o ataque, o enfrentamento de uma situação desconhecida, quanto a perda dos benefícios e dos referenciais já conquistados. Concluíram que os desenhos obtidos revelaram representações mais próximas do estupro do que do casamento, com predomínio de lutas de poder entre desiguais, clima agressivo, perdas e frustração.

Leituras para aprofundamento

AZEVEDO, Márcia C. de; CALDAS, Miguel Pinto. O discurso evolucionista e a prática involutiva: um estudo empírico exploratório sobre o impacto de mudanças tecnológicas sobre o desenho do trabalho em *Call Centers*. In: ENCONTRO NACIONAL DA ASSOCIAÇÃO NACIONAL DOS PROGRAMAS DE PÓS-GRADUAÇÃO EM ADMINISTRAÇÃO, 27., 2003, Atibaia. **Anais...** Atibaia: Anpad, 2003.

BRITO, Maria J. M. **A configuração identitária da enfermeira no contexto das práticas de gestão em hospitais privados de Belo Horizonte**. 2004. Tese (Doutorado em Administração) – Faculdade de Ciências Econômicas, Universidade Federal de Minas Gerais, Belo Horizonte, 2004.

CALDAS, Miguel Pinto; TONELLI, Maria José. Casamento, estupro ou dormindo com o inimigo? Interpretando imagens e representações dos sobreviventes de fusões e aquisições. In: ENCONTRO NACIONAL DA ASSOCIAÇÃO NACIONAL DOS PROGRAMAS DE PÓS-GRADUAÇÃO EM ADMINISTRAÇÃO, 25., 2001, Campinas. **Anais...** Campinas: Anpad, 2001.

CATTERALL, Miriam; IBBOTSON, Patrick. Using projective techniques in education research. **British Educational Research Journal**, v. 26, nº 2, p. 245-256, Apr. 2000.

GOULD, Laurence; EBERS, Robert; CLINCHY, Ross McVicker. The systems psychodynamics of a joint venture: anxiety, social defenses, and the management of mutual dependence. **Human Relations**, v. 52, nº 6, 1999.

KOLCK, Odette L. V. **Interpretação psicológica de desenhos**: três estudos. São Paulo: Pioneira, 1968.

MEYER, Alan D. Visual data in organizational research. **Organization Science**. v. 2, nº 2, p. 218-236, May 1991.

NOSSITER, Vivian; BIBERMAN, Gerald. Projective drawings and metaphor: analysis of organisational culture. **Journal of Managerial Psychology**, v. 5, nº 3, p. 13-16, Sept. 1990.

PAGÈS, Max et al. **O poder nas organizações**. São Paulo: Atlas, 1993.

SILVA, José Roberto Gomes da; VERGARA, Sylvia Constant. Análise comparativa acerca da utilização de desenhos na pesquisa sobre a criação do sentido da mudança organizacional. **Organizações & Sociedade**. Salvador: EAUFBA, v. 9, nº 23, p. 159-169, jan./abr. 2002.

_______; VERGARA, Sylvia Constant. O significado da mudança: as percepções dos funcionários de uma empresa brasileira diante da expectativa de privatização. **Revista de Administração Pública**. Rio de Janeiro: Fundação Getulio Vargas, v. 34, nº 1, p. 79-99, jan./fev. 2000.

VERGARA, Sylvia Constant. A utilização da construção de desenhos como técnica de coleta de dados. In: VIEIRA, Marcelo M. F.; ZOUAIN, Deborah M. (Org.). **Pesquisa qualitativa em administração**. Rio de Janeiro: Fundação Getulio Vargas, 2004b.

VINCE, Russ; BROUSSINE, Michael. Paradox, defense and attachment: accessing and working with emotions and relations underlying organizational change. **Organization Studies**, v. 17, nº 1, p. 1-21, 1996.

ZUBOFF, Shoshana. **In the age of the smart machine**: the future of work and power. New York: Basic Books, 1988.

Outras referências

BION, W. **Experiências com grupos**: os fundamentos da psicoterapia de grupo. Rio de Janeiro: Imago, 1970.

5

Desconstrução

A desconstrução é um método[1] que visa à exposição de contradições ou dicotomias presentes em qualquer texto. Desconstruir um conceito não significa destruí-lo (CALÁS e SMIRCICH, 1991). Significa analisar as relações entre elementos positivos e negativos, centrais e marginais, essenciais e não essenciais, *insiders* e *outsiders*, a fim de revelar a ambiguidade embutida nelas (BOJE, 1995).

A desconstrução, introduzida pelo filósofo francês Jacques Derrida, nos anos 60 do século XX, insere-se na perspectiva da pesquisa pós-moderna. Pode-se dizer que o termo *pós-modernismo* tem sido tratado, sobretudo, de duas formas: como período histórico e como perspectiva teórica (COSTA e CAMPOS, 2003; HASSARD, 1999). A primeira refere-se a um momento que se segue à modernidade, enquanto a segunda, marcada pelos trabalhos de Foucault, Derrida, Deleuze, Lyotard, Guattari, Baudrillard, entre outros, discute questões epistemológicas e ontológicas relacionadas ao modernismo. Para Alvesson e Deetz (1999), o pós-modernismo enfatiza um conjunto de ideias inter-relacionadas no todo. São elas: (a) centralidade do discurso, (b) identidades fragmentadas, (c) crítica da filosofia da presença, (d) perda das fundamentações e das narrativas-mestre, (e) conexão poder/conhecimento, (f) hiper-realidade, (g) pesquisa como resistência e indeterminação. Além da desconstrução, a pesquisa pós-moderna vale-se de

---

[1] Utilizo aqui a palavra *método* para referir-me a um tipo de análise textual, ao que Calás e Smircich (1999b, p. 656) chamam de "meditações filosóficas delineadas por meio de leituras aprofundadas" (*close readings*).

métodos como a análise do discurso e as genealogias *foucaultianas* (CALÁS e SMIRCICH, 1999a).

Derrida, cujas ideias foram disseminadas nos anos 70 e 80 do século XX pela *Yale School* (STERN, 1996), advoga que textos são polissêmicos, suscetíveis, portanto, a múltiplas interpretações (CALÁS e SMIRCICH, 1991; MARTIN, 1990), a pelo menos duas leituras (BURRELL, 1999). Desta forma, Derrida rejeita a crença modernista segundo a qual há uma realidade objetiva externa ao indivíduo. Para este pensador, o significado dos textos está baseado em um complexo sistema de presenças e ausências. Desconstruir implica expor os binários presentes no texto e resgatar o que está nas entrelinhas. Binários são termos opostos (masculino e feminino, por exemplo) ou, como mencionado por Cavedon e Lengler (2002, p. 13), são "construções bipolares de termos e relações antagônicas". Desconstruir implica, por conseguinte, denunciar o logocentrismo, entendido este como a supremacia de um elemento sobre outro. Lengler, Vieira e Fachin (2002), por exemplo, denunciaram o etnocentrismo e o falocentrismo, conforme apresentado no exemplo 2 deste capítulo. Pode-se dizer, portanto, que o objetivo da desconstrução é problematizar o termo presente e tentar reaver o ausente (MUMBY e PUTNAM, 1992). Ou, nas palavras de Burrell (1999, p. 458): "é quebrar o poder do autor de afirmar sua primazia sobre uma narrativa particular, ou de impor significados sobre o leitor".

Na área de estudos organizacionais, as abordagens pós-modernas ganharam destaque a partir da série de artigos publicados por Robert Cooper e Gibson Burrell, na *Organization Studies*. O primeiro introduziu a discussão sobre modernismo, pós-modernismo e análise organizacional (COOPER e BURRELL, 1988). Burrell (1998 e 1994) tratou das contribuições de Michel Foucault e Jurgen Habermas para o tema. Cooper (1989) discutiu a contribuição de Jacques Derrida. A partir daí, contribuições à pesquisa pós-moderna em geral, e à desconstrução em particular, emergiram, sobretudo, com os trabalhos de: Boje (1995), Calás (1993), Calás e Smircich (1991), Kilduff (1993), Martin (1990), Mumby e Putnam (1992), Stern (1996), entre outros.

Palavras-chave

- ❐ Binários (ou díades)
- ❐ Logocentrismo
- ❐ Polissemia
- ❐ Rompimento de hierarquias
- ❐ Relações de poder
- ❐ Vozes marginalizadas

❖ Características principais

- A desconstrução, ao contrário das abordagens de pesquisa mais tradicionais, exige do pesquisador uma postura reflexiva.[2]
- O exercício da desconstrução estimula a discussão acerca do discurso dominante e dos elementos por ele marginalizados. Provoca o questionamento sobre as "fórmulas cartesianas e predeterminadas de classificação de comportamentos" (LENGLER, VIEIRA e FACHIN, 2002, p. 86).
- A desconstrução vale-se de um estilo narrativo irônico.
- Pesquisadores pouco familiarizados com o método podem ter dificuldade para utilizá-lo, pois, como já apontaram Calás e Smircich (1999a), críticas à desconstrução incluem acusações de serem inacessíveis e de fazerem uso farto de jargões.

☆ Como utilizar

Em 21 capítulos deste livro, apresento na seção "Como utilizar" uma sequência básica, de caráter sugestivo, a fim de oferecer insumos ao leitor para a operacionalização dos diversos métodos. Este capítulo poderia ser uma exceção já que, de acordo com Derrida (1983),[3] a desconstrução não pode ser reduzida a um conjunto de procedimentos metodológicos, o que, também, é enfatizado por Kilduff (1993).

Contudo, uma referência para se proceder à desconstrução é oferecida por Stern (1996): exposição intertextual; rompimento das hierarquias; desmantelamento dos binários, revelando relações de poder e enfrentando a limitação dos significados. Tal referência permite apresentar a seguinte sequência básica:

- Definem-se o tema e o problema de pesquisa.
- Procede-se a uma revisão da literatura pertinente ao problema de investigação.
- Seleciona-se o texto que será submetido à desconstrução.
- Procede-se a uma leitura aprofundada do texto (*close reading*).
- Procede-se à construção do significado, ou seja, à exposição do discurso dominante concernente ao texto sob análise.

---

2 Sobre a metodologia reflexiva, ver Capítulo 16.

3 "It is not enough to say that deconstruction could not be reduced to some methodological instrumentality or to a set of rules and transposable procedures" (DERRIDA, 1983, p. 3).

- Identificam-se os binários presentes no texto.
- Procede-se à desconstrução do significado, desafiando as perspectivas dominantes.
- Resgata-se o problema que suscitou a investigação.
- Formula-se a conclusão.
- Elabora-se o relatório de pesquisa que, neste caso, vem a ser uma das múltiplas interpretações a que um texto está sujeito.

É importante lembrar que as análises desconstrucionistas podem valer-se tanto de textos (dados) provenientes de pesquisa empírica quanto de pesquisa bibliográfica. Neste último caso, as possibilidades vão desde as histórias em quadrinhos (CAVEDON e LENGLER, 2002) até obras consagradas como o livro *Organizations*, de March e Simon (KILDUFF, 1993).

O relatório de pesquisa proveniente da desconstrução é, como mencionado, uma das múltiplas interpretações a que um texto está sujeito, uma vez que, para Derrida, textos são polissêmicos. Além disso, o resultado da análise desconstrucionista é fruto da subjetividade e da reflexividade do pesquisador (desconstrutor).

Exemplos da utilização do método da desconstrução

Exemplo 1: Leitura pós-moderna do mundo de Dilbert

Cavedon e Lengler (2002) elegeram o método da desconstrução para realizar uma outra leitura dos postulados da administração moderna, com base nas histórias em quadrinhos criadas por Scott Adams. A pesquisa teve como objetivo interpretar as "tiras" de Adams, buscando o futuro no passado, a entropia e o devir, a tecnologia e a decadência humana, tendo como cenário os escritórios das empresas.

Os pesquisadores discutiram, inicialmente, a temática da pós-modernidade. Em seguida, discorreram sobre as histórias em quadrinhos, como produção cultural, e concentraram-se no personagem Dilbert, de Scott Adams. Conforme mencionam, Adams criou o personagem com base em sua experiência profissional na empresa Pacific Bell. Com Dilbert, as percepções dos funcionários de grandes corporações, acerca das principais práticas administrativas disseminadas a partir dos anos 90, passaram a ser expressas. Narrativas reais, enviadas a Adams por milhares de trabalhadores, tornam-se insumos para a criação das "tiras".

Três díades (binários) foram selecionadas para análise, por meio da desconstrução do significado. São elas: motivação *versus* dominação, ser em construção permanente *versus* ser em série estagnado, liberdade pela conectividade *versus* controle da privacidade.

Para a análise da primeira díade – motivação *versus* dominação –, os pesquisadores selecionaram uma "tira" na qual o chefe comunica aos funcionários que 20% do salário estariam vinculados ao atingimento de metas de venda, cujo cálculo Dilbert logo percebeu que era complexo ou impossível de ser feito, o que foi confirmado pelo chefe. Em seguida, o chefe apresentou a nova funcionária contratada para dirigir o "Programa de Incentivo à Dignidade", ou seja, ajudar os funcionários a trabalharem satisfeitos ganhando menos. Se falhasse em sua tarefa, ela teria o mesmo destino dos ex-funcionários.

Os pesquisadores chamaram a atenção para dois aspectos importantes, abordados na tira: metas a serem cumpridas e redução de salários. As metas são irreais, sendo definidas por métodos complexos. A tira deixa implícita – na pergunta do chefe a Dilbert: *Lembra-se dos seus ex-colegas*? – a demissão da nova funcionária, caso ela não consiga fazer com que os funcionários trabalhem satisfeitos, ganhando menos.

De acordo com os pesquisadores, a análise da "tira" revela que a opção por manter salários baixos tem como objetivo a dominação do trabalhador, uma vez que ele está pressionado pelo fim do emprego. Neste caso, aceita passivamente a substituição de parte do salário por benefícios, pois se encontra dependente da organização.

A análise da segunda díade – ser em construção permanente *versus* ser em série estagnado – se deu com base em uma "tira" na qual Dilbert solicita ao seu supervisor autorização para colocar uma planta de plástico em sua baia. Como o pedido foi negado, uma vez que a planta poderia atrair insetos (que, na visão do supervisor, tal como ele, não conseguem distinguir uma planta de verdade de uma de plástico), Dilbert desafiou a supervisão, colocando a planta ao lado do computador. Em seguida, teve uma crise de sudorese e foi alertado pelo cachorro Dogbert que, para assumir uma posição, deveria estar longe dali.

Na visão dos pesquisadores, o quadrinho no qual o supervisor aparece em sua sala mostra a ostentação de símbolos de *status* na empresa. Atrás da mesa, há uma placa identificando o cargo do supervisor – "Gestapo da Baia". Ele senta em uma cadeira de espaldar alto e mantém um relho sobre a mesa. A justificativa para negar a autorização mostra suas limitações, bem como sua posição intermediária na hierarquia, pois acaba repassando ordens de seus superiores, sem questioná-las. Dilbert, ao reagir à ordem do supervisor, demonstra a tentativa de romper com a anulação do seu "eu". Contudo, a manifestação da sudorese expressa seu medo em virtude da desobediência, pois sabe, e é lembrado por Dogbert, que, se não seguir os padrões estabelecidos, será demitido.

A análise da "tira" retrata a tentativa de manter o "eu em construção permanente", mas o controle e a coerção a que o trabalhador é submetido atinge sua saúde mental, deixando-o submisso, mantendo o seu "eu em série estagnado".

Por fim, para analisar a terceira díade – liberdade pela conectividade *versus* controle da privacidade –, os pesquisadores selecionaram uma "tira" na qual Dilbert conta ao cachorro Dogbert que inventou uma roupa à prova de radar. Papeizinhos amarelos não poderiam ser grudados nele graças aos polímeros especiais. Além disso, o telefone e o *pager* não aceitariam chamadas, pois estavam dentro de um estojo de chumbo. Foi, então, trabalhar feliz, mas como lembrou Dogbert, ali estava um homem que se esqueceu um dia de que era domingo.

A "tira" traz à tona a real contribuição da conectividade – telefones celulares, *pagers*, *e-mails* – para o contexto do trabalho. A liberdade para executar o trabalho em outro lugar, longe da empresa, mais precisamente em casa, transforma-se em monitoramento e invasão de privacidade. Como sublinham os pesquisadores, Dilbert está preocupado com a representação do seu "eu" legítimo e de sua individualidade. O discurso das empresas sobre o benefício oferecido aos funcionários com o fornecimento de telefones celulares com tarifas pagas – aumentar-lhes a mobilidade – esconde a real intenção desta prática: garantir a rastreabilidade dos indivíduos. É contra este controle constante que Dilbert luta, criando uma "roupa à prova de radar".

A desconstrução de temas da administração moderna, contemplados por Scott Adams, nas "tiras" protagonizadas por Dilbert, revela os não ditos no mundo das organizações. As três díades ou binários apresentados, ou seja, relações antagônicas, revelam ser o espaço de trabalho o "*locus* da ambiguidade". Para os pesquisadores, o que está nas entrelinhas do discurso da organização é a dominação, o controle, o poder e a inadequação.

❒ Exemplo 2: Segmentação de mercado

O método da desconstrução foi utilizado por Lengler, Vieira e Fachin (2002) em uma pesquisa acerca do conceito e da prática de segmentação de mercado. Os pesquisadores buscaram inspiração no filme *Desconstruindo Harry*, de Woody Allen, para "olhar de outra forma" o conceito de segmentação de mercado, analisando elementos nem sempre privilegiados.

Inicialmente, foram comentados aspectos do trabalho de Allen e, principalmente, os relacionados ao filme, como, por exemplo, a falta de preocupação com formas ou regras, a alternância de momentos de ficção e realidade, a abordagem de temas ligados às minorias, a falta de foco, que não se refere a um problema de câmera, mas ao problema do próprio personagem, que se encontra desfocado do mundo real. Foi com base em elementos que retratam a falta de foco em indivíduos e grupos marginalizados, ou seja, desconsiderados pela realidade construída por grupos sociais dominantes, que a pesquisa se desenvolveu.

O conceito de segmentação de mercado é visto como discurso hegemônico, já consolidado pela literatura, nos meios acadêmicos e empresariais. Entretanto, como observam os pesquisadores, o conceito encobre significados, deixa à margem indivíduos e grupos, sobretudo as minorias. Por este motivo, o exercício de sua desconstrução foi realizado, considerando as questões étnicas e de gênero. Dois binários foram, portanto, identificados: (a) branco/negro (dominador/dominado); (b) masculino/feminino (sexo dominante/sexo frágil).

O binário branco/negro traz à tona uma dominação histórica, na qual o segundo grupo sofreu com a escravidão. A discriminação e as desigualdades são, hoje, evidentes quando se observa, por exemplo, a grande inserção da população negra nas classes sociais D e E. O que se vê é um quadro de tolerância racial. Contudo, os pesquisadores asseveram que, em razão dos prognósticos animadores sobre o potencial de compra desta população, as organizações têm vislumbrado a possibilidade de atingir estes "novos" consumidores. A tentativa de identificar as necessidades específicas deste grupo traz à tona o preconceito. Como questionam os pesquisadores: "o que há de tão específico em consumidores negros que justifique a elaboração de produtos diferentes aos dos brancos?" (LENGLER, VIEIRA e FACHIN, 2002, p. 89).

A leitura da segmentação de mercado com base na etnia revela o etnocentrismo. Mostra uma realidade na qual os negros (dominados) são excluídos do consumo de produtos e serviços destinados aos brancos (dominadores), sendo a eles oferecidos produtos específicos.

O binário masculino/feminino é considerado bastante relevante para a desconstrução do conceito e da prática da segmentação de mercado, uma vez que a atenção do mercado tem se voltado para o público feminino. Foram mencionados dados de pesquisas que apontam para o aumento da ocupação, por mulheres, das vagas no mercado de trabalho, para os rendimentos crescentes, bem como para o nível educacional superior ao dos homens. Contudo, a segregação sexual pode ser percebida, sobretudo, no que se refere à desigualdade remuneratória e de cargos.

Em campanhas de marketing, as mulheres são colocadas em situações de submissão ao homem. Os pesquisadores observam que a estrutura familiar patriarcal prevalece. Em um artigo citado pelos pesquisadores, as mulheres que atuavam em determinadas campanhas publicitárias eram reconhecidas por seus atributos físicos e não pela capacidade intelectual. Quando se trata de campanhas de comunicação empresarial, a supremacia masculina torna-se evidente, cabendo ao homem o papel de decisor. A exploração do conceito e da prática de segmentação de mercado com base no gênero revela uma sociedade falocêntrica, na qual o elemento feminino é oprimido pelo elemento masculino.

Como sugerem os pesquisadores, o exercício de desconstrução revela a história de outra forma, do ponto de vista dos oprimidos. A analogia[4] empreendida com o filme de Allen, cuja discussão reuniu temas como a submissão racial, de gênero e a supremacia religiosa, sugere ser a segmentação de mercado um conceito marcado pela hegemonia de determinados elementos (homens e brancos). Elementos dominados só são percebidos quando seu poder de compra ou sua influência sobre a decisão de consumo ganham algum destaque. Em campanhas para este público, contudo, o discurso dominante prevalece, ou seja, a segmentação de mercado é baseada em uma sociedade etnocêntrica e falocêntrica. Os pesquisadores, por fim, provocam o leitor à reflexão e ao questionamento dos processos organizacionais legitimados por práticas pautadas na dominação de determinados elementos em detrimento de outros.

Leituras para aprofundamento

ALVESSON, Mats; DEETZ, Stanley. Teoria crítica e abordagens pós-modernas para estudos organizacionais. In: CALDAS, M.; FACHIN, R.; FISCHER, T. (Org.). **Handbook de estudos organizacionais**: modelos de análise e novas questões em estudos organizacionais. São Paulo: Atlas, 1999. v. 1.

BOJE, David M. Stories of the storytelling organization: a postmodern analysis of Disney as "Tamara-Land". **Academy of Management Journal**, v. 38, nº 4, p. 997-1035, Aug. 1995.

BURRELL, Gibson. Ciência normal, paradigmas, metáforas, discursos e genealogia da análise. In: CALDAS, M.; FACHIN, R.; FISCHER, T. (Org.). **Handbook de estudos organizacionais**: modelos de análise e novas questões em estudos organizacionais. São Paulo: Atlas, 1999. v. 1.

CALÁS, Marta B. Deconstructing charismatic leadership: re-reading Weber from the darker side. **Leadership Quarterly**, v. 4, 3/4, p. 305-328, 1993.

______; SMIRCICH, Linda. Voicing seduction to silence leadership. **Organization Studies**, v. 12, nº 4, p. 567-602, 1991.

______; SMIRCICH, Linda. Do ponto de vista da mulher: abordagens feministas em estudos organizacionais. In: CALDAS, M.; FACHIN, R.; FISCHER, T. (Org.). **Handbook de estudos organizacionais**: modelos de análise e novas questões em estudos organizacionais. São Paulo: Atlas, 1999a. v. 1.

______; ______. Past postmodernism? Reflections and tentative directions. **Academy of Management Review**, v. 24, nº 4, p. 649-671, Oct. 1999b.

CAVEDON, Neusa Rolita; LENGLER, Jorge F. B. Desconstruindo temas e estratégias da administração moderna: uma leitura pós-moderna do mundo de Dilbert. In: ENCONTRO

[4] Sobre analogias ver Capítulo 3.

NACIONAL DA ASSOCIAÇÃO NACIONAL DOS PROGRAMAS DE PÓS-GRADUAÇÃO EM ADMINISTRAÇÃO, 26., 2002, Salvador. **Anais...** Salvador: Anpad, 2002.

COOPER, Robert. Modernism, post modernism and organizational analysis 3: the contribution of Jacques Derrida. **Organization Studies**, v. 10, nº 4, p. 479-502, 1989.

______; BURRELL, Gibson. Modernism, post modernism and organizational analysis: an introduction. **Organization Studies**, v. 9, nº 1, p. 91-112, 1988.

COSTA, Isabel de Sá A. da; CAMPOS, Anna Maria M. Pós-modernismo e teoria organizacional: um ensaio bibliográfico. **Revista de Administração Pública**, v. 37, nº 3, p. 627-639, maio/jun. 2003.

DERRIDA, Jacques. **Letter to a japanese friend**. 1983. Disponível em: <http: //lucy.ukc.ac.uk/Simulate/Derrida_deconstruction.html>. Acesso em: 2 jul. 2004.

HASSARD, John. Postmodernism, philosophy and management: concepts and controversies. **International Journal of Management Reviews**, v. 1, nº 2, p. 171-195, June 1999.

KILDUFF, Martin. Deconstructing *organizations*. **Academy of Management Review**, v. 18, nº 1, p. 13-31, Jan. 1993.

LENGLER, Jorge F. B.; VIEIRA, Marcelo Milano F.; FACHIN, Roberto C. Um exercício de desconstrução do conceito e da prática de segmentação de mercado inspirado em Woody Allen. **Revista de Administração de Empresas**. São Paulo: Fundação Getulio Vargas, v. 42, nº 4, p. 84-92, out./dez. 2002.

MARTIN, Joanne. Deconstruction organizational taboos: the suppression of gender conflict in organizations. **Organization Science**, v. 1, nº 4, p. 339-359, Nov. 1990.

MUMBY, Dennis K.; PUTNAM, Linda L. The politics of emotion: a feminist reading of bounded rationality. **Academy of Management Review**, v. 17, nº 3, p. 465-486, July 1992.

STERN, Barbara B. Deconstructive strategy and consumer research: concepts and illustrative exemplar. **Journal of Consumer Research**, v. 23, nº 2, p. 136-149, Sept. 1996.

Outras referências

BURRELL, Gibson. Modernism, post modernism and organizational analysis 2: the contribution of Michel Foucault. **Organization Studies**, v. 9, nº 2, p. 221-235, 1988.

______. Modernism, post modernism and organizational analysis 4: the contribution of Jurgen Habermas. **Organization Studies**, v. 15, nº 1, p. 1-45, 1994.

6

Etnografia

O método etnográfico, originado no campo da Antropologia, consiste na inserção do pesquisador no ambiente, no dia a dia do grupo investigado. Os dados são, então, coletados no campo, em geral, por meio de observação participante e entrevistas, quase sempre semiestruturadas.

A pesquisa etnográfica é marcada pela obra clássica *Argonautas do Pacífico Ocidental*, de Malinowski (1976), cuja abordagem volta-se para a perspectiva de conversão, de *viver como vivem os nativos*. Outra abordagem antropológica é a de Geertz (1978), voltada para a perspectiva interpretativa, do *viver com o nativo*. Uma terceira corrente refere-se à abordagem pós-moderna, uma continuidade da perspectiva interpretativa.

Propostas de utilização do método etnográfico têm sido discutidas, nos últimos tempos, num contexto de aproximação das disciplinas antropologia e administração (CAVEDON, 1999; JAIME JÚNIOR, 1996; MASCARENHAS, 2002; SERVA e JAIME JÚNIOR, 1995).

Cavedon (2001) amplia essa discussão, ao propor o uso de recursos metodológicos e formas alternativas de emprego do método etnográfico na área de administração. Advoga a utilização da fotoetnografia,[1] isto é, da fotografia como recurso narrativo e não, apenas, ilustrativo, uma vez que as palavras são, muitas vezes, insuficientes para descrever o objeto em estudo. O uso do imagético como forma de linguagem nos remete à Antropologia Visual. Outra possibilidade diz respeito ao estilo de redação, no qual se inserem o estilo literário e o poético.

---

1 Sobre fotoetnografia ver Capítulo 8.

Registro interesse crescente pela perspectiva antropológica em pesquisas de marketing (BARROS, 2002; ROCHA *et al.*, 1999; ROSSI e SILVEIRA, 1999). A utilização do método etnográfico, nesse contexto, tem contribuído para a explicação e a compreensão das dimensões culturais relacionadas aos mercados, aos produtos e aos consumidores.

Palavras-chave

- Cultura
- Transformação do familiar em não familiar e vice-versa
- Símbolos, rituais
- Inserção do pesquisador no mundo do grupo investigado
- Rito de passagem
- Perspectiva microscópica
- Diário de campo
- Observação participante

❖ Características principais

- Possibilita uma compreensão mais ampla da atuação dos indivíduos no ambiente organizacional, ao fornecer uma noção da realidade formal e informal dos diversos níveis da organização (MASCARENHAS, 2002).
- Permite identificar valores do grupo e aspectos do relacionamento entre os seus integrantes, muitas vezes despercebidos pelos gestores das organizações.
- Permite descobrir o simbolismo presente no comportamento de empregados e consumidores, muitas vezes difícil de ser identificado sem a imersão do pesquisador no cotidiano do grupo investigado.
- Possibilita identificar os valores característicos de culturas e subculturas de consumo, não familiares no contexto global.
- Proporciona uma visão mais abrangente da satisfação de consumidores, ao permitir o contato com os consumidores no ambiente onde os produtos são experimentados.
- Demanda tempo considerável para a realização da pesquisa, devido à exigência de contato prolongado do pesquisador com o grupo investigado.

- Exige do pesquisador um esforço intenso para minimizar os riscos da omissão ou da revelação de dados distorcidos por parte do grupo investigado.
- Exige sensibilidade do pesquisador para captar o observável.
- Exige do pesquisador sensibilidade para atuar no trabalho de campo, para ouvir, observar e para reconhecer os momentos mais adequados para perguntar, dialogar.
- Exige do pesquisador a decisão que lhe pareça ética e, ao mesmo tempo, que não distorça a realidade: apresentar-se, ou não, como pesquisador.[2]

☆ Como utilizar[3]

- Definem-se o tema e o problema de pesquisa.
- Procede-se a uma revisão da literatura pertinente ao problema de investigação e escolhe(m)-se a(s) orientação(ões) teórica(s) que dará(ão) suporte ao estudo.
- Negocia-se o início da pesquisa de campo, ou seja, a entrada no ambiente do grupo investigado (nos casos em que há necessidade de negociação prévia).
- Iniciam-se os trabalhos em campo, com os primeiros contatos com o grupo.
- Coletam-se os dados por meio de observação simples e participante.
- Selecionam-se os sujeitos a serem entrevistados.
- Coletam-se os dados por meio de entrevistas, filmagens, fotografias ou outros procedimentos.
- Registram-se os dados em um diário de campo.
- Codificam-se os dados.
- Comparam-se os dados obtidos por meio de entrevistas, observação e outros procedimentos utilizados.
- Analisam-se os dados.
- Resgata-se o problema que suscitou a investigação.

---

[2] Para a decisão de apresentar-se ou não como pesquisador, ver situações vivenciadas por Rial (2003) e Bresler (1997).

[3] A ordem aqui apresentada não é rígida. Pode, portanto, ser alterada conforme a situação.

- Confrontam-se os resultados obtidos com a(s) teoria(s) que deu(ram) suporte à investigação.
- Formula-se a conclusão.
- Elabora-se o relatório de pesquisa.

É comum que o pesquisador enfrente resistências por parte do grupo investigado, o que exige habilidade para estabelecer e manter relações de confiança com o referido grupo.

É importante registrar as primeiras impressões acerca do grupo investigado: os jargões utilizados, os rituais praticados ou qualquer manifestação que provoque estranhamento ao pesquisador. Com o tempo, elementos estranhos tendem a ser considerados familiares.

Os dados coletados, formal ou informalmente, por meio de observação ou entrevistas, devem ser registrados diariamente. Recomenda-se que o pesquisador utilize um diário de campo a fim de manter os registros organizados. Sugere-se, ainda, gravar as entrevistas, sempre que possível, bem como utilizar a fotografia para apoiar a coleta de dados.

Para auxiliar a análise dos dados, há *softwares* disponíveis no mercado, como o *The Ethnograph*, comercializado pela *Sage Publications*, e o NVivo 2.0.

Exemplos da utilização do método etnográfico

Exemplo 1: Etnografia em uma marcenaria

O método etnográfico foi utilizado por Bresler (1997) para analisar os símbolos e as imagens que norteavam as relações sociais e produtivas em uma oficina de marcenaria.

Admitindo a necessidade de conhecer a cultura da base hierárquica das organizações brasileiras, o pesquisador decidiu trabalhar em uma fábrica de móveis. Recebeu uma indicação para procurar a oficina da Chácara Cogumelo, na Grande São Paulo. O contato com a empresa foi estabelecido, ficando acertado o início do estágio. No período anterior ao início da sua experiência como aprendiz de marceneiro, realizou uma revisão bibliográfica sobre pesquisa participante, indústria moveleira e madeira. Trabalhou diariamente na oficina, no período de dezembro de 1994 a fevereiro de 1995. Sua pesquisa prosseguiu durante os outros meses do primeiro semestre do ano de 1995, com a realização de entrevistas semiestruturadas e a verificação das anotações de campo. O pesquisador prestou, também, consultoria informal aos donos do negócio, durante o ano de 1995.

A oficina da Chácara Cogumelo era alugada, bem como as grandes máquinas existentes. Era gerenciada por dois sócios que trabalhavam ali, diariamente. A empresa funcionava de maneira informal. Contava, normalmente, com cinco funcionários, sendo três assalariados e dois prestadores de serviço. Havia, ainda, outro trabalhador que ocupava as dependências da oficina. Era um funcionário do proprietário do imóvel e das grandes máquinas. Não havia regras rígidas, nem vínculo formal de trabalho.

Pensando que estava usando uma roupa surrada – conselho de um dos sócios da marcenaria – o pesquisador/aprendiz de marceneiro começou o seu primeiro dia de trabalho, lixando tábuas. Não foi apresentado aos colegas, nem recebeu treinamento. Trabalhou e observou pessoas e máquinas. Constatou que não estava usando roupas surradas. Roupas surradas eram decorrentes do dia a dia de trabalho. Seus colegas estavam, todos, com o mesmo "uniforme", roupas diferentes, mas igualmente surradas, símbolos de integração.

O pesquisador logo percebeu que, na oficina, havia um ritual de troca de roupa. Seus colegas marceneiros trocavam as roupas surradas por roupas limpas em todos os momentos em que saíam da oficina: para almoçar, telefonar, comprar cigarros ou outros motivos. Era uma norma do grupo, aprendida no convívio diário.

O pesquisador experimentou a troca de roupas para ir almoçar, na segunda semana de trabalho. Naquele momento, constatou que o simples fato de tirar uma roupa surrada e vestir uma comum marcava um intervalo na jornada diária, refazendo as energias para dar continuidade ao trabalho. Essa primeira troca de roupa constituiu para ele um rito de passagem para dentro da oficina. Passou a sentir-se parte do grupo.

As roupas eram, ao mesmo tempo, símbolos de integração e diferenciação. Nesse contexto, lembrou-se das roupas de trabalho dos médicos e das empregadas domésticas. No ambiente de trabalho dos médicos, a roupa branca indica a integração. Fora dos hospitais e consultórios, o uniforme é considerado um símbolo de *status*, diferenciando o usuário das demais pessoas. Por outro lado, no caso das empregadas domésticas, os uniformes simbolizam um trabalho pouco valorizado, revelando que o usuário pertence a uma classe social menos favorecida. Na oficina, o uniforme unia os trabalhadores. Fora do ambiente de trabalho, a roupa diferenciava quem a estava vestindo. Ao contrário da distinção experimentada pelos médicos, os marceneiros, na rua, eram diferenciados "para baixo". Como sugeriu o pesquisador, "dependendo do domínio, um mesmo artefato pode simbolizar diferentes significados" (BRESLER, 1997, p. 117).

O processo de aceitação pelo qual passou o pesquisador foi diferente, mais demorado que o dos demais, provavelmente em virtude da proximidade com os patrões. Com o tempo, o pesquisador foi aceito, passando dos olhares restritos aos sorrisos de cumplicidade. Entretanto, algumas distâncias continuaram a existir, o que não é estranho em estudos etnográficos. Indagado sobre a sua história, revelou ser professor e pesquisador, estando ali como um aprendiz, para aprender a trabalhar com a madeira.

O convívio diário revelou, ainda, a relação dos trabalhadores com a figura do "pai". As relações na oficina eram semelhantes às relações em casa, onde o pai é aquele que protege e detém autoridade. Os sócios da oficina eram considerados "pais" dos empregados. Da mesma forma, o dono do imóvel e das grandes máquinas, alugados por um décimo do preço de mercado que seria cobrado somente pelo galpão, era o "pai" dos donos do negócio. Entretanto, se desejassem fazer alguma modificação estrutural no galpão, ou aumentar significativamente o número de empregados, os donos do negócio deveriam pedir autorização ao "pai", ou seja, ao dono do imóvel. O pesquisador observou uma relação de proteção e amparo aos "filhos" e, ao mesmo tempo, a autoridade do "pai" explicitada pela dependência dos "filhos".

Os donos do negócio tinham, ainda, outro "pai". Era o melhor cliente da oficina. Garantia mensalmente ao negócio uma entrada mínima de dinheiro no caixa. Por outro lado, todos deveriam respeitar as mudanças exigidas por esse cliente.

Os resultados dessa experiência revelaram a importância da imagem paterna na oficina, que servia como um modelo a ser seguido, bem como uma forma de controle. A simbologia dos uniformes foi destacada nos dois contextos pertinentes, revelando integração e diferenciação.

Para o pesquisador, as sutilezas das relações sociais e produtivas dentro da oficina, dificilmente seriam captadas se outro método de pesquisa tivesse sido adotado.

❒ Exemplo 2: Subculturas de consumo: os *new bikers*

O método etnográfico foi utilizado por Schouten e McAlexander (1995) em uma pesquisa sobre subculturas de consumo. Os pesquisadores definiram uma subcultura de consumo como um grupo distinto da sociedade, formado com base na escolha de um produto específico, uma marca ou uma atividade. Foram destacadas outras características de uma subcultura de consumo: a estrutura hierárquica, os valores, os jargões, os rituais e os modos de expressão simbólica próprios.

O grupo investigado pelos pesquisadores foi o dos *new bikers*, representados pelos proprietários das motocicletas *Harley-Davidson*. O interesse em investigar esse grupo não se restringiu apenas ao fato de que estavam ligados a uma mesma atividade, ou que possuíam estilos de vida próprios, mas ao fato de compartilharem a "adoração" de um produto de uma marca específica. A pesquisa foi desenvolvida durante três anos. Neste período, os pesquisadores passaram por vários estágios de envolvimento etnográfico: (a) observação simples, quando eram considerados *outsiders*, pois não possuíam motocicletas; (b) observação participante, de modo parcial, quando adquiriram motocicletas (ainda não eram *Harleys*) e eram considerados novatos; (c) imersão total, quando adquiriram *Harleys* e as utilizaram como principal meio de transporte. Passaram, também, a utilizar roupas apropriadas. Durante o último estágio – envolvimento total –, os pesquisadores alcançaram a condição de *insiders*, sendo gradualmente aceitos em vários subgrupos de motociclistas *Harley Davidson*.

Os dados da pesquisa foram coletados por meio de entrevistas formais e informais, observação simples e participante, e fotografias. As entrevistas formais eram gravadas e, posteriormente, transcritas. Durante as entrevistas que não estavam sendo gravadas, os pesquisadores escreveram notas de campo. Os dados referentes às observações e às entrevistas informais eram permanentemente registrados em um gravador. Ao final do dia, os dados gravados eram resgatados para serem registrados sob a forma de notas de campo detalhadas. As fotografias contribuíram para "reviver a experiência vivida" e, também, registrar visualmente o simbolismo característico desta subcultura.

A imersão no mundo do grupo investigado permitiu a familiaridade com publicações referentes aos diversos subgrupos de motociclistas, o que contribuiu para a interpretação e a triangulação[4] dos dados obtidos por meio de entrevistas e observação.

A proposta inicial de amostragem, que revelava um entendimento superficial da cultura dos *bikers,* incluía três grupos a serem entrevistados: motociclistas, comerciantes e executivos de *marketing*. À medida que a coleta de dados foi iniciada, os pesquisadores perceberam que o grupo investigado era muito mais complexo do que imaginavam. A amostra era, então, ampliada à medida que uma nova categoria de motociclistas emergia.

Os entrevistados foram selecionados de acordo com os diferentes subgrupos identificados no decorrer da pesquisa. Apresentavam diferenças com relação à idade, à classe social e ao estilo de vida. Foram entrevistados membros de vários subgrupos, bem como motociclistas que não pertenciam a nenhum grupo organizado. Os locais de pesquisa incluíram ralis anuais, casa dos motociclistas (ou, mais comumente, as garagens), concessionárias, bares, entre outros.

Foram, ainda, entrevistados executivos da *Harley-Davidson*, seis comerciantes de motocicletas *Harley-Davidson* e diversos vendedores de acessórios, roupas e parafernálias em ralis.

Os dados foram acumulados, codificados, comparados e categorizados em temas específicos. Cada tema foi, então, tratado como peças de um quebra-cabeça, que seriam posteriormente unidas, formando uma estrutura conceitual.

---

[4] Sobre triangulação ver Capítulo 22.

Quatro temas foram identificados, quais sejam: estrutura social, valores culturais compartilhados, transformação da identidade do indivíduo, ação de comercializar referente à subcultura de consumo.

Os resultados da pesquisa revelaram que o grupo investigado possuía subgrupos com interpretações particulares sobre os valores de sua cultura. No que se refere aos valores culturais compartilhados pelos membros do grupo, foram destacados a devoção à marca *Harley-Davidson*, a liberdade, o patriotismo e a reafirmação da masculinidade. A transformação da identidade do indivíduo foi percebida à medida que o grau de integração aos valores do grupo aumentava. Por fim, a pesquisa revelou que as empresas produtoras de motocicletas e acessórios utilizavam elementos simbólicos do grupo para se comunicar com a sociedade e atrair novos clientes.

❐ Exemplo 3: Etnografia em *fast foods*

Rial (2003) elegeu o método etnográfico para a realização de uma pesquisa sobre *fast foods* em Paris. A pesquisa teve início em 1983, época em que a pesquisadora estudava em uma universidade francesa. Teve como objetivo analisar os *fast foods*, cadeias globais de lanches rápidos, como um caso exemplar de tentativa de multiplicação mundial de um padrão homogêneo e sugerir que a lógica e a dinâmica de disseminação planetária podem muito revelar sobre os processos de globalização cultural contemporâneos.

Seu interesse pelo tema nasceu devido à proliferação dos *fast foods* na cidade de Paris e à indignação dos cidadãos parisienses com relação ao fato. Além disso, a pesquisadora ouvia frequentemente comentários de uma de suas colegas de universidade sobre o trabalho em *fast foods*, já que a mesma trabalhava no Quick, o maior *fast food* na época. Havia, ainda, a possibilidade de trabalhar em um destes estabelecimentos, uma vez que empregavam estrangeiros.

Inicialmente, a pesquisadora discutiu uma questão metodológica relacionada ao campo e ao objeto da pesquisa. Argumentou que o campo deveria estar em consonância com o objeto da pesquisa, sugerindo que objetos contemporâneos se rebelam contra fronteiras geográficas precisas. No seu caso, o campo da pesquisa foi definido como Paris e São Paulo. No entanto, foram realizadas visitas e entrevistas em diversas outras cidades do mundo. Além disso, observações foram feitas onde a pesquisadora não falava a língua local nem contava com um intérprete. Peças publicitárias de *fast foods* de países como Turquia, Grécia, Austrália, Chile, Argentina, Itália e Estados Unidos foram fornecidas por pessoas que a pesquisadora chamava de caçadores de guardanapos de bandeja. Muitas informações eram disponibilizadas. Contudo, estavam inseridas em um discurso oficial. Acessar as práticas *fast foodianas* não era fácil. Para a pesquisadora, lugares como *fast foods* exigem uma antropologia *on the road*, em movimento, capaz de captar esse movimento. Nesse sentido, ao invés de uma corresidência, foi estabelecida a prática da covisita.

A pesquisadora trabalhou durante três meses no Quick de La Défénse, na França. Na época, o estabelecimento tinha mais de 60 empregados e produzia diariamente cerca de 6.000 hambúrgueres. Sua jornada era de dez horas por semana.

A inserção da pesquisadora no Quick se deu como a de muitos que lá estavam, ou seja, mentindo. Não revelou aos chefes sua escolaridade nem que estaria realizando uma pesquisa. A exceção ficou por conta de seus colegas de trabalho, seus maiores informantes.

A natureza do trabalho exigia concentração e precisão. Máquinas e chefes autoritários ditavam o ritmo do trabalho e as regras a serem seguidas. Foi assustador desde o início, ela afirma.

Logo percebeu que a interação entre os trabalhadores era um grande ponto de tensão. Em horários de grande movimento, os caixas recebiam os pedidos, que eram repassados para os atendentes dos postos de bebidas, sanduíches, entre outros. Estes atendentes ficavam encarregados de entregar os itens prontos ao caixa. O modo pelo qual a ordem era transmitida pelo caixa constituía uma das maiores queixas dos atendentes, já que muitos exigiam rapidez, em uma tentativa de "aparecer" para os chefes.

A resposta dos *fast foods* a essa tensão vinha por meio de fórmulas estereotipadas. Palavras em inglês davam um toque impessoal às ordens. Segundo a pesquisadora, geravam uma esquizofrenia linguística. Além disso, algumas cadeias contavam com a figura do "produção", um mediador que trabalha entre o caixa e os atendentes dos postos, com a função de prever e determinar o preparo de determinado número de sanduíches, de acordo com o número de pessoas na fila. Ele não podia deixar que faltassem ou sobrassem itens. O "produção" também estimula ou reprova os funcionários, dependendo da situação. Hierarquicamente, está entre os atendentes e os supervisores.

Uma característica peculiar dos *fast foods* é o fato de cada estabelecimento constituir o território de uma determinada rede de imigrantes, o que foi constatado pela pesquisadora na França e na Inglaterra. No Quick de La Défénse, por exemplo, os empregados eram, em sua maioria, vietnamitas e malgaxes, exceto para os cargos de chefia. Um dos supervisores da cadeia declarou que o Quick não empregava negros nem árabes para os cargos de assistente e gerente. O mesmo não ocorria no McDonald's e no Burger King, na França.

Além da interação entre os trabalhadores, outro ponto de tensão era a relação dos trabalhadores com os instrumentos *fast foodianos* e os procedimentos a serem seguidos. A disciplina exigida impunha relações quase sádicas, dizia ela. Trabalhadores deveriam aprender a obedecer aos chefes e a trabalhar segundo a didática dos gestos *fast foodianos*. Trabalhadores e máquinas deveriam ser elos de uma mesma cadeia.

O plano de distribuição dos empregados era estabelecido, conforme a pesquisadora pôde observar, de acordo com critérios subjetivos como gênero, etnia e aparência física. Para os atendentes, era mais um modo de os chefes se vingarem.

Com relação à padronização, a pesquisadora teve uma experiência desagradável no que diz respeito aos uniformes, os mesmos, tanto para o verão quanto para o inverno. Em um dia de inverno, ao colocar sacos de lixo do lado de fora do restaurante, o que levava em média 20 segundos, a porta se fechou, deixando-a presa na área de serviço durante 15 minutos, sob uma temperatura de –14° C. Seu uniforme era um vestido leve, de mangas curtas.

Sua experiência etnográfica revelou que as condições de trabalho nos *fast foods* eram duras, com poucas recompensas. A visão de seus colegas franceses, contudo, não era a mesma dos brasileiros e argentinos. O que leva as pessoas a suportarem esse tipo de trabalho foi uma questão levantada pela pesquisadora. Brasileiros querem conhecer as máquinas e o trabalho moderno. Além disso, precisam da experiência do primeiro emprego. A sociabilidade interna mantém tanto brasileiros quanto franceses nos *fast foods*. Alguns até visitam o local de trabalho nos dias de folga. Em síntese, percebeu que as pessoas trabalham em *fast foods* devido ao sentimento de pertencer a um grupo, de compartilhar códigos, sejam eles uniforme, linguagem ou gestos.

Leituras para aprofundamento

BARROS, Carla Fernanda Pereira. Marketing e etnografia: um levantamento em journals dos anos 80 e 90. In: ENCONTRO NACIONAL DA ASSOCIAÇÃO NACIONAL DOS PROGRAMAS DE PÓS-GRADUAÇÃO EM ADMINISTRAÇÃO, 26., 2002, Salvador. **Anais...** Salvador: Anpad, 2002.

BRESLER, Ricardo. A roupa surrada e o pai: etnografia em uma marcenaria. In: MOTTA, Fernando C. P.; CALDAS, Miguel P. (Org.). **Cultura organizacional e cultura brasileira**. São Paulo: Atlas, 1997.

______. **A administração e o Brasil**: as figuras do gestor, do colonizador e a imagem paterna. 2000. 231 f. Tese (Doutorado em Administração) – Escola de Administração de Empresas de São Paulo, Fundação Getulio Vargas, São Paulo.

CAVEDON, Neusa Rolita. O método etnográfico em estudos sobre cultura organizacional: implicações positivas e negativas. In: ENCONTRO NACIONAL DA ASSOCIAÇÃO NACIONAL DOS PROGRAMAS DE PÓS-GRADUAÇÃO EM ADMINISTRAÇÃO, 23., 1999, Foz do Iguaçu. **Anais...** Foz do Iguaçu: Anpad, 1999.

CAVEDON, Neusa Rolita. Recursos metodológicos e formas alternativas no desenvolvimento e na apresentação de pesquisas em administração. In: ENCONTRO NACIONAL DA ASSOCIAÇÃO NACIONAL DOS PROGRAMAS DE PÓS-GRADUAÇÃO EM ADMINISTRAÇÃO, 25., 2001, Campinas. **Anais...** Campinas: Anpad, 2001.

GEERTZ, C. **A interpretação das culturas.** Rio de Janeiro: Zahar, 1978.

JAIME JÚNIOR, Pedro. Etnografia, antropologia e o universo organizacional. **Revista de Administração Pública.** Rio de Janeiro: Fundação Getulio Vargas, v. 30, nº 6, p. 105-121, nov./dez. 1996.

MALINOWSKI, B. **Argonautas do pacífico ocidental**: um relato do empreendimento e da aventura dos nativos nos arquipélagos da Nova Guiné, Melanésia. São Paulo: Abril Cultural, 1976.

MASCARENHAS, André O. Etnografia e cultura organizacional: uma contribuição da antropologia à administração de empresas. **Revista de Administração de Empresas.** São Paulo: Fundação Getulio Vargas, v. 42, nº 2, p. 88-94, abr./jun. 2002.

RIAL, Carmen. Pesquisando em uma grande metrópole: fast foods e studios em Paris. In: VELHO, Gilberto; KUSCHNIR, Karina (Org.). **Pesquisas urbanas**: desafios do trabalho antropológico. Rio de Janeiro: Zahar, 2003.

ROCHA, Everardo et al. Cultura e consumo: um roteiro de estudos e pesquisas. In: ENCONTRO NACIONAL DA ASSOCIAÇÃO NACIONAL DOS PROGRAMAS DE PÓS-GRADUAÇÃO EM ADMINISTRAÇÃO, 23., 1999, Foz do Iguaçu. **Anais...** Foz do Iguaçu: Anpad, 1999.

ROSSI, Carlos Alberto Vargas; SILVEIRA, Teniza de. Pesquisa sobre culturas nacionais: o inexorável futuro do marketing na globalização. In: ENCONTRO NACIONAL DA ASSOCIAÇÃO NACIONAL DOS PROGRAMAS DE PÓS-GRADUAÇÃO EM ADMINISTRAÇÃO, 23., 1999, Foz do Iguaçu. **Anais...** Foz do Iguaçu: Anpad, 1999.

SCHOUTEN, John W.; McALEXANDER, James H. Subcultures of consumption: an ethnography of the new bikers. **Journal of Consumer Research**, v. 22, nº 1, p. 43-61, June 1995.

SERVA, Maurício; JAIME JÚNIOR, Pedro. Observação participante e pesquisa em administração – uma postura antropológica. **Revista de Administração de Empresas.** São Paulo: Fundação Getulio Vargas, v. 35, nº 1, p. 64-79, maio/jun. 1995.

7

Fenomenologia

A fenomenologia é originada do campo da filosofia. Consiste no estudo do fenômeno, entendido este como aquilo que se manifesta como é. O que propicia a compreensão de um dado fenômeno são as essências, ou seja, o sentido verdadeiro de alguma coisa (MOREIRA, 2002). Como explica Dartigues (1973), o que não se pode suprimir de um objeto sem destruí-lo é a sua essência. A ênfase da fenomenologia recai sobre o mundo da vida, o mundo cotidiano. É considerado, ao lado do método hipotético-dedutivo e do dialético, um dos grandes métodos de pensamento (VERGARA, 2004a), um método-raiz (ALVESSON, 2003).

A fenomenologia foi introduzida por Edmund Husserl (1859-1938), a partir de uma vertente conhecida como fenomenologia descritiva ou transcendental. Nasceu como uma perspectiva crítica, uma reação ao positivismo e à negação da subjetividade. Como assevera Dartigues (1973, p. 74): "a objetividade supôs a colocação entre parênteses do sujeito humano e dos modos de apreensão subjetivos da realidade". A perspectiva fenomenológica busca "reintegrar o mundo da ciência ao mundo da vida" (DARTIGUES, 1973, p. 77). A partir desta abordagem, surgiram a fenomenologia realista, a constitutiva, a existencial e a hermenêutica (MOREIRA, 2004). Esta última, preconizada por Martin Heidegger (1889-1976), é também conhecida como fenomenologia interpretativa, constituindo uma importante referência para a pesquisa empírica em administração.

Estudos amparados pelo método de pesquisa fenomenológico-hermenêutico buscam o resgate dos significados atribuídos pelos sujeitos ao fenômeno sob investigação. Hermenêutica é uma técnica de interpretação (ABBAGNANO, 1970). Lembrando Spiegelberg, Moreira (2004) afirma que mesmo a fenomenologia descritiva inclui interpretação. Assim, os estudos apropriam-se do conhecimento por meio do círculo compreensão-interpretação-nova compreensão (MASINI, 1991), o que revela ser essa abordagem inacabada, não estimulando a busca de uma verdade definitiva (CARVALHO e VERGARA, 2002). O recomeçar incessante, um sinal de indefinição para os pesquisadores da corrente positivista, é, para os fenomenólogos, "uma maneira da fenomenologia mostrar-se em sua verdadeira tarefa e fertilidade" (MASINI, 1991, p. 66).

Como método filosófico, a fenomenologia estuda o fenômeno como ele é dado ao fenomenólogo. Como método científico, se o estuda como ele é dado não ao pesquisador, mas ao sujeito da pesquisa (MOREIRA, 2004).

Conhecimentos originados no âmbito da fenomenologia podem ser explorados por outros enfoques, em um contexto de complementaridade de métodos, agregando substancial contribuição à pesquisa em administração. Proposições geradas por uma investigação de cunho fenomenológico podem ser utilizadas para o desenvolvimento de hipóteses testáveis, valendo-se do método hipotético-dedutivo (CARVALHO, 2003; CARVALHO e VERGARA, 2002).

Palavras-chave

- Essência (redução eidética)
- Fenômeno
- Mundo da vida
- Compreensão, interpretação, nova compreensão
- Subjetividade
- Experiência vivida pelos sujeitos
- Suspensão do julgamento (*epoqué* ou redução fenomenológica)
- Abordagem inacabada

Características principais

- Permite explorar situações, valores e práticas com base na visão de mundo dos próprios sujeitos.
- Permite descobrir conhecimentos, ao invés de verificar o saber já conceituado.
- Os resultados da pesquisa não são generalizáveis estatisticamente, uma vez que se trabalha com amostras intencionais e experiências singulares.

- Exige do pesquisador habilidade para interagir com o pesquisado, conduzindo a entrevista sob a forma de um diálogo, reconduzindo a exploração de temas no decorrer da entrevista e mantendo-se atento a possíveis desvios relacionados à autenticidade do relato.

☆ Como utilizar[1]

- Definem-se o tema e o problema de pesquisa.
- Procede-se a uma revisão da literatura pertinente ao problema de investigação e escolhe(m)-se a(s) orientação(ões) teórica(s) que dará(ão) suporte ao estudo.
- Selecionam-se os sujeitos da pesquisa.
- Elaboram-se questões gerais de pesquisa para orientar a coleta dos dados.
- Coletam-se os dados, em geral, por meio da realização de entrevistas abertas ou semiestruturadas, bem como de observação participante.
- Transcreve-se o conteúdo das entrevistas, quando gravadas.
- Procede-se à leitura crítica dos relatos.
- Procede-se à identificação de *clusters* ou grupos de análise.
- Interpretam-se os dados da pesquisa, o que pode ser feito por meio de análise interparticipante, ou seja, agregando à interpretação do pesquisador palavras dos próprios sujeitos.
- Elaboram-se proposições relativas à pesquisa, ou seja, enunciados que permitem a compreensão do fenômeno estudado.
- Resgata-se o problema que suscitou a investigação.
- Confrontam-se os resultados obtidos com a(s) teoria(s) que deu(ram) suporte à investigação.
- Formula-se a conclusão.
- Elabora-se o relatório de pesquisa.

Nas pesquisas norteadas pelo método fenomenológico, a fonte essencial de dados refere-se ao relato dos próprios sujeitos. A técnica mais utilizada para a obtenção dos dados é a entrevista aberta ou semiestruturada. Relatos escritos ou dados visuais, como os desenhos, por exemplo, produzidos pelo participante também podem ser utilizados. Entretanto, técnicas estruturadas, como questionários fechados, são inapropriadas (MOREIRA, 2002; VERGARA, 2004a).

---

[1] A ordem aqui apresentada não é rígida. Pode, portanto, ser alterada conforme a situação.

Com relação à seleção dos sujeitos da pesquisa, utilizam-se, em geral, critérios baseados na tipicidade e na acessibilidade ou conveniência, como fez, por exemplo, Carvalho (2003).

No que se refere ao tratamento dos dados, a formação de *clusters* ou grupos de análise pode ser realizada com base em termos utilizados pelos próprios sujeitos da pesquisa, em padrões que emergem de coincidências observadas nos relatos ou em padrões previamente estabelecidos (CARVALHO e VERGARA, 2002). Trechos dos relatos são, em geral, utilizados para a apresentação dos resultados da pesquisa.

Com relação não só à interpretação dos dados em particular, como também ao processo de investigação como um todo, há de admitir-se a presença da subjetividade do pesquisador. No entanto, para Husserl, o abandono, pelo pesquisador, de pressupostos e julgamentos é inerente ao método fenomenológico. Husserl valeu-se do termo *bracketing* para referir-se à suspensão do julgamento. Trata-se de "colocar entre parênteses" "partes" que não deixam de existir, mas que são desconsideradas temporariamente. Este procedimento é denominado *epoqué* (SANDERS, 1982) ou redução fenomenológica ou transcendental (MOREIRA, 2004). Do ponto de vista hermenêutico, o pesquisador deve estar livre para compreender o que se mostra (MASINI, 1991). "Estamos livres quando sabemos de nossos valores, conceitos e preconceitos e podemos ver o que se mostra cuidando das possíveis distorções" (MASINI, 1991, p. 62). Sendo assim, trabalhar para minimizar a deformação da realidade dos sujeitos em virtude de sua própria interpretação, ou seja, cuidar das possíveis distorções, é tarefa do pesquisador. Também é sua tarefa realizar o movimento da redução eidética. Significa buscar a essência do objeto, ou seja, os atributos sem os quais ele não pode ser identificado (THIRY-CHERQUES, 2004).

Exemplo da utilização do método fenomenológico

❐ Exemplo: Iluminação em cenários de serviços

O método fenomenológico foi utilizado por Carvalho (2003) em uma pesquisa sobre a experiência dos indivíduos com a iluminação em cenários de serviços. Teve como objetivo responder à seguinte questão: Como se poderia compreender a essência da experiência interativa sociotécnica com o recurso da iluminação nos cenários físicos dos espetáculos mercadológicos de serviços?

O pesquisador argumenta que metodologias convencionais, como as amparadas pelo método hipotético-dedutivo, têm contribuído pouco para o estudo das interações em contextos de serviços. Advoga a perspectiva fenomenológica como uma alternativa para capturar a essência da experiência interativa humana com os ambientes. Justifica a opção por essa abordagem, com base em três fatores relacionados ao problema de pesquisa: (a) as variáveis não podem ser identificadas facilmente; (b) não há teorias disponíveis para explicar os comportamentos da população estudada; (c) construções teóricas ainda precisam ser desenvolvidas.

Foi realizada, inicialmente, uma revisão bibliográfica pertinente ao tema da pesquisa, em estudos na área de marketing, bem como em outros campos do conhecimento.

Para a execução da pesquisa de campo, foram selecionadas empresas com base nos seguintes critérios: (a) lojas de serviços; (b) gestão e capital nacionais; (c) exercício da segmentação de mercado baseada na visão de tribo urbana; (d) manutenção consciente ou inconsciente de uma preocupação com a semiose do espetáculo.

Das nove empresas pesquisadas, apenas duas atenderam aos quatro critérios estipulados. As demais atenderam a, pelo menos, três critérios. Além disso, o pesquisador buscou uma forte diversidade de lojas, bem como o contraste entre elas. A preocupação com a seleção das empresas estava relacionada com a intenção de reunir e comparar percepções de consumidores sobre ambientes aparentemente distantes e, com isso, gerar interpretações mais significativas, de modo a contribuir para a disciplina de marketing.

O pesquisador sublinha que a experiência interativa com o ambiente do serviço inclui tanto a participação de consumidores quanto a de prestadores de serviços. Sendo assim, em cada empresa selecionada foram entrevistados representantes de três grupos: consumidores, gerentes de loja e vendedores. A amostra, do tipo não probabilística, foi selecionada por tipicidade e por conveniência. Foram entrevistados 79 consumidores, nove gerentes e 18 vendedores, totalizando 106 pessoas. As entrevistas, gravadas em áudio e, posteriormente, transcritas, foram focalizadas, semiestruturadas e não padronizadas. Para as entrevistas com gerentes e vendedores, foi utilizado o método do incidente crítico. As entrevistas com os consumidores foram realizadas com o auxílio do modelo de Mehrabian e Russel (1974). Alguns dados, contudo, não puderam ser reduzidos para as três etapas deste modelo e, por este motivo, foram analisados separadamente.

A análise dos dados foi conduzida por meio de três procedimentos: (a) leitura crítica; (b) análise de conteúdo; (c) classificação de termos e ideias. Para a apresentação dos resultados, o pesquisador optou por mostrar a transcrição das partes mais relevantes das entrevistas e fazer comentários nutridos pelo seu olhar hermenêutico, caracterizando, assim, o processo de análise interparticipante, conforme Morse (1994).

A pesquisa gerou, inicialmente, 73 proposições, as quais foram submetidas a um grupo de árbitros capacitados para avaliar, analisar, depurar e refiná-las, de modo a se obter uma perspectiva mais completa do fenômeno. Após a apreciação dos árbitros, 12 proposições finais foram excluídas, algumas foram desdobradas e outras tiveram seus enunciados reescritos. Com isso, 65 proposições finais foram obtidas. A interação com um dos árbitros, o arquiteto, motivou ainda a elaboração de quatro proposições extraordinárias, ou seja, originárias de uma outra fonte que não a palavra dos sujeitos da pesquisa. Com base nas 65 proposições finais e nas quatro proposições extraordinárias, foram listados 15 temas essenciais do fenômeno estudado, por meio do agrupamento daqueles considerados mais relevantes ou mais recorrentes nos relatos. Trata-se, então, da essência da luz em serviços. Para os participantes, a iluminação:

a) tem uma percepção espontânea difícil, a menos que o estímulo luminoso esteja relacionado a extremos fisiológicos ou psíquicos;
b) deve estar em harmonia e integração com o cenário, com a ambiência e com o estilo da empresa;
c) depende fortemente da mediação pelos sistemas sensório, fisiológico e psíquico do receptor;
d) precisa minimizar as potencialidades iatrogênicas[2] do ambiente e trabalhar a favor da melhoria da qualidade de vida;
e) deve informar acerca do ambiente, dos produtos e da empresa, sem invadir ou prejudicar o corpo ou a subjetividade do indivíduo;
f) pode ser modificada pelos que a experimentam e também pode modificar essas pessoas;
g) é captada predominantemente pela visão, mas interfere em outros aspectos da relação corpórea do indivíduo com o ambiente;
h) guarda relação complementar e integrativa com as cores presentes no ambiente e com os materiais utilizados no cenário;
i) está relacionada com estética, mas precisa ser equilibrada com os valores éticos;
j) pode favorecer ou deteriorar a sensação de conforto proporcionada pelo ambiente;
k) tem seus efeitos fisiológicos e terapêuticos vinculados à assepsia e à higiene do ambiente;
l) também comporta a luz natural, que precisa ser controlada para evitar reflexos, brilhos e temperaturas intensos;
m) não pode ser reduzida a um tipo ideal, nascido de uma fonte ideal ou aplicado a um corpo ideal, devendo antes contemplar a maior diversidade possível de situações e demandas;

[2] Trata-se da tentativa de minimizar qualquer mal que o sistema de iluminação possa causar ao indivíduo.

n) é efetiva para favorecer a qualidade percebida e para aumentar as vendas, porém não é capaz por si só de criar uma experiência completa de compra ou de consumo;
o) poderia ser melhor administrada pelas empresas de serviços.

Além das proposições geradas (essenciais), o pesquisador destacou algumas considerações conclusivas acerca da pesquisa realizada. Uma das mais importantes refere-se ao fato de que não há como investigar o fenômeno da iluminação em empresas de serviços sem ouvir o cliente. Sublinha que ouvir o cliente significa, primeiramente, aprender a se comunicar com ele do modo que ele deseja se comunicar. Outra consideração diz respeito à importância do diálogo com outras disciplinas e outros campos do conhecimento para o estudo do fenômeno de serviços. Também merece destaque o fato de que as empresas de serviços parecem estar menosprezando, subutilizando ou ignorando as potencialidades da luz como recurso mercadológico. No que se refere ao *framework* escolhido, o modelo de Mehrabian e Russel foi considerado adequado e ao mesmo tempo flexível, permitindo o registro de depoimentos quando suas etapas eram insuficientes para abarcar a riqueza do que era relatado. Foi destacada, também, a consulta aos árbitros, uma oportunidade para discutir e refinar os resultados da pesquisa. Outras considerações foram ainda comentadas, tanto no que se refere ao trabalho da pesquisa quanto ao trabalho do pesquisador.

Leituras para aprofundamento

ABBAGNANO, Nicola. **Dicionário de filosofia**. São Paulo: Mestre Jou, 1970.

ALVESSON, Mats; SKÖLDBERG, Kaj. **Reflexive methodolgy**: new vistas for quality research. London: Sage, 2000.

CAPALBO, Creusa. Fenomenologia e educação. **Fórum educacional**. Rio de Janeiro: Fundação Getulio Vargas, v. 14, nº 3, p. 41-61, jun./ago. 1990.

CARVALHO, José Luis Felício dos Santos de. **A luz nos cenários de serviços**: fenomenologia da experiência interativa dos participantes dos encontros de serviços com a iluminação ambiental. 2003. 300 f. Tese (Doutorado em Administração) – Departamento de Administração, Pontifícia Universidade Católica, Rio de Janeiro.

______; VERGARA, Sylvia Constant. A fenomenologia e a pesquisa dos espaços de serviços. **Revista de Administração de Empresas**. São Paulo: Fundação Getulio Vargas, v. 42, nº 3, p. 78-91, jul./set. 2002.

COLTRO, Alex. A fenomenologia: um enfoque metodológico para além da modernidade. **Caderno de Pesquisa em Administração**. São Paulo: Universidade de São Paulo, v. 1, nº 11, 1º trim. 2000.

DARTIGUES, André. **O que é a fenomenologia?** Rio de Janeiro: Eldorado, 1973.

MASINI, Elcie F. S. Enfoque metodológico de pesquisa em educação. In: FAZENDA, Ivani (Org.). **Metodologia da pesquisa educacional.** 2. ed. São Paulo: Cortez, 1991.

MOREIRA, Daniel Augusto. Pesquisa em administração: origens, usos e variantes do método fenomenológico. In: ENCONTRO NACIONAL DA ASSOCIAÇÃO NACIONAL DOS PROGRAMAS DE PÓS-GRADUAÇÃO EM ADMINISTRAÇÃO, 26., 2002, Salvador. **Anais...** Salvador: Anpad, 2002.

______. **O método fenomenológico na pesquisa.** São Paulo: Pioneira Thomson Learning, 2004.

RAY, Marilyn A. The richness of phenomenology: philosophic, theoretic, and methodologic concerns. In: MORSE, Janice (Ed.). **Critical issues in qualitative research methods.** Londres: Sage, 1994.

SAMPAIO, Jáder dos Reis. A pesquisa qualitativa entre a fenomenologia e o empirismo formal. **Revista de Administração.** São Paulo: Universidade de São Paulo, v. 36, nº 2, p. 16-24, abr./jun. 2001.

SANDERS, Patrícia. Phenomenology: a new way of viewing organizational research. **Academy of Management Review**, v. 7, nº 3, p. 353-360, July 1982.

THIRY-CHERQUES, Hermano. Programa para aplicação às pesquisas em ciências da gestão de um método de caráter fenomenológico. In: VIEIRA, Marcelo M. F.; ZOUAIN, Deborah M. (Org.). **Pesquisa qualitativa em administração.** Rio de Janeiro: Fundação Getulio Vargas, 2004.

VERGARA, Sylvia Constant. **Projetos e relatórios de pesquisa em administração.** 5. ed. São Paulo: Atlas, 2004a.

Outras referências

MEHRABIAN, A.; RUSSEL, J. **An approach to environmental psychology.** Cambridge, Massachusets: MIT Press, 1974.

MORSE, J. Emerging from the data: the cognitive process of analysis in qualitative inquiry. In: MORSE, J. (Ed.) **Critical issues in qualitative research methods.** Londres: Sage, 1994.

8

Fotoetnografia

Na busca pela renovação do conhecimento, métodos tradicionais abrem-se para novas possibilidades. É o caso da etnografia. Uma variante deste método refere-se à fotoetnografia. Trata-se da apresentação de uma outra forma narrativa: a imagem, o texto fotoetnográfico (ACHUTTI, 1997). Esta variante é aqui abordada.

O diário de campo é o companheiro inseparável do pesquisador que se propõe fazer etnografia. A palavra é o meio preponderante para o registro e a narrativa. Imagens são utilizadas, na maior parte das vezes, de forma ilustrativa. Andrade (2002, p. 18) afirma: "O antropólogo é um fotógrafo que escreve aquilo que vê – e muito pouco fotografa." Ir além da simples ilustração, narrando por meio de imagens, é a proposta da fotoetnografia. Andrade (2002, p. 20) leva a crer que isto é possível, ao afirmar que "um antropólogo pode escrever visualmente sobre a alma; um antropólogo pode escrever sobre e com as imagens".

Tal como o vídeo e o filme etnográfico, a fotoetnografia se insere no campo da antropologia visual. Um ponto em comum entre a antropologia e a fotografia é a fonte que as alimenta, ou seja, a observação, o ato de olhar e captar emoções, sutilezas, sensibilidades (ANDRADE, 2002). Se, no entanto, a fotografia é usada apenas como imagem ilustrativa, perde-se esse elemento de união. Para Achutti (1997), a fotoetnografia exige do antropólogo o domínio da linguagem fotográfica, e do fotógrafo a capacidade de olhar do antropólogo, seus questionamentos, suas formas de olhar o outro.

Sobre a contribuição da fotografia à antropologia, a observação de Andrade (2002, p. 54) parece pertinente:

> Aprendemos a ver apenas o que praticamente precisamos ver. Atravessamos nossos dias com viseiras, observando apenas uma fração do que nos rodeia. Os homens modernos não são bons observadores, e o uso de uma máquina fotográfica pode auxiliar sua percepção. No caso da antropologia, o ato de fotografar pode dar uma visão global e uma observação detalhada.

Já que vivemos em uma sociedade audiovisual (DUARTE, 2002), a fotoetnografia, parte da antropologia visual, pode oferecer recursos interessantes para a captação do fenômeno observado. Em síntese, a fotoetnografia pode ser considerada uma metodologia de pesquisa qualitativa que emprega técnicas fotográficas aliadas à observação participante e aos registros escritos para descrever por meio de imagens o mundo do grupo investigado. O imagético é preponderante. A palavra torna-se coadjuvante na pesquisa fotoetnográfica.

Palavras-chave

- Imagem
- Antropologia visual
- Olhar antropológico
- Forma narrativa autônoma
- Recortes e sequências

❖ Características principais

- A descrição de determinadas situações por meio de imagens é considerada mais profunda do que por meio de palavras. Imagens podem provocar lembranças e reflexões que acabariam se perdendo.
- Tal como o texto escrito, o fotoetnográfico demanda um encadeamento. Caso contrário, corre-se o risco de apresentar apenas uma série de fotografias desconectadas, que não refletem o objetivo da pesquisa.
- A narrativa visual é carregada de subjetividades. O pesquisador retrata sua interpretação da realidade, que por sua vez será interpretada pelo leitor, havendo ainda a própria subjetividade do contexto investigado.
- A opção pela fotoetnografia exige do pesquisador certo domínio de técnicas fotográficas, bem como a decisão pela escolha do equipamento e dos acessórios a serem utilizados.

- ❒ Questões éticas tendem a ser mais acentuadas, uma vez que se trabalha com imagens do grupo investigado. A câmera oculta é vista como uma transgressão ética, embora alguns considerem seu uso válido sob determinadas circunstâncias (RIAL, 2003).

✰ Como utilizar[1]

- ❒ Definem-se o tema e o problema de pesquisa.
- ❒ Procede-se a uma revisão da literatura pertinente ao problema de investigação e escolhe(m)-se a(s) orientação(ões) teórica(s) que dará(ão) suporte ao estudo.
- ❒ Levantam-se os primeiros dados referentes à investigação, o que pode ser feito conversando com outros pesquisadores, com pessoas ligadas ao tema da pesquisa, em consultas a fontes diversas, como a mídia, entre outras.
- ❒ Negocia-se a entrada no ambiente a ser pesquisado.
- ❒ Inicia-se o trabalho de campo, com os primeiros contatos com o grupo.
- ❒ Definem-se o equipamento fotográfico e os acessórios a serem utilizados em campo.
- ❒ Coletam-se dados por meio de observação simples e participante.
- ❒ Registram-se dados do contexto sob investigação, por meio da fotografia.
- ❒ Registram-se notas referentes à observação do pesquisador e aos depoimentos do grupo investigado, em um diário de campo.
- ❒ Analisam-se os dados.
- ❒ Organiza-se o texto fotoetnográfico.
- ❒ Utilizam-se trechos do diário de campo ou comentários do pesquisador para contextualizar a leitura das imagens.
- ❒ Resgata-se o problema que suscitou a investigação.
- ❒ Confrontam-se os resultados obtidos com a(s) teoria(s) que deu(ram) suporte à investigação.
- ❒ Formula-se a conclusão.
- ❒ Elabora-se o relatório de pesquisa.

---

1 A ordem aqui apresentada não é rígida. Pode, portanto, ser alterada conforme a situação.

Em um trabalho de pesquisa, o problema e, mais detalhadamente, as questões a serem respondidas ou os objetivos intermediários guiam a elaboração de questionários e roteiros de entrevistas para a coleta de dados. O pesquisador que faz uso preponderante da fotografia para a coleta dos dados e para a apresentação dos resultados não pode se deixar seduzir pela técnica fotográfica. A fotografia é algo fascinante, sem dúvida, mas coletar dados aleatoriamente, esquecendo-se dos objetivos da pesquisa, significa tirar fotografias, e não produzir um trabalho fotoetnográfico.

A coleta de dados por meio da fotografia requer do pesquisador uma permanente atitude de imersão no ambiente, de estranhamento e de questionamento. Há situações que, se não forem registradas no momento em que estão ocorrendo, serão perdidas, pois há a possibilidade de não mais ocorrerem. Basta ver a sequência registrada por Achutti (1997), relativa à boneca encontrada no lixo, apresentada no exemplo 1 (Figuras 2 a 7).

O retorno do pesquisador ao campo, após a pesquisa, é um procedimento que tem suscitado debates entre os pesquisadores. Achutti (1997) assim o fez, mas em duas situações diferentes: a primeira como fotojornalista e a segunda como pesquisador.

Exemplo da utilização da fotoetnografia

❐ Exemplo 1: Cotidiano, lixo e trabalho na Vila Dique

A fotoetnografia foi a metodologia escolhida por Achutti (1997) em sua pesquisa sobre cotidiano, lixo e trabalho em uma vila popular de Porto Alegre, a Vila Dique.

Na Vila Dique, originalmente área de depósito de lixo, vivem e trabalham mulheres cujo cotidiano, cuja sobrevivência e cujas percepções de mundo se dão a partir do lixo. A população é formada, sobretudo, por pessoas de origem rural, da região das colônias alemãs do Rio Grande do Sul.

A pesquisa teve como objetivo investigar os elementos por meio dos quais a população constrói suas identidades, que tipo de apropriação fazem do lixo, como se dá o processo de trabalho, a organização do espaço de suas casas no que se refere às estratégias de reprodução social e quem são as mulheres trabalhadoras.

O pesquisador utilizou trechos do seu diário de campo para contextualizar a fotoetnografia realizada. Ao contrário da etnografia tradicional, na qual as fotografias servem de apoio ao relato escrito, aqui pequenos trechos é que auxiliam a leitura das imagens.

A primeira visita do pesquisador à vila foi em 1992, como fotojornalista, fazendo uma reportagem para uma revista. A volta à vila se deu para a realização de um trabalho acadêmico: sua dissertação de mestrado. Nesse segundo momento, voltou levando consigo fotografias tiradas durante a primeira visita. Sua inserção no ambiente a ser pesquisado se deu, então, sobretudo, por meio da *entrega de presentes aos nativos*. Como nas palavras de Collier Jr. (1973), a fotografia serviu como *can-opener*. O pesquisador chegou e imediatamente distribuiu as fotografias às pessoas que ali estavam, passando a fotografá-las olhando e mostrando as próprias fotografias, permitindo-lhes, assim, apropriar-se de sua própria imagem. Este momento constituiu uma das seções nas quais a pesquisa se dividiu. Foi denominada *Imagens dentro da Imagem*. A Figura 1 apresenta uma das fotografias da referida seção.

Fonte: Achutti (1997, p. CXXIII).

Figura 1 *Imagens dentro da imagem.*

O pesquisador fez também um breve relato sobre sua visita aos pioneiros da vila.

Um trecho interessante que pode até emocionar o leitor foi contado tanto por meio de palavras quanto de imagens. Foi a chegada de um caminhão de lixo, momento presenciado pelo pesquisador, quando uma das trabalhadoras encontrou uma boneca movida a pilha, em bom estado, e tentou fazê-la funcionar, com pilhas também encontradas no lixo em outra ocasião. A sequência das Figuras 2 a 4 narra fotoetnograficamente a situação.

Fonte: Achutti (1997, p. LXV).

Figura 2 *A boneca encontrada (a).*

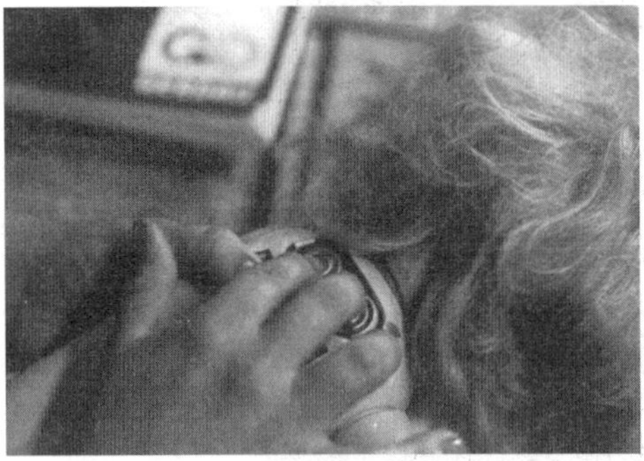

Fonte: Achutti (1997, p. LXVII).

Figura 3 *A boneca encontrada (b).*

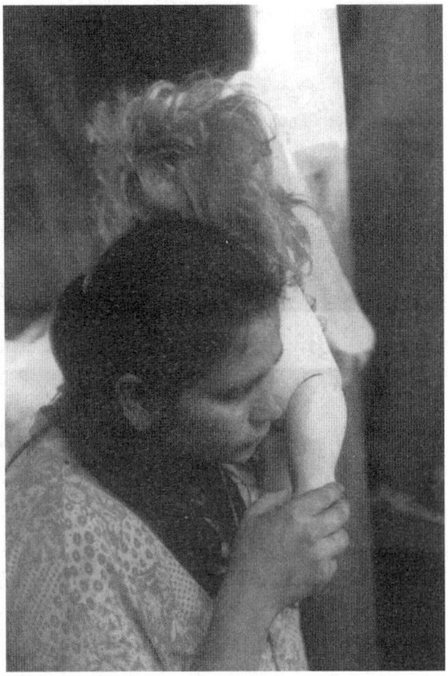

Fonte: Achutti (1997, p. LXVIII).

Figura 4 *A boneca encontrada (c).*

Durante o trabalho de campo, uma das mulheres contou como dividiam o que achavam e ganhavam. Outra relatou como é feito o pagamento pelo trabalho. A estrutura para recebimento e separação do lixo foi também revelada.

A pesquisa, apresentada inicialmente como dissertação de mestrado do Programa de Pós-Graduação em Antropologia Social da Universidade Federal do Rio Grande do Sul, transformou-se em um livro com dupla entrada: duas capas, duas abordagens antropológicas, dois textos, um escrito e outro fotoetnográfico. O texto fotoetnográfico foi dividido em seis seções: (a) a vila; (b) o trabalho e o lixo; (c) retratos; (d) as casas; (e) recortes, formas e cores; (f) imagens dentro da imagem.

Achutti (1997) propôs outra forma de percepção e narração de experiências. Um esforço do observador das fotos de Achutti (1997) permitiria afirmar que este pesquisador alcançou os objetivos que se propôs. O trabalho no e com o lixo traduz-se como elemento de identidade das pessoas fotografadas, que lhe dão uma forma organizativa. O lixo trazido pelos homens é cuidado pelas mulheres, dando-lhe destinos diversos, buscando assegurar o sustento das famílias. Por meio da antropologia visual, mais precisamente da fotoetnografia, o pesquisador mostrou o que as palavras não dão conta de revelar. Em seu trabalho, mostrou que aquelas pessoas têm, apesar do cotidiano, orgulho, planos, entendimentos, problemas e sonhos. Achutti provoca a reflexão do leitor.

Leituras para aprofundamento

ACHUTTI, Luiz Eduardo Robinson. **Fotoetnografia**: um estudo de antropologia visual sobre cotidiano, lixo e trabalho. Porto Alegre: Tomo Editorial: Palmarinca, 1997.

ANDRADE, Rosane de. **Fotografia e antropologia**: olhares fora-dentro. São Paulo: Estação Liberdade: Educ, 2002.

CANEVACCI, Massimo. **Antropologia da comunicação visual**. Rio de Janeiro: DP&A, 2001.

COLLIER JR., John. **Antropologia visual**: a fotografia como método de pesquisa. São Paulo: EPU: Edusp, 1973.

RIAL, Carmen. Pesquisando em uma grande metrópole: fast-foods e studios em Paris. In: VELHO, Gilberto; KUSCHNIR, Karina (Org.). **Pesquisas urbanas**: desafios do trabalho antropológico. Rio de Janeiro: Zahar, 2003.

Outras referências

DUARTE, Rosália. **Cinema & educação**. Belo Horizonte: Autêntica, 2002.

❒ Exemplo 2: Responsabilidade Social Corporativa: um duplo olhar sobre a Reduc

A fotoetnografia foi escolhida por Irigaray, Vergara e Santos (2013) em sua pesquisa sobre Responsabilidade Social Corporativa (RSC), a qual tem sido objeto de discussão tanto nos meios empresariais quanto nos acadêmicos. Está havendo um entendimento de que a prestação de contas sobre ela deve incluir não só as empresas, mas também os *stakeholders*, ou seja, todos aqueles que têm interesse na empresa, como empregados, sindicatos, fornecedores, consumidores e a sociedade em geral (FREEMAN, 1994).

A pesquisa aqui apresentada incluiu na discussão sobre RSC uma empresa e a sociedade civil e buscou responder à seguinte questão: em que medida o discurso e as práticas de RSC são congruentes, sob a ótica da empresa e da sociedade? Para respondê-la foram eleitas a Petrobras e a comunidade de Campos Elíseos, a qual é vizinha da Refinaria de Petróleo de Duque de Caxias (Reduc), na Baixada Fluminense, Rio de Janeiro.

Foi tomado como *proxy* de RSC as políticas de Segurança, Meio Ambiente e Saúde (SMS), uma vez que estas têm como objetivo garantir que as empresas estejam comprometidas em operar num ambiente de trabalho seguro, saudável e que todas as atividades de seus negócios sejam conduzidas de forma que proteja o meio ambiente e a sociedade em geral, notadamente as comunidades ao seu redor.

Se é inegável a importância da Reduc para a economia do país e para a região, pois gera, direta e indiretamente, milhares de empregos no Arranjo Produtivo Local (APL) em que está inserida, como a Reduc, notadamente no que tange à sua política de SMS, é percebida pela comunidade local? Os autores da pesquisa entenderam a necessidade de também dar voz aos que são marginalizados e esquecidos nos discursos oficiais, daí a inclusão da comunidade de Campos Elíseos.

A coleta de dados foi dividida em duas etapas: na primeira, foram resgatados e analisados os documentos públicos da Petrobras, no que tange à sua política de SMS; na segunda, entre março de 2009 e julho de 2011 os pesquisadores foram à comunidade, utilizando a etnografia, ou seja, observando tal comunidade interativamente e conduzindo 13 entrevistas abertas com moradores, o que lhes permitiu realizar também a fotoetnografia.

Ao visitar o *site* da Petrobras (2011), os autores perceberam que ela tem uma política de responsabilidade socioambiental bem definida, a qual é explicitada em suas diretrizes de SMS, que definem 15 metas para a empresa. A 12ª trata do Relacionamento com a Comunidade. A Petrobras afirma que a empresa deve zelar pela segurança das comunidades onde atua. Será que os moradores da comunidade percebem esse discurso como algo concreto, presente no seu cotidiano? Será que eles percebem a comunidade de Campos Elíseos inserida digna e produtivamente, como advogado pelo Investimento Social Sustentável da Petrobras?

Aos que transitam pela rodovia Washington Luiz, principalmente à noite, o letreiro luminoso (Figura 1) destaca-se, sinalizando a presença do "progresso" naquela periferia.

Fonte: Petrobras *Site*.

Figura 1 *A entrada da Reduc vista da rodovia.*

É possível, também, conforme revela a foto 2, perceber onde fica a comunidade.

Figura 2 *Placa de propaganda do PAC, na rodovia, atrás da qual fica a comunidade.*

Os "campos elíseos" da Baixada Fluminense são um lugarejo-dormitório, extremamente quente, sem emprego, sem saneamento básico, sem escolas, sem hospitais, sem água encanada e, ameaçadoramente, próximo da refinaria. Um lugar poluído, esquecido pelos poderes oficiais e onde os moradores recorrem à ajuda divina, que se manifesta por meio de igrejas e suas obras humanitárias.

Ao visitarem a comunidade e presenciar as condições de vida das pessoas, muitas das quais construíram a refinaria, os pesquisadores questionaram sobre os compromissos da Petrobras explicitados em sua política de SMS, a qual garante haver o "envolvimento com as comunidades" (PETROBRAS, 2009). O interior da comunidade, ao contrário da estrada de acesso à Reduc, não é asfaltado ou saneado (Figura 3), e trabalho infantil é uma prática comum. Seria isso uma responsabilidade da empresa, que afirma buscar adotar ações que promovam o desenvolvimento sustentável das comunidades onde atua?

Figura 3 *A realidade: como enigma, num espelho.*

África? Não. Campos Elíseos, Rio de Janeiro.

Figura 4 *A tubulação que abastece a refinaria num ponto da comunidade.*

Ao olhar para a Figura 4, vale a pena relembrar o discurso oficial e questionar se há, de fato, o comprometimento de "atuar na promoção da saúde, na proteção do ser humano e do meio ambiente mediante identificação, controle e monitoramento de riscos" (PETROBRAS, 2011). Será que, realmente, os negócios e atividades são conduzidos "com responsabilidade social, implantando seus compromissos de acordo com os princípios do Pacto Global da ONU, buscando a sustentabilidade dos investimentos sociais para uma inserção digna e produtiva das comunidades" (PETROBRAS, 2009b)? Veja a Figura 5.

Figura 5 *A tubulação que abastece a refinaria.*

Figura 6 *Pessoas paradas em frente de casa, ao lado da tubulação que abastece a refinaria.*

Apesar de a Petrobras afirmar oficialmente que busca adequar "a segurança de processos às melhores práticas mundiais e manter-se preparada para emergências" (PETROBRAS, 2009), os moradores da área ao redor da Reduc convivem com tubulações de gás a céu aberto (Figura 6). Conforme previsto nas diretrizes de SMS, a Petrobras mantém, de fato, canais de comunicação com a comunidade de Campos Elíseos, conduz programas de esclarecimento e treinamento, os quais visam manter os habitantes informados sobre os eventuais planos de contingência em caso de acidente. Todavia, os moradores denunciaram que, na realidade, a única sinalização que existe na comunidade, caso haja algum acidente, é uma placa indicativa da Secretaria Municipal da Defesa Civil (Figura 7), informando que o ponto de triagem fica numa escola chamada Cora Coralina, a cinco quilômetros de distância.

Figura 7 *Placa indicativa de que, em caso de acidente, deve-se procurar o CIEP Cora Coralina.*

Desvela-se para o observador interativo o que parece ser a existência de um conflito social em marcha. Este conflito é fruto da reação dos moradores de Campos Elíseos ao *status quo* e às relações assimétricas de poder. Esses sujeitos não são resignados, tampouco se mobilizam coletivamente; suas resistências se dão por meio dos mesmos recursos usados pelos detentores do capital econômico-político: leis são burladas, propriedades públicas e privadas são invadidas e a própria polícia não entra em determinadas áreas, dominadas pelo narcotráfico. A naturalização do desrespeito à "lei do asfalto" ficou evidente em diversos momentos. Por exemplo, quando se observou a venda de um terreno "particular" dentro de uma área de proteção ambiental, que é (seria?) pública (Figura 8). As transações imobiliárias, como esta, são informais: não há escritura, não há recibo. Só há a "palavra de honra", o que desvela uma outra lógica, um outro código de lei.

Figura 8 *Terreno sendo vendido dentro de uma área de preservação ambiental.*

Para os autores da pesquisa, RSC não pode ser tratada apenas como retórica, política organizacional ou braço da cidadania organizacional (CHRISTENSEN et al., 2010); ela é um fenômeno social com uma dimensão polifônica e, portanto, deve ser analisada sob múltiplos olhares. No presente estudo buscaram apresentar o olhar da Petrobras expresso no seu discurso, assim como o olhar da comunidade de Campos Elíseos, onde fica a Reduc.

A imagem que a Petrobras comunica externamente é a de ter uma grande virtude cívica. A pesquisa fotoetnográfica aqui apresentada, contudo, revela que a comunidade vizinha não compartilha desta mesma visão.

Leituras para aprofundamento

CHRISTENSEN, L. T.; MORSING, M.; THYSSEN, O. The polyphony of corporate social responsibility. In: CHENEY, G; MAY, S.; MUNSHI, D. (Ed.). **Handbook of communication ethics**. Hillsdale, NJ: Lawrence Erlbaum, p. 457-474, 2010.

FREEMAN, R. The politics of stakeholder theory: some future directions. **Business Ethics Quarterly**, v. 4, n. 4, p. 409-421, 1994.

IRIGARAY, H. A.; VERGARA, S. C.; SANTOS, M. C. Responsabilidade social corporativa: um duplo olhar sobre a REDUC. **Revista de Administração Mackenzie**, v. 14, n. 6. São Paulo, 2013.

PETROBRAS [*on line* 2009a]. **Fatos e dados**. Disponível em: <http://www.blogspetrobras.com.br/fatosedados>. Acesso em: 28 dez. 2009.

PETROBRAS [*on line* 2009b]. **Responsabilidade social**. Disponível em: <http://www2.petrobras.com.br/ResponsabilidadeSocial/portugues/pdf/BSA2008.pdf>. Acesso em: 12 ago. 2009.

PETROBRAS [*on line* 2011]. **Segurança, meio ambiente e saúde**. Disponível em: <http://www2.petrobras.com.br/>. Acesso em: 3 mar. 2011.

9

Grounded Theory

A *grounded theory* é uma metodologia que visa desenvolver uma teoria sobre a realidade que se está investigando a partir de dados coletados pelo pesquisador, sem considerar hipóteses preconcebidas. É também conhecida como teoria embasada, teoria fundamentada (ICHIKAWA e SANTOS, 2001) ou teoria enraizada nos dados.

Ao fazer a distinção entre teoria formal e teoria substantiva, Bandeira-de-Mello e Cunha (2003a) e Ichikawa e Santos (2001) afirmam que a primeira é mais geral e a segunda, mais específica. A *grounded theory* afirma-se como teoria substantiva que emerge dos dados, por ser representativa da realidade de um determinado grupo ou situação (BANDEIRA-DE-MELLO e CUNHA, 2003a; ICHIKAWA e SANTOS, 2001). Ao contrário da teoria formal, não visa à generalização. Teorias substantivas ajudam a gerar novas teorias formais enraizadas e a reformular as já estabelecidas (GLASER e STRAUSS, 1967). A construção de teorias substantivas se dá por meio da coleta seletiva, da categorização e da saturação teórica.

A metodologia foi desenvolvida por Barney Glaser e Anselm Strauss durante pesquisas empíricas realizadas em parceria, que culminaram com a publicação de *Awareness of dying*, em 1965. Os fundamentos conceituais da metodologia foram apresentados dois anos mais tarde, em 1967, por meio da obra *The discovery of grounded theory: strategies for qualitative studies*. Glaser e Strauss, contudo, seguiram caminhos diferentes, o que academicamente significa dizer que o desenvolvimento da metodologia se deu por meio de duas linhas distintas: a *glaseriana* e a *straussiana*. Glaser, que veio da Universidade Columbia, teve formação quantitativa e qualitativa. Strauss, por sua vez, é originário da

Universidade de Chicago. Recebeu formação qualitativa e sofreu influência do pragmatismo. Pode-se dizer que uma das diferenças mais significativas entre as duas linhas é que a *straussiana* buscou sistematizar e explicitar técnicas para a operacionalização da metodologia, tendo, talvez por esta razão, sido mais disseminada.

Palavras-chave

- Teoria substantiva
- Teoria formal
- Coleta seletiva de dados
- Sensibilidade teórica
- Codificação aberta, axial e seletiva
- Conceitos, categorias, propriedades e dimensões
- Saturação teórica

Características principais

- A metodologia visa ir além da descrição, exigindo do pesquisador a tarefa de interpretar os dados, identificar os conceitos e categorias e gerar uma teoria.
- A coleta e a análise dos dados não são consideradas etapas distintas do processo de pesquisa; ao contrário, ocorrem simultaneamente.
- Há o risco de o pesquisador, involuntariamente, deixar-se contaminar pelas teorias existentes e forçá-las (*forcing*) aos dados.
- As teorias relacionadas ao tema em estudo não são ignoradas, mas utilizadas no final do processo de pesquisa a fim de aumentar o poder explicativo da teoria substantiva que está sendo gerada.
- As teorias são sempre transitórias, ou seja, estão relacionadas a um dado momento histórico, estando, assim, sujeitas à refutação.

Como utilizar[1]

- Definem-se o tema e o problema da pesquisa.

---

[1] A ordem aqui apresentada não é rígida. Pode, portanto, ser alterada conforme a situação.

- Seleciona-se a instituição objeto de estudo, se for o caso.
- Selecionam-se os sujeitos para a realização das primeiras entrevistas.
- Inicia-se o trabalho de campo por meio da realização de entrevistas e observações.
- Registram-se os dados referentes às observações e às entrevistas, em notas de campo.
- Coletam-se dados adicionais em fontes secundárias, se for o caso.
- Identificam-se conceitos emergentes dos dados. Agrupam-se conceitos similares em categorias. Identificam-se propriedades e dimensões das categorias (codificação aberta).
- Identificam-se os relacionamentos entre as categorias (codificação axial).
- Procede-se ao refinamento e à integração dos resultados, identificando-se, assim, a categoria central (codificação seletiva).
- Resgata-se o problema que suscitou a investigação.
- Procede-se à validação da teoria por meio, por exemplo, da checagem dos resultados com os entrevistados.
- Compara-se a teoria gerada com as teorias existentes a fim de identificar diferenças e contribuições.
- Formula-se a conclusão.
- Elabora-se o relatório de pesquisa.

A seleção da amostra é um procedimento flexível. O pesquisador poderá identificar a necessidade de entrevistar outros sujeitos, além dos previstos, conforme critérios emergentes durante a pesquisa.

Em geral, inicia-se a coleta de dados por meio da realização de entrevistas abertas. À medida que as categorias vão emergindo dos dados, as entrevistas tornam-se semiestruturadas, como ocorreu, por exemplo, no trabalho de campo de Bandeira-de-Mello e Cunha (2003b).

Os dados podem ser analisados com o auxílio de *softwares* específicos, disponíveis no mercado. No *site* <http://www.scolari.co.uk>, da *Sage Publications*, há diversas indicações. Sobre o *software* ATLAS/ti, especificamente, sugere-se a leitura de Bandeira-de-Mello e Cunha (2003a).

As categorias identificadas pela coleta e análise dos dados não são imutáveis, podendo ser descartadas se julgadas não pertinentes ao objetivo da pesquisa. Exige-se, portanto, do pesquisador habilidade para identificar dados relevantes e dar-lhes significado. É o que se denomina sensibilidade teórica. Cabe, ainda, ao pesquisador a tarefa de reconhecer o momento em que os dados foram suficientemente explorados. Trata-se da saturação teórica, ou seja, da constatação de que dados adicionais não mais acrescentarão algo à teoria. Em síntese, a geração de teoria exige do pesquisador uma atitude de permanente indagação frente ao seu objeto de pesquisa (SANTOS, 1994).

Registra-se, aqui, que os passos da pesquisa não são fixos ou predeterminados. São orientados pela coleta e pela análise dos dados, etapas que se mesclam, não sendo possível determinar quando uma termina e a outra se inicia (SANTOS, 1994).

Exemplos da utilização do método da *Grounded Theory*

❐ Exemplo 1: Adaptação estratégica de pequenas empresas a ambientes turbulentos e com forte influência governamental

A *grounded theory* foi a metodologia escolhida por Bandeira-de-Mello e Cunha (2003b) para o desenvolvimento de uma pesquisa sobre adaptação estratégica de empresas a ambientes turbulentos e com forte influência governamental. Teve como objetivo investigar como as pequenas empresas construtoras de edificações adaptam-se a tais ambientes.

Foi selecionada para a pesquisa de campo uma pequena empresa familiar, construtora de edificações, denominada B&C Engenharia e Incorporações Ltda. A empresa, que opera na cidade de Florianópolis, tem como atividades a compra do terreno, a coordenação da elaboração dos projetos técnicos, a preparação da incorporação imobiliária, a construção e a comercialização das unidades residenciais ou comerciais. Foi considerado para estudo o período de 1980 a 2000, no qual foram construídos, em média, de um a dois empreendimentos por ano.

A seleção da empresa obedeceu aos seguintes critérios: (a) possuir as características típicas das empresas do ramo de construção de edificações; (b) ter tempo mínimo de existência de 20 anos; (c) propiciar facilidade de acesso aos dados.

Os dados foram coletados por meio da realização de entrevistas abertas e semi-estruturadas com cinco membros da B&C. A amostra foi escolhida intencionalmente, tendo sido entrevistadas pessoas que foram ou são responsáveis pela tomada de decisão na empresa. Foram realizadas nove entrevistas, sendo três com cada um dos entrevistados A e B e uma com os demais (C, D e E). Foram realizadas, ainda, sessões de checagem com os entrevistados A e B. Foram coletados, também, dados secundários, predominantemente quantitativos, em revistas especializadas, livros e publicações de órgãos responsáveis.

A análise dos dados foi realizada com auxílio do *software* ATLAS/ti. Os dados passaram pelo processo de codificação aberta, axial e seletiva. A categoria central identificada foi a Administração do Risco. Foram utilizados critérios preconizados pela literatura, para avaliar a teoria substantiva gerada, quais sejam: grau de coerência, funcionalidade, relevância, flexibilidade, densidade e integração. Foram, ainda, utilizadas as seguintes técnicas, também preconizadas pela literatura, para aprimorar a qualidade da teoria: triangulação de dados,[2] ataque à teoria por meio da ferramenta *query* do ATLAS/ti, sessões de checagem, amostragem em diferentes contextos ao longo da história da empresa, auditorias do processo de pesquisa com o auxílio de relatórios gerados pelo ATLAS/ti.

Os dados coletados permitiram constatar que, no período 1980-2000, a empresa adotou diferentes formas de lidar com o risco relativo à sua área de atuação. A atividade imobiliária envolve, basicamente, três atores: os credores ou instituições financeiras, o mercado ou clientes, a empresa. Os riscos ou incertezas relativos a resultados futuros são compartilhados entre eles. O risco para os credores diz respeito ao recebimento do capital emprestado. Para os clientes, há incertezas com relação à conclusão da obra e à entrega do imóvel. A empresa, por sua vez, convive com o risco do negócio. A hipótese fundamental da teoria da administração do risco, elaborada a partir dos dados, foi a seguinte: *Em um ambiente turbulento e com forte influência governamental, as pequenas empresas aproveitam, ao máximo, o potencial de transferência de risco para o ambiente*. Com base nesta hipótese, três proposições foram elaboradas: (1) *a forma como os credores e o mercado percebem o risco de participar da atividade imobiliária altera a distribuição do risco total da operação entre ambiente e empresa, determinando o nível de risco transferido e a forma de administrar o risco pela empresa*; (2) *o contexto estrutural interno e o esquema cognitivo vigente dos dirigentes contribuem para estabelecer o incremento de risco, definindo o risco incorrido pela empresa e, consequentemente, a forma de administrar esse risco*; (3) *ao administrarem o risco, pequenas empresas utilizam estratégias de transferência do risco para o ambiente ou estratégias para lidar com o risco absorvido*.

Três propriedades foram identificadas no que diz respeito à definição das formas pelas quais a empresa administra o risco: (a) risco transferido; (b) risco incorrido; (c) retorno esperado.

Foi possível constatar que uma das formas de a empresa administrar o risco é atuando como repassadora, ou seja, transferindo o risco para os credores. Este tipo de situação ocorre quando as instituições financeiras estão dispostas a financiar a produção das empresas e o mercado está confiante, ou seja, os clientes adquirem imóveis na planta e participam de financiamentos concedidos pelas instituições financeiras. Outra forma de administrar o risco é atuando com cautela, ou seja, entrincheirando-se. É o que ocorre quando as instituições financeiras reduzem os financiamentos para a produção ou há instabilidades na economia do país. Neste caso, há um movimento de transferência do risco

---

[2] Sobre triangulação de dados ver Capítulo 22.

para o mercado, adotando regimes de construção a preço de custo, nos quais os clientes arcam com as despesas reais da produção e pagam uma taxa de administração à empresa construtora. Finalmente, a terceira forma de administrar o risco é tornando-se absorvedora, uma vez que não é possível repassar o risco para os credores ou se proteger, adotando uma posição de retranca. Esta situação ocorre quando os credores estão exigentes no que se refere à liberação de financiamentos e os clientes apresentam resistências para adquirir imóveis na planta.

A teoria substantiva gerada foi confrontada com a literatura pertinente ao tema da pesquisa a fim de identificar contrastes e contribuições, os quais foram apresentados pelos pesquisadores. Sublinham que a teoria da Administração do Risco aborda de forma explicativa o processo pelo qual pequenas empresas brasileiras lidam com as adversidades impostas por atores ambientais, de modo a garantir sua longevidade em detrimento da maximização de ganhos econômicos.

❒ Exemplo 2: Aprendizagem gerencial em um hospital

Moraes, Silva e Cunha (2004) valeram-se da *grounded theory* em um estudo sobre aprendizagem gerencial. A pesquisa teve como objetivo responder à seguinte questão: Como os executivos de uma organização hospitalar aprendem a gerenciar diante dos desafios diários do trabalho?

Os pesquisadores argumentaram, inicialmente, que a preocupação com a aprendizagem tem aumentado nos últimos tempos, resultando no surgimento de novas áreas de pesquisa, como a aprendizagem organizacional. Enfatizaram, ainda, o crescimento do interesse pela aprendizagem gerencial, tema sobre o qual se debruçaram.

A pesquisa de campo foi realizada com profissionais do Hospital Moinhos de Vento (HMV), em Porto Alegre. Participaram da pesquisa dois superintendentes e três gerentes do hospital. Estes sujeitos foram selecionados com base em critérios intencionais: mínimo de dez anos de experiência no setor hospitalar e cinco anos em gestão hospitalar. Os dados foram coletados por meio da realização de entrevistas em profundidade. A análise se deu simultaneamente à coleta. Em fase posterior, a análise dos dados foi "devolvida" aos sujeitos (checagem com os entrevistados), a fim de verificar o quanto as descobertas eram congruentes com a realidade.

Oito categorias emergiram dos dados coletados: (a) contexto da aprendizagem; (b) sentimentos relacionados à aprendizagem; (c) conteúdo de aprendizagem; (d) formas de aprendizagem; (e) fatores que facilitam o processo de aprendizagem; (f) fatores que dificultam o processo de aprendizagem; (g) resultados da aprendizagem; (h) recomendações dos sujeitos. A descrição de cada categoria incluiu suas propriedades (características gerais da categoria) e dimensões (variações encontradas dentro de uma propriedade).

A primeira categoria está relacionada às situações que exigiram dos sujeitos a busca de aprendizagem. Os dados permitiram evidenciar que a aprendizagem dos executivos depende de diferentes contextos, tendo sido evidenciados dois tipos: confronto com desafios e diferentes estágios profissionais. No que se refere ao primeiro, duas variações foram encontradas: mudanças na atividade desenvolvida e desafios do cargo. Com relação ao segundo tipo, também foram encontradas duas variações: processo de aprendizagem impulsionado por demandas profissionais e por demandas institucionais.

A segunda categoria permitiu evidenciar tanto sentimentos negativos quanto positivos relacionados à aprendizagem gerencial. Foram considerados sentimentos negativos: ansiedade, insegurança, expectativa, preocupação e cobrança pessoal. Com relação aos sentimentos positivos, foram mencionados: oportunidade, crescimento, satisfação e entusiasmo.

A terceira categoria – conteúdo de aprendizagem gerencial – está relacionada a quatro propriedades: conhecimento local, analítico, contextual e autoconhecimento. O conhecimento local abrange a aprendizagem de valores e processos organizacionais, habilidades interpessoais e significados do trabalho executivo. No que diz respeito aos conhecimentos analíticos, foram considerados técnicas de gestão e conhecimentos específicos. O conhecimento contextual foi relacionado ao ambiente externo. No que diz respeito ao autoconhecimento, os sujeitos revelaram que se tornar um gerente exigiu o aprendizado sobre si mesmos, o reconhecimento de seus potenciais e de comportamentos inadequados que ameaçavam suas carreiras.

A quarta categoria – formas de aprendizagem dos sujeitos – permitiu evidenciar que os executivos aprenderam de diferentes formas: projetos de aprendizagem, atualização profissional, relacionamento, observação, ação, reflexão e mudança de consciência. De acordo com os sujeitos, eles realizaram projetos de aprendizagem pessoais e institucionais, atendendo às situações geradas por demandas tanto da profissão quanto da instituição. Tais projetos foram viabilizados pela atualização profissional, que se deu por meio de recursos formais e informais de aprendizagem. O aprendizado por meio dos relacionamentos diários, por sua vez, caracteriza uma maneira natural de aprender, ou seja, não premeditada. Apenas dois tipos de interação citados pelos sujeitos sugerem uma forma de aprendizagem intencional: interação com consultores e com familiares. Ainda no que diz respeito aos relacionamentos, os pesquisadores destacaram a participação em comunidades de prática e a negociação de significados. Para os sujeitos, a observação de outras instituições e do ambiente externo é, também, uma forma de aprendizagem. Relataram, ainda, a aprendizagem pela ação, por meio da identificação de necessidades de mudanças e da sua implementação. A reflexão é outra possibilidade, podendo ocorrer como um processo de solução de problemas e como um processo intuitivo. As mudanças de consciência, por sua vez, englobaram três dimensões: sobre si mesmos, sobre as pessoas e sobre o trabalho.

A quinta categoria trouxe à tona os fatores que facilitaram a aprendizagem gerencial, relacionados tanto aos sujeitos quanto à organização. Foram citados os seguintes fatores relativos aos sujeitos: ser humilde e proativo, ter interesse, ter apoio da família, ter vontade própria, trabalhar em equipe, adotar modelos, manter-se atualizado, identificar-se com a cultura da organização. Já os fatores relativos à organização foram os seguintes: ampliação da área de ação, autonomia, credibilidade, pressão vivenciada no ambiente de trabalho, cultura, ambiente de mudança, crescimento da organização.

Os fatores que dificultaram a aprendizagem gerencial correspondem à sexta categoria. Foram classificados em intrínsecos e extrínsecos ao sujeito. Os primeiros incluem as seguintes dimensões: sentimentos e interesse pessoal. Os fatores extrínsecos, por sua vez, englobam tempo, dinheiro, acúmulo de atividades, família, cansaço, falta de conhecimento de idiomas, falta de oportunidades de estudo.

A sétima categoria abordou os resultados da aprendizagem gerencial, os quais foram relacionados ao autoconhecimento: desenvolvimento de uma postura adequada ao trabalho, capacidade de tomar decisões, maturidade, coragem; ao conhecimento sobre a organização: segurança, postura adequada, decisões coerentes, promoções, desenvolvimento profissional; e ao desenvolvimento profissional ao longo da carreira: crescimento dentro da instituição, resultados operacionais.

A oitava categoria abordou as recomendações dos sujeitos a executivos, no que se refere à aprendizagem gerencial. Foram feitas as seguintes sugestões: ter um projeto pessoal de vida, tirar proveito de suas experiências, compreender os valores e metas da organização, valorizar relacionamentos, diversificar conhecimentos.

Os resultados da pesquisa indicaram que o processo de aprendizagem gerencial é complexo e dinâmico, ocorrendo ao longo da trajetória profissional dos executivos. Os pesquisadores sublinharam que a natureza deste processo é tanto autodirecionada quanto social e emancipatória. Observaram, também, que três grandes domínios envolvem o processo: o individual, o organizacional e o social. Cada uma das oito categorias obtidas foi relacionada a um ou mais domínios. De acordo com os pesquisadores, a categoria sentimentos relacionados à aprendizagem gerencial pertence ao domínio individual. Já as categorias contexto de aprendizagem, resultados da aprendizagem e recomendações pertencem aos domínios individual e organizacional. O conteúdo de aprendizagem, as formas, os fatores que facilitaram e os que dificultaram a aprendizagem gerencial, por sua vez, pertencem aos três domínios. Os pesquisadores concluíram que a aprendizagem gerencial transcende a classificação formal e informal, ocorrendo, em grande parte, de forma não deliberada. Além disso, ela não se restringe ao domínio instrumental de conhecimento. É influenciada tanto pelo contexto organizacional quanto pelo social. Por fim, observaram que a aprendizagem gerencial pode ocorrer por meio de mudanças de consciência.

Leituras para aprofundamento

BANDEIRA-DE-MELLO, Rodrigo; CUNHA, Cristiano J. Castro de Almeida. Operacionalizando o método da grounded theory nas pesquisas em estratégia: técnicas e procedimentos de análise com apoio do software ATLAS/ti. In: ENCONTRO DE ESTUDOS EM ESTRATÉGIA, 1., 2003, Curitiba. **Anais...** Curitiba: Anpad, 2003a.

______; ______. Administrando o risco: uma teoria substantiva da adaptação estratégica de pequenas empresas a ambientes turbulentos e com forte influência governamental. In: ENCONTRO DE ESTUDOS EM ESTRATÉGIA, 1., 2003, Curitiba. **Anais...** Curitiba: Anpad, 2003b.

GLASER, B.; STRAUSS, A. **The discovery of grounded theory**: strategies for qualitative research. New York: Aldine de Gruyter, 1967.

GOULDING, Christina. Grounded theory: the missing methodology on the interpretivist agenda. **Qualitative Market Research**: an International Journal, v. 1, nº 1, p. 50-57, 1998.

ICHIKAWA, Elisa Y.; SANTOS, Lucy W. dos. Apresentando a grounded theory: uma nova proposta de abordagem qualitativa na pesquisa organizacional. In: ENCONTRO NACIONAL DA ASSOCIAÇÃO NACIONAL DOS PROGRAMAS DE PÓS-GRADUAÇÃO EM ADMINISTRAÇÃO, 25., 2001, Campinas. **Anais...** Campinas: Anpad, 2001.

LOCKE, Karen. **Grounded theory in management research**. Londres: Sage, 2001.

MARTIN, P.; TURNER, B. Grounded theory and organizational research. **Journal of Applied Behavioral Science**. v. 22, nº 2, p. 141-157, 1986.

MORAES, Liege V. dos S. de; SILVA, Maria A. da; CUNHA, Cristiano J. C. A. A dinâmica da aprendizagem gerencial em um hospital. **RAE-eletrônica**. São Paulo: Fundação Getulio Vargas, v. 3, nº 2, jul./dez. 2004.

SANTOS, Ursula W. B. dos. **Métodos qualitativos para pesquisa em administração:** caracterização e relacionamento aos paradigmas para pesquisa. 1994. 159 f. Dissertação (Mestrado em Administração de Empresas) – Departamento de Administração, Pontifícia Universidade Católica, Rio de Janeiro.

STRAUSS, A.; CORBIN, J. **Basics of qualitative research**: techniques and procedures for developing grounded theory. 2. ed. Thousand Oaks: Sage, 1998.

10

Grupos de Foco

Grupo de foco (*Focus Group*) é um método de coleta de dados que consiste na realização de entrevistas em grupo, conduzidas por um moderador. Tem como objetivo a discussão de um tópico específico. Este método é também chamado de entrevista focalizada de grupo, entrevista profunda em grupos, reuniões de grupos, pesquisa diagnóstica e pesquisa da motivação (MATTAR, 1996).

Pode-se dizer que as entrevistas em grupo, na área de ciências sociais, têm sido utilizadas desde a década de 1920. Inicialmente, pesquisadores como Emory Bogardus e Walter Thurstone utilizaram várias formas de entrevistas em grupo, atendendo a propósitos diversos, como, por exemplo, a elaboração de instrumentos para a pesquisa do tipo *survey* (MORGAN, 1998). Entretanto, foi com Robert Merton e Paul Lazarsfeld que o método desenvolveu-se, antes da Segunda Guerra Mundial. Entre os anos de 1950 e 1980 aproximadamente, o método foi utilizado basicamente em pesquisas na área de marketing. Recentemente, tornou-se também popular em outras áreas (MORGAN, 1998).

No âmbito da pesquisa dita qualitativa, o grupo de foco é, em geral, associado a outros métodos como a entrevista individual e a observação participante (MORGAN, 1997). Pode, também, ser utilizado em pesquisas ditas quantitativas, precedendo, atuando simultaneamente ou sucedendo a um procedimento (MORGAN, 1997; OLIVEIRA e FREITAS, 1998), geralmente um questionário de pesquisa *survey*.

Palavras-chave

- Homogeneidade do grupo
- Interação entre os participantes
- Reuniões em série
- Discussão focada em um tópico específico
- Moderador

Características principais

- Permite gerar hipóteses para a investigação.
- Auxilia a construção de outros instrumentos de coleta de dados.
- Apresenta flexibilidade na condução das sessões, podendo o grau de envolvimento do moderador ser alto ou baixo, conforme os objetivos da pesquisa.
- Pode provocar *insights* nos participantes, enriquecendo a discussão.
- Na área de marketing, permite gerar ideias para o aprimoramento de produtos, para o desenvolvimento de promoção de vendas, para o desenvolvimento de novos produtos, entre outros.
- As respostas de alguns membros do grupo podem inibir a manifestação de opiniões contrárias à opinião média grupal.
- É inadequado para discussão de temas delicados, podendo causar constrangimento aos membros do grupo.
- Apresenta menor quantidade de dados por participante, se comparado com a entrevista individual.
- Pode haver dificuldade para agendar a reunião, se comparado com a entrevista individual.
- Os resultados da pesquisa não são generalizáveis.

Como utilizar[1]

- Definem-se o tema e o problema de pesquisa.
- Procede-se a uma revisão da literatura pertinente ao problema de investigação e escolhe(m)-se a(s) orientação(ões) teórica(s) que dará(ão) suporte ao estudo.

---

1 A ordem aqui apresentada não é rígida. Pode, portanto, ser alterada conforme a situação.

- ❑ Definem-se os membros da equipe de pesquisa, se esta for realizada por uma equipe, bem como suas atribuições.
- ❑ Elaboram-se as questões a serem discutidas pelos participantes.
- ❑ Define-se o grau de envolvimento do moderador.
- ❑ Definem-se o número e a composição dos grupos participantes da pesquisa: grupos por categorias, mistos ou ambos.
- ❑ Define-se o número de participantes em cada grupo.
- ❑ Selecionam-se os potenciais participantes de modo a obter um grupo homogêneo.
- ❑ Definem-se o local e a duração das reuniões.
- ❑ Contatam-se os potenciais participantes pessoalmente, por telefone, *e-mail* ou carta, para avaliar a possibilidade de participação.
- ❑ Agendam-se as reuniões mediante a consulta aos participantes.
- ❑ Realizam-se as reuniões, que podem ser gravadas em áudio ou filmadas, se autorizado pelos participantes.
- ❑ Realizam-se as transcrições das discussões em grupo.
- ❑ Analisam-se os dados, registrando-se as categorias temáticas que surgiram durante as discussões, o contexto no qual certos comentários foram feitos, as recorrências, bem como as diferenças de ponto de vista.
- ❑ Resgata-se o problema que suscitou a investigação.
- ❑ Confrontam-se os resultados obtidos com a(s) teoria(s) que deu(ram) suporte à investigação.
- ❑ Formula-se a conclusão.
- ❑ Elabora-se o relatório de pesquisa.

Com a definição do tema e do objetivo da pesquisa, inicia-se a primeira fase da pesquisa, ou seja, o planejamento, o que ocorre até o momento do agendamento das reuniões. Nesta fase, devem ser considerados os fatores tempo e custo de realização da pesquisa. Sugere-se elaborar um cronograma, bem como um plano orçamentário.

As reuniões podem ser conduzidas exclusivamente pelo pesquisador, que no caso atuaria como moderador, ou por uma equipe de pesquisa composta pelo pesquisador, por um ou mais moderadores e por um assistente de pesquisa. Optando-se pela equipe de pesquisa, é fundamental definir antecipadamente as atribuições de cada membro.

É importante planejar e estabelecer previamente o número e a composição dos grupos, o que pode ser feito por categorias específicas, mistas ou ambas, como fez, por exemplo, Ruediger (2002). Em geral, de três a cinco grupos são suficientes. Um número maior de grupos raramente proporciona novos *insights*. O momento para encerrar a coleta de dados é aquele no qual o moderador pode antecipar o que será dito no grupo seguinte, ou seja, os dados passam a se repetir (MORGAN, 1997).

O número de participantes em cada sessão varia, em geral, entre seis e 12 pessoas. Morgan (1997), por exemplo, recomenda algo entre seis e dez participantes. Para o pesquisador, em grupos com menos de seis participantes, torna-se mais difícil manter uma discussão ativa. Por outro lado, não é fácil gerenciar a discussão em grupos com mais de dez pessoas, especialmente quando os participantes apresentam alto grau de envolvimento com o tema. Na prática, grupos grandes podem facilmente dispersar-se, gerando conversas paralelas ou, ainda, as pessoas acabam falando ao mesmo tempo, o que resulta em perda de dados, uma vez que tais situações são difíceis de registrar, mesmo quando gravadas. Deve-se ter o cuidado de selecionar pessoas com características sociais, econômicas e estilos de vida semelhantes, ou seja, um grupo homogêneo, evitando-se amigos, parentes ou vizinhos para que os relacionamentos preexistentes não influenciem a contribuição dos participantes (MATTAR, 1996; MOTTA, 1999). Devem ser evitadas, também, pessoas que participam frequentemente de grupos de foco, ou seja, os respondentes profissionais (MALHOTRA, 2001). Recomenda-se, ainda, recrutar um número de participantes acima do necessário (*over-recruit*), algo em torno de 20%, de modo a cobrir eventuais ausências (MORGAN, 1997).

A duração das reuniões varia, em média, entre duas e três horas. Cabe ao moderador perceber o momento de encerrar as discussões em virtude de os dados necessários já terem sido obtidos ou, ainda, para que a discussão não se torne cansativa para os participantes (MATTAR, 1996).

O moderador deve, inicialmente, apresentar aos participantes os objetivos da pesquisa, bem como as regras para a participação. Durante a sessão, os assuntos devem ser introduzidos pelo moderador a partir de uma questão genérica até alcançar o nível de detalhamento esperado (AAKER, KUMAR e DAY, 2001). É importante que o moderador, ao encerrar a sessão, faça uma pequena síntese do que foi discutido, de modo a obter *feedback* dos participantes.

Exemplos da utilização de grupos de foco

❒ Exemplo 1: Prontuário de pacientes do Hospital de Clínicas de Porto Alegre

Stumpf e Freitas (1996) realizaram uma pesquisa exploratória para identificar e validar o conteúdo essencial do prontuário de pacientes do Hospital de Clínicas de Porto Alegre (HCPA), de modo a atender aos objetivos de assistência ao paciente, de ensino e pesquisa, de apoio administrativo e às exigências legais.

A pesquisa foi conduzida em três etapas. Na primeira, foram realizados uma revisão da literatura pertinente ao tema e um estudo de caso no HCPA para o levantamento da situação atual dos prontuários. Foi, também, realizado um levantamento, por meio de entrevistas, da situação atual dos prontuários de pacientes em hospitais brasileiros de grande porte. Foram identificados os principais problemas do HCPA no que se refere aos prontuários de pacientes: o crescimento exponencial dos prontuários em volume e em quantidade, acarretando dificuldades para o armazenamento e demandando a ocupação de áreas físicas que poderiam ser utilizadas para a assistência; excesso de papel armazenado em virtude do conteúdo desnecessário dos prontuários; dificuldades para a leitura de prontuários por causa do armazenamento em vias carbonadas; necessidade de número elevado de funcionários no Serviço de Arquivo Médico e Informações em Saúde (SAMIS) para atender à movimentação de cerca de 2.450 prontuários/dia; entre outros. Apesar dos problemas mencionados, o levantamento constatou que o SAMIS do HCPA era um dos melhores do Brasil. Os resultados dessa etapa de investigação revelaram, ainda, que os problemas enfrentados pelo HCPA no que se refere aos prontuários de pacientes eram comuns aos hospitais de grande porte e o caminho para a solução desses problemas implicava a utilização dos recursos da tecnologia de informação.

Na segunda etapa, os pesquisadores optaram pela utilização de grupos de foco para a coleta de dados. Foram definidos seis grupos de discussão, conforme as seguintes categorias: assistência médica, assistência de enfermagem, ensino médico, ensino de enfermagem, pesquisa e administração. A composição dos grupos variou entre cinco e oito profissionais representativos de suas categorias. Os pesquisadores optaram pelo alto grau de envolvimento do moderador. As reuniões, realizadas entre outubro e dezembro de 1995, tiveram, em média, duas horas de duração. Foram mencionadas diversas questões e sugestões originadas das discussões em grupo, tais como: necessidade de aprimoramento do prontuário de pacientes; criação de uma comissão de auditoria de prontuários; divisão do prontuário em um prontuário ativo e prontamente disponível, com informações relevantes para a assistência ao paciente, e outro, contendo informações para fins legais, jurídicos ou de pesquisas esporádicas.

A análise dos dados coletados nas discussões permitiu a definição do conteúdo do prontuário ativo do HCPA. Permaneceram as seguintes informações: lista de problemas, anamnese e exame físico, evolução diária, laudos diversos, ficha anestésica, descrição de procedimentos cirúrgicos, consultorias e documentos específicos de especialidades. Duas informações foram substituídas: os resultados de exames laboratoriais por um impresso consolidado após a alta do paciente, e as prescrições diárias, por um impresso consolidado por internação. No prontuário inativo, ficaram armazenadas as folhas de controle de sinais vitais, as prescrições diárias e os formulários específicos de alguns procedimentos. Foram eliminados todos os protocolos de pesquisa, todos os documentos não autorizados pela comissão de prontuários de paciente, exames externos e os resultados de exames laboratoriais individuais.

A terceira etapa da pesquisa, ainda não realizada na época em que os pesquisadores apresentaram e publicaram os primeiros resultados, consistia na aplicação de um questionário a uma amostra de 300 profissionais do HCPA, usuários dos prontuários de pacientes, a fim de validar ou não as propostas dos grupos de discussão.

De acordo com os pesquisadores, pesquisas futuras seriam realizadas para avaliar os resultados obtidos com as modificações do prontuário e acompanhar o processo de construção do futuro prontuário informatizado.

❐ Exemplo 2: Carta de valores ou carta de intenções?

Os grupos de foco foram utilizados por Junquilho e Silva (2002) em uma pesquisa sobre tentativa de integração corporativa. Inicialmente, foram discutidas abordagens relacionadas aos estudos sobre cultura organizacional, bem como a questão dos valores organizacionais. Os pesquisadores advogam que a abordagem integrativa, na qual se inserem as chamadas cartas de valores, entendidas como uma ferramenta para submeter os indivíduos aos ideais da organização, supõe universos organizacionais homogêneos e objetivos. Levando em conta a complexidade e a heterogeneidade inerentes às organizações, os pesquisadores propõem a ideia da carta de intenções, uma alternativa à carta de valores. Trata-se de uma proposta que se vale de três perspectivas de enfoque, de modo complementar: a integração, a diferenciação e a fragmentação. É um levantamento de prováveis valores desejados, confrontados com as experiências cotidianas dos indivíduos nas organizações.

A pesquisa teve como objetivo responder à seguinte questão: como determinados princípios desejados e inerentes às chamadas "cartas de valores" podem estar desalinhados à realidade de práticas sociais recorrentes numa dada organização?

A pesquisa de campo foi realizada no ano 2000, na Empresa Brasileira de Correios e Telégrafos, mais precisamente em uma de suas regionais, localizada na região Sudeste do país. Na época, a regional, na investigação denominada XYZ para fins de garantia do anonimato, contava com 1.342 funcionários. A pesquisa teve início com a participação de uma equipe de contrapartida, constituída por funcionários com conhecimento da organização. Deveriam indicar, de acordo com a visão deles, um conjunto de valores representativos e desejados para a XYZ.

Oito grupos participaram da pesquisa, sendo dois formados por carteiros, uma vez que esta categoria representava 1/3 do quantitativo de pessoal da XYZ, um por operadores de triagem e transbordo (OTTs) e motoristas, um por atendentes, um por funcionários da área administrativa, um por chefias intermediárias, um por supervisores e um por gerentes. Cada um deles foi composto por oito funcionários.

As sessões foram realizadas em salas da XYZ. Aos participantes foi garantido o anonimato, sendo-lhes solicitado que retirassem os crachás antes de entrar na sala. Um roteiro semiestruturado foi elaborado pelos pesquisadores para apoiar a condução das sessões, que tiveram em média 2h30 min de duração. Foram gravadas, e seu conteúdo transcrito.

Os dados foram analisados com base em eixos temáticos definidos de acordo com o conjunto de valores indicados pela equipe de contrapartida, quais sejam: confiança, credibilidade, lealdade e honestidade; cooperação, solidariedade e participação; disciplina e justiça no trabalho; comunicação; respeito e compromisso. Os pesquisadores buscaram categorizar os fatores significativos para a maioria dos participantes dos grupos de foco, sendo desconsiderados os conteúdos que não apareciam de forma semelhante em pelo menos quatro grupos.

Os resultados da pesquisa revelaram que os valores indicados pela equipe de contrapartida não correspondiam à realidade vivenciada pelos funcionários da XYZ no cotidiano. Três constatações foram destacadas: (a) reprodução do autoritarismo, uma vez que a empresa, no passado, foi administrada por militares; (b) paradoxo pressão e pontualidade, o que se traduz em mais trabalho em menos tempo, devido à necessidade de cumprir metas preestabelecidas; (c) pouca visão sistêmica da empresa, o que está relacionado à ideia de duas empresas em uma, divididas pelas áreas operacional e administrativa.

A heterogeneidade e a complexidade da organização ficaram evidentes, envolvendo os enfoques de integração, diferenciação e fragmentação. Os consensos compartilhados, como a imagem de confiabilidade da empresa, tanto interna quanto externamente, revelaram integração. Já a percepção dos supervisores como autoritários, por exemplo, revelou diferenciação. A cobrança por maior produtividade *versus* a percepção de que a empresa deve zelar pela pontualidade, por sua vez, indicou fragmentação.

Os pesquisadores concluíram que não havia razão para propor uma carta de valores, já que se tratava de uma tentativa de homogeneização organizacional. A carta de intenções foi, portanto, sugerida de modo a promover discussão entre o desejado e o real, dando início à reconstrução de práticas e significados no interior das organizações.

❒ Exemplo 3: Governo eletrônico

Ruediger (2002) utilizou grupos de foco em uma pesquisa que discutiu o tema do governo eletrônico, ressaltando sua dimensão política: a governança eletrônica.

O pesquisador discorreu, inicialmente, sobre a situação do Brasil em comparação à mundial em termos de acessibilidade digital. Em seguida, tratou da questão dos mecanismos de acesso e exclusão digital, estudando a questão com o uso de ferramentas de geoprocessamento aplicado à política.

A utilização dos grupos de foco teve como objetivo captar a percepção de usuários e de operadores públicos envolvidos com o desenvolvimento de sistemas de governo eletrônico, acerca da situação atual e das perspectivas do governo eletrônico no Brasil.

Dois grupos foram selecionados, de acordo com os objetivos da pesquisa. O primeiro foi composto por dez usuários da Internet, na faixa etária entre 25 e 45 anos. Todos os participantes eram moradores da cidade do Rio de Janeiro, pertencentes às classes sociais A e B. O segundo grupo foi composto por dez gestores de tecnologia da informação e comunicação, selecionados entre gestores do sistema de governo eletrônico em empresas-chave da esfera pública e em prestadoras de serviços públicos que tinham sido recentemente privatizados. A faixa etária dos participantes variou entre 35 e 55 anos. Todos tinham nível superior e pertenciam às classes sociais A e B.

As reuniões dos grupos de foco ocorreram em junho de 2002. Foram conduzidas por um moderador que contou com o apoio de um roteiro de entrevistas semiflexível, contemplando os seguintes tópicos: apresentação do moderador e dos participantes; hábitos de vida, lazer, profissão; interesse no acesso à informação; percepção do papel da Internet; hábitos de utilização da Internet; imagem e posicionamento dos *sites* do governo. O roteiro utilizado na reunião com o grupo de gestores apresentou mais um tópico, além dos mencionados: a avaliação da rede de governo. A equipe de pesquisa assistiu às reuniões, isolada em uma sala espelhada, ao lado da sala das reuniões, promovendo, eventualmente, interferências em tempo real, por meio de perguntas dirigidas por escrito ao moderador.

Os resultados obtidos foram apresentados separadamente, considerando cada um dos grupos: usuários e gestores. Em síntese, a percepção dos usuários foi assim compreendida: (a) *digital divide* – acesso ainda elitista; (b) razões para a exclusão – não se resumem apenas às diferenças socioeconômicas, mas, também, à falta de interesse; (c) cidadão – não se interessa pela esfera pública, é individualista, exceto quando precisa de algum serviço; (d) participação – depende do interesse de cada um, podendo ser ampliada se o governo propiciar incentivos e facilidades; (e) credibilidade do governo – os *sites* sozinhos não aumentam a credibilidade; (f) *e-gov* – dois governos: eficiente *versus* ineficiente; (g) divulgação – ineficiente e necessária.

No que se refere à percepção dos gestores, a compreensão foi assim identificada: (a) *digital divide* – acesso cada vez mais democrático; (b) razões para a exclusão – falta de ações educativas, falta de conhecimento das demandas *vis-à-vis* e falta de equipamento; (c) cidadão – mais participativo, *sites* são muito acessados, contribuições são efetivadas; (d) participação – reclamação sobre os serviços; (e) credibilidade do governo – *e-gov* aumentou a credibilidade; (f) *e-gov* – um só governo; (g) divulgação – ineficiente e necessária.

Conforme relatado na pesquisa, as percepções identificadas iriam ser aprofundadas por meio de entrevistas em profundidade e de um *survey* nacional.

Para o pesquisador, há uma necessidade de discutir o tema do governo eletrônico com outros atores da sociedade. Ressalta que um conjunto de serviços disponibilizados na *web* não constitui um efetivo processo de governança eletrônica. Para transformar o governo eletrônico em um canal de gestão eficiente e democrático, considera fundamental explorar objetivamente novas formas de inserção cívica nos assuntos de Estado, reestruturando processos de governo.

Leituras para aprofundamento

AAKER, David A.; KUMAR, V.; DAY, George S. **Pesquisa de marketing**. São Paulo: Atlas, 2001.

JUNQUILHO, Gelson S.; SILVA, Alfredo R. L. da. Carta de valores ou de intenções? Um debate sobre a tentativa de integração corporativa no mundo contemporâneo da gestão. In: ENCONTRO NACIONAL DA ASSOCIAÇÃO NACIONAL DOS PROGRAMAS DE PÓS-GRADUAÇÃO EM ADMINISTRAÇÃO, 26., 2002, Salvador. **Anais...** Salvador: Anpad, 2002.

KRUEGER, Richard A. **Moderating focus groups**. Thousand Oaks: Sage, 1998.

MALHOTRA, Naresh K. **Pesquisa de marketing**: uma orientação aplicada. 3. ed. Porto Alegre: Bookman, 2001.

MATTAR, Fauze N. **Pesquisa de marketing**. São Paulo: Atlas, 1996.

MORGAN, David L. **The focus group guidebook**. Thousand Oaks: Sage, 1998.

______. **Focus groups as qualitative research**. 2. ed. Thousand Oaks: Sage, 1997.

MOTTA, Paulo Cesar. **Serviços**: pesquisando a satisfação do consumidor. Rio de Janeiro: Papel Virtual, 1999.

OLIVEIRA, Mirian; FREITAS, Henrique M. R. Focus group – pesquisa qualitativa: resgatando a teoria, instrumentalizando o seu planejamento. **Revista de Administração**. São Paulo: Universidade de São Paulo, v. 33, nº 3, p. 83-91, jul./set. 1998.

OLIVEIRA, Mirian; FREITAS, Henrique M. R. A realidade operacional do focus group como investigação qualitativa... feedback de uma experiência monitorada. In: ENCONTRO NACIONAL DA ASSOCIAÇÃO NACIONAL DOS PROGRAMAS DE PÓS-GRADUAÇÃO EM ADMINISTRAÇÃO, 22., 1998, Foz do Iguaçu. **Anais...** Foz do Iguaçu: Anpad, 1998.

RUEDIGER, Marco Aurélio. Governo eletrônico ou governança eletrônica: conceitos alternativos no uso das tecnologias de informação para o provimento de acesso cívico aos mecanismos de governo e da reforma do Estado. In: XVI Concurso de Ensayos y Monografías del CLAD sobre Reforma del Estado y Modernización de la Administración Pública "Gobierno Electrónico". **Anais eletrônicos**... Caracas, 2002. Disponível em: <http://www.clad.org.ve/estudio3.html>. Acesso em: 20 fev. 2003.

STUMPF, M. K.; FREITAS, Henrique M. R. A gestão da informação em um hospital universitário: em busca da definição do "patient core record" do Hospital de Clínicas de Porto Alegre. In: ENCONTRO NACIONAL DA ASSOCIAÇÃO NACIONAL DOS PROGRAMAS DE PÓS-GRADUAÇÃO EM ADMINISTRAÇÃO, 20., 1996, Angra dos Reis. **Anais...** Angra dos Reis: Anpad, 1996.

11

História Oral

A história oral é uma metodologia de pesquisa que visa ao estudo e ao registro de acontecimentos, histórias de vida, trajetórias de organizações, enfim, de temas históricos contemporâneos que permitam acessar pessoas que ainda estejam vivas. Sua principal técnica de coleta de dados é a entrevista de história oral, que obtém depoimentos dos entrevistados.

A utilização de depoimentos para a reconstituição de acontecimentos passados não é recente, ocorrendo desde a Idade Média. Contudo, no século XIX essa prática foi desprezada pela corrente de pensamento positivista, a qual sublinhou a supremacia dos dados resultantes de documentos escritos, sobre a história oral (ALBERTI, 1989). Intelectuais cuja posição era mais extrema consideravam que povos desprovidos de documentos escritos não tinham história. A historiografia clássica, positivista, foi contestada por historiadores franceses e ingleses que, em meados do século XX, defenderam a chamada "nova história". A história oral foi introduzida nesse contexto, na década de 40, com o lançamento, nos Estados Unidos, do *The oral history project*, por Allan Nevis (ICHIKAWA e SANTOS, 2003). A metodologia avançou significativamente nos Estados Unidos, cujo *boom* ocorreu no final da década de 60 do século XX, e em países da Europa Ocidental.

No Brasil, a história oral surgiu em 1975, com o patrocínio da Fundação Ford para a realização de cursos ministrados por especialistas norte-americanos e mexicanos. A metodologia foi discutida com base no modelo desenvolvido no *Oral History Program*, da *Columbia University*. Nesse contexto, foram criados, no país, os primeiros programas de história oral, nos quais se insere o Programa de História Oral do Centro de Pesquisa e Documentação de História Contemporânea do Brasil (CPDOC) da Fundação Getulio Vargas (FERREIRA, 1994a). Entretanto, o desenvolvimento da história oral foi limitado por fatores políticos e econômicos, sobretudo pelo Regime Militar, e pelo estudo da história referenciado pelo paradigma estruturalista, o qual condenava a utilização dos depoimentos pessoais, considerados de caráter subjetivo e não generalizáveis (FERREIRA, 1998). A partir dos anos 90, a metodologia avançou, com a criação da Associação Brasileira de História Oral, em 1994, a realização de diversos seminários sobre o tema e a sua discussão, na academia, com a incorporação da disciplina em cursos de pós-graduação. Esse desenvolvimento se deve, em grande parte, à quebra do paradigma estruturalista e à consequente valorização dos relatos pessoais e dos métodos qualitativos e às mudanças ocorridas no campo político, sobretudo o fim da ditadura. Cresceu o interesse da sociedade pelo resgate da memória individual e coletiva (FERREIRA, 1998).

Palavras-chave

- Memória
- Depoimento gravado
- Temas contemporâneos
- Versão do passado
- Biografia e memória dos informantes
- Narrativas construídas pelo entrevistado e pelo entrevistador

❖ Características principais

- Permite reconstituir redes de relação, padrões de socialização, trajetórias de instituições, de comunidades e de indivíduos.
- Permite registrar as percepções de grupos ignorados pela história oficial ou aspectos relacionados a um tema específico, mas desconhecidos do público em geral.
- "Privilegia a recuperação do vivido, conforme concebido por quem viveu" (ALBERTI, 1989, p. 5).
- A metodologia é aplicável ao estudo de temas relacionados a disciplinas diversas, tais como: história, antropologia, administração.
- No caso da realização de entrevistas em mais de uma sessão, há o risco de o entrevistado alterar suas falas anteriores devido à reflexão entre uma sessão e outra.

- No caso da submissão do documento transcrito à revisão do entrevistado, há o risco de este solicitar cortes, acréscimos ou alterações em excesso, modificando a estrutura da entrevista gravada.
- Requer do pesquisador experiência e conhecimento prévio sobre a temática ou a história de vida do entrevistado, na medida em que o resultado da entrevista é construído pelo entrevistador e pelo entrevistado. Além disso, exige sensibilidade para captar temas emergentes, que podem ser relevantes para os propósitos da pesquisa.
- Há o risco de o entrevistado evitar determinados temas, em virtude de o seu depoimento estar sendo gravado.

☆ Como utilizar[1]

- Definem-se o tema e o problema de pesquisa.
- Procede-se a uma revisão da literatura pertinente ao problema de investigação e escolhe(m)-se a(s) orientação(ões) teórica(s) que dará(ão) suporte ao estudo.
- Elabora-se o projeto de pesquisa.
- Elabora-se uma lista de possíveis tipos de entrevistados (diretores, empregados, acionistas etc.) e, depois, uma lista de quais pessoas dentro desses tipos serão entrevistadas (quais diretores, quais empregados etc.).
- Constitui-se a equipe de pesquisadores, quando um único pesquisador for insuficiente. Definem-se as atribuições de cada membro da equipe.
- Elabora-se um roteiro geral de entrevistas.
- Elaboram-se os roteiros individuais das entrevistas.
- Procede-se ao contato inicial com o potencial entrevistado.
- Agenda-se a entrevista.
- Realiza-se a entrevista, que pode ser apreendida como narrativa, como "ouvir um contar" (ALBERTI, 2004).
- Elabora-se o roteiro parcial da entrevista (nos casos da realização de mais de um encontro com o mesmo entrevistado).
- Registram-se em fichas os principais dados da entrevista: tema, data, local, horário, duração, nome do entrevistado, entre outros considerados relevantes pela equipe de pesquisa.

---

1 A ordem aqui apresentada não é rígida. Pode, portanto, ser alterada conforme a situação.

- Transcrevem-se as entrevistas.
- Confere-se a fidelidade da transcrição.
- Validam-se as informações, isto é, verifica-se se há correlação entre fato narrado, pessoas mencionadas e época do acontecimento.
- Submete-se o documento transcrito à revisão do entrevistado.
- Organizam-se os dados coletados em temas ou subtemas.
- Resgata-se o problema que suscitou a investigação.
- Confrontam-se os resultados obtidos com a(s) teoria(s) que deu(ram) suporte à investigação.
- Formula-se a conclusão.
- Elabora-se o relatório de pesquisa, que pode incorporar as notas de campo do pesquisador.

No projeto de pesquisa, deve ser definido o tipo de entrevista a ser realizada, de acordo com os objetivos da pesquisa: entrevista temática ou história de vida. Na primeira, um tema central é estabelecido previamente, a partir do qual todas as entrevistas são realizadas. Na segunda, o foco é o próprio entrevistado, suas experiências, sua trajetória.

Realizar um grande número de entrevistas não significa enriquecer a investigação que se está realizando. Como em outras metodologias inseridas no âmbito da pesquisa qualitativa, na história oral há um momento em que os dados coletados começam a se repetir, agregando pouco valor ao material já coletado. É o chamado ponto de saturação. Nesse momento, as entrevistas podem ser encerradas. Além disso, o número de entrevistas a serem realizadas terá impacto direto no orçamento do projeto (ALBERTI, 1989).

O contato inicial com o potencial entrevistado pode ser realizado pessoalmente, por carta, *e-mail* ou telefone. É o momento para consultá-lo sobre sua possível participação na pesquisa. Devem ser apresentados os objetivos da pesquisa e esclarecidas dúvidas do potencial participante. Obtida a aceitação para a realização da entrevista, é importante solicitar a autorização para a gravação e a divulgação dos resultados.

As entrevistas podem ser realizadas por um ou mais entrevistadores. É prática do Programa de História Oral do CPDOC a condução das entrevistas por uma dupla de pesquisadores (ALBERTI, 1989).

As entrevistas podem ser finalizadas em um único encontro ou requerer outras sessões. No último caso, o pesquisador deve elaborar, entre uma sessão e outra, roteiros parciais de entrevistas a fim de rever os tópicos que devem ser mais explorados, os que ficaram de fora ou incluir outros que emergiram durante a entrevista anterior.

Submeter o documento final à apreciação do entrevistado é algo que deve ser acordado previamente entre os pesquisadores e o entrevistado.

É importante manter registros, em notas de campo, sobre fatos relevantes relacionados à entrevista como, por exemplo, dificuldades para a sua realização, tópicos emergentes durante as entrevistas, entre outros. Os registros devem ser considerados para a elaboração do relatório de pesquisa.

Aqui, não abordo aspectos relacionados à constituição de um acervo, como, por exemplo, a contratação de uma equipe, incluindo técnicos de som, copidesques, entre outros profissionais; a seleção de equipamentos para gravação e duplicação das fitas; a aquisição de materiais de consumo e permanentes; a catalogação e o arquivamento, entre outros. Para este fim, próprio dos Programas de História Oral, sugere-se a leitura de Alberti (1989).

Exemplos da utilização da metodologia de história oral

❐ Exemplo 1: O papel da mulher na família e sua penetração no mercado de trabalho

Os relatos orais foram utilizados por Campos (1996) em uma pesquisa sobre o papel da mulher na família e sua penetração no mercado de trabalho, na primeira metade do século XX. Foram consideradas as mudanças relacionadas à urbanização e à industrialização pelas quais a cidade de São Paulo passou, principalmente a partir de 1930, e seus reflexos na estrutura e na organização da família, bem como nos papéis masculinos e femininos.

Foram entrevistadas 17 mulheres idosas que viviam em São Paulo e exerciam alguma atividade fora de casa, remuneradas ou não, no período considerado pela pesquisa. O que levou essas mulheres a ter uma outra atividade, de que forma conseguiam conciliar o trabalho doméstico e a família com outras atividades e como viam o papel da mulher na sociedade foram tópicos abordados nas entrevistas.

A maior parte das entrevistadas nasceu no interior do Estado e pertencia à classe média. Suas famílias se deslocavam com frequência, em busca de melhores condições de vida. As que nasceram na cidade de São Paulo pertenciam a uma classe social mais elevada que as outras entrevistadas.

O motivo pelo qual as mulheres ingressavam no mercado de trabalho era, sobretudo, a ausência do pai e a necessidade de complementar a renda da família. As exceções ficaram por conta de uma entrevistada que fez carreira em um banco público e outra que pertencia à classe alta. As mulheres que trabalhavam em virtude das dificuldades financeiras pelas quais passavam voltavam à dedicação exclusiva ao lar na medida em que as finanças iam se estabilizando. Tal fato ocorria, muitas vezes, devido à pressão familiar, da mãe ou do marido. A influência familiar se fez notar, também, quando foi abordada a educação formal. Quando o pai valorizava o estudo, influenciava a trajetória das filhas nesse sentido. A educação formal foi relacionada, ainda, à classe social das famílias, uma vez que muitas não podiam proporcionar às filhas o acesso prolongado à escola, por carências financeiras. Não obstante isso, as entrevistadas receberam uma educação bastante rígida.

Com relação ao casamento e às relações familiares, foi observada uma situação de dependência da mulher. O casamento, na visão da família de todas as entrevistadas, não deveria ser desfeito. Das três que tentaram a separação, apenas uma manteve a sua própria decisão, arcando com a falta de apoio da mãe. As outras duas desistiram da ideia por influência dos pais. Na casa de todas as entrevistadas, o trabalho doméstico era tarefa exclusiva da mulher, que se desdobrava para conciliar todas as atividades. Mantinham uma relação próxima com sua família de origem, mas com a família do marido o relacionamento era, muitas vezes, difícil.

Para todas as entrevistadas, o papel da mulher na sociedade é cuidar dos filhos e do lar. Essa é sua função principal. Admitem o trabalho paralelo, fora de casa, desde que não prejudique as atividades domésticas. Valorizam a família e a educação rígida que receberam. No entanto, seus filhos foram educados com menos rigidez. Os caminhos que buscaram foram sempre aqueles aceitos pela sociedade. Apesar de trabalharem para a complementação da renda familiar, relataram ter prazer no trabalho, pois era uma oportunidade para espairecer.

De acordo com a pesquisadora, os relatos orais permitiram a reconstrução da trajetória de vida de mulheres que viveram e trabalharam em São Paulo na primeira metade do século XX. Os relatos foram espontâneos, seguindo uma ordem cronológica da vida de solteira ao momento atual, fazendo referências à família e aos acontecimentos marcantes em suas vidas. Com a emergência de novas questões, durante as entrevistas houve necessidade de retornar às entrevistadas para ouvi-las novamente. O fato de algumas entrevistas terem sido realizadas na presença de outra pessoa contribuiu para que a entrevistada lembrasse de acontecimentos não relatados até então, mas que eram conhecidos por outros.

A análise das entrevistas revelou que a memória individual era a forma predominante de memória das entrevistadas. Elementos da memória coletiva foram pouco comentados. Sobre a relação do presente com o passado, a pesquisadora sublinha o fato de que o papel da mulher, para as entrevistadas é, hoje, o mesmo do passado. Sugere que a lembrança do passado foi influenciada pela vida atual das entrevistadas, mas que determinados valores e imagens foram conservados por estarem internalizados.

❐ Exemplo 2: Trajetórias das universidades privadas no Brasil

A metodologia da história oral foi utilizada para o desenvolvimento do projeto Trajetórias das universidades privadas no Brasil. Heymann e Alberti (2001, 2002) relatam o caráter heterogêneo deste segmento, bem como examinam algumas entrevistas de história oral realizadas.

O projeto foi desenvolvido pelo CPDOC em parceria com o Núcleo de Estudos sobre Ensino Superior (Nesub) da Universidade de Brasília, com financiamento da Coordenação de Aperfeiçoamento de Pessoal de Nível Superior (Capes). Teve como objetivo conhecer com maior profundidade o setor privado no ensino superior.

Foram selecionadas 15 universidades privadas em sentido estrito, considerando-se as de maior porte, sobretudo em número de matrículas, e a diversidade regional. Na região Sudeste, foram selecionadas dez universidades, seis em São Paulo e quatro no Rio de Janeiro. Na região Sul, foram selecionadas duas universidades do Paraná. As regiões Nordeste, Centro-Oeste e Norte foram representadas por uma universidade cada uma.

Inicialmente, foram abordadas as seguintes temáticas em todas as entrevistas: a trajetória da instituição e o processo de transformação em universidade; o perfil e as áreas de atuação da instituição; o perfil dos corpos docente e discente; as atividades de ensino, pesquisa e extensão; a relação com a comunidade e com outras universidades; a gestão acadêmica e administrativa; a percepção sobre a política de avaliação do MEC; a percepção sobre temas específicos relacionados ao ensino superior; o ensino superior no Brasil e as perspectivas futuras.

O contato inicial com as universidades foi estabelecido por meio de uma carta do presidente da Capes a cada reitor. Neste primeiro momento, era apresentado o projeto e solicitada a participação da universidade. O segundo contato foi estabelecido pelo CPDOC, por telefone, com o intuito de agendar as entrevistas com o reitor e o mantenedor da universidade. Mais uma vez, os propósitos da pesquisa foram esclarecidos.

As percepções com relação ao projeto variaram de universidade para universidade, desde o convite para a participação. Em algumas universidades, a entrevista com o reitor foi precedida por uma outra com um vice-reitor, de modo a assegurar para o reitor a seriedade do projeto. Não houve um padrão no que diz respeito ao tamanho e ao aprofundamento das entrevistas, uma vez que a disponibilidade de tempo dos entrevistados foi bastante variável.

Uma questão foi central em todas as entrevistas: as críticas que o ensino superior tem recebido. Além disso, foi abordada a dicotomia ensino público *versus* ensino privado. Outras temáticas emergentes de entrevistas realizadas foram as trajetórias institucionais influenciadas pela política ou pela religião e o fato de grande parte das instituições pesquisadas ser do tipo familiar.

Resultados parciais da pesquisa, apresentados nos artigos de Heymann e Alberti (2001, 2002), revelaram a diversidade de perfis e estratégias das universidades participantes do projeto. Diferenças regionais foram percebidas. As universidades localizadas no Rio de Janeiro e em São Paulo, por exemplo, não têm dificuldades para a contratação de professores titulados, a fim de atender às exigências do MEC. O mesmo não ocorre com as universidades localizadas fora deste eixo. Estas, por sua vez, enfatizam as atividades de extensão.

As pesquisadoras relataram, ainda, o trabalho realizado em duas universidades: a Universidade Estácio de Sá (Unesa), no Rio de Janeiro, e a Universidade de Mogi das Cruzes (UMC), em São Paulo.

A Unesa foi fundada em 1970. Na época em que o artigo foi publicado (2001), a universidade contava com cerca de 80 mil alunos, distribuídos pelos cursos de graduação, sequenciais, pós-graduação *lato sensu,* mestrado e extensão. Difere de outras instituições por dar grande ênfase aos cursos sequenciais. Foram realizadas entrevistas com o reitor, em duas sessões, totalizando 3h40 min, e com o fundador da instituição, durante 1h20 min.

A UMC foi fundada em 1973, sendo a primeira universidade particular não confessional criada no Estado de São Paulo. Em 1999, a universidade possuía 16 mil alunos. Foram realizadas entrevistas com o atual reitor, o antigo reitor e o fundador e chanceler da instituição durante, respectivamente, 3h50 min, 2h30 min e 2 h.

Uma análise das entrevistas realizadas com representantes das duas universidades sugere diferentes motivações para a fundação das instituições: razões econômicas, no que se refere à Unesa, e vocação para a área educacional, no que diz respeito à UMC. Apesar das diferenças entre as duas instituições, os resultados obtidos no Provão do MEC, em 2000, foram equivalentes.

Por fim, a pesquisa sugere que as universidades estão em processo de redefinição de metas e procedimentos, necessidade decorrente das demandas do mercado e da legislação. Ressalta, ainda, a importância de se conhecer a trajetória individual dos dirigentes, a trajetória institucional, como as instituições constroem sua identidade e as particularidades regionais, para a compreensão do segmento privado de ensino superior.

Leituras para aprofundamento

ALBERTI, Verena. **História oral**: a experiência do CPDOC. Rio de Janeiro: Centro de Pesquisa e Documentação de História Contemporânea do Brasil, 1989.

______. **Ouvir contar**: textos em história oral. Rio de Janeiro: Fundação Getulio Vargas, 2004.

CAMPOS, Maria Christina Siqueira de Souza. Mulheres de diferentes classes sociais em São Paulo: a família e a penetração no mercado de trabalho. In: MEIHY, João Carlos S. B. (Org.). **(Re)introduzindo a história oral no Brasil**. São Paulo: Universidade de São Paulo: Xamã, 1996.

D'ARAUJO, Maria Celina; CAMARGO, Aspásia. Como a história oral chegou ao Brasil. Entrevista com Aspásia Camargo a Maria Celina D'Araujo. **História Oral**, nº 2, p. 167-179, 1999.

FERREIRA, Marieta de Moraes (Org.). **História oral e multidisciplinaridade**. Rio de Janeiro: Diadorim, 1994a.

______ (Coord.). **Entre-vistas**: abordagens e usos da história oral. Rio de Janeiro: Fundação Getulio Vargas, 1994b.

______. Desafios e dilemas da história oral nos anos 90: o caso do Brasil. **História Oral**, São Paulo, nº 1, p. 19-30, jun. 1998.

______. Historia oral: una brújula para los desafios de la historia. **Historia, Antropologia y Fuentes Orales**: escenarios migratorios. Barcelona, nº 28, p. 141-152, 2002.

HEYMANN, Luciana; ALBERTI, Verena. Um segmento heterogêneo: trajetórias de universidades privadas no Brasil. In: ENCONTRO REGIONAL SUDESTE DE HISTÓRIA ORAL, 4., 2001, Rio de Janeiro. **Dimensões da história oral**. Organização Tânia Maria Fernandes (Coord.) e Fernando Dumas dos Santos. Rio de Janeiro: Casa Oswaldo Cruz, Fundação Oswaldo Cruz, Associação Brasileira de História Oral, 2001.

______; ______. Trajetórias de universidades privadas no Brasil: aspectos da diferenciação regional. In: ENCONTRO NACIONAL DE HISTÓRIA ORAL, 6., 2002, São Carlos. **Tempo e narrativa**. São Paulo: Associação Brasileira de História Oral, 2002.

ICHIKAWA, Elisa Yoshie; SANTOS, Lucy W. dos. Vozes da história: contribuições da história oral à pesquisa organizacional. In: ENCONTRO NACIONAL DA ASSOCIAÇÃO NACIONAL DOS PROGRAMAS DE PÓS-GRADUAÇÃO EM ADMINISTRAÇÃO, 27., 2003, Atibaia. **Anais**... Atibaia: Anpad, 2003.

MOTTA, Marly Silva da. O relato autobiográfico como fonte para a história. **Vidya**, Santa Maria, nº 34, p. 101-122, jul./dez. 2000.

VIDAL, Diana Gonçalves. Memória operária: um estudo de caso com a utilização do método de história oral. In: MEIHY, João Carlos S. B. (Org.). **(Re)introduzindo a história oral no Brasil**. São Paulo: Universidade de São Paulo: Xamã, 1996.

12

Historiografia

A historiografia é um método de pesquisa que visa ao resgate dos acontecimentos e das atividades humanas ao longo do tempo, possibilitando desvendar e compreender as mudanças, as contradições e as tendências da realidade social.

Pode-se dizer que há duas linhas de pensamento orientadoras dos estudos históricos: a historiografia política clássica ou paradigma tradicional e a nova história (CURADO, 2001). Em termos cronológicos, a historiografia conviveu com a supremacia das concepções positivistas até meados do século XX. Contudo, questionamentos a esta postura tradicional emergiram desde fins do século XIX (CARDOSO, 1981).

No século XX, a historiografia foi fortemente influenciada por duas correntes: o marxismo e o grupo de *Annales* (CARDOSO, 1981, 1997). Esta última corrente foi marcada pelo lançamento da revista francesa *Annales d'histoire économique et sociale*, em 1929, uma iniciativa de Marc Bloch e Lucien Fèbvre (MOTTA, 2000).

Neste capítulo, relaciono, como Curado (2001), o termo *nova história* às correntes que se contrapõem ao paradigma tradicional. São elas: o marxismo, a *École des Annales*, as ciências sociais históricas, o pós-modernismo. O paradigma tradicional tinha a história política como modelo. Caracterizava-se pela narrativa dos acontecimentos, baseada em documentos escritos (CURADO, 2001). Pode-se dizer que as fontes escritas eram uma obsessão para os historiadores ligados a este paradigma. Elas eram consideradas a única maneira de se gerar conhecimento histórico, como asseveram Langlois e Seignobos, lembrados por Cardoso

(1981, p. 46): "a história se faz com documentos. ... Porque nada substitui os documentos: onde não há documentos não há história". A nova história, por seu turno, abrange toda atividade humana. Caracteriza-se pela análise das estruturas e contempla outras fontes de coleta de dados, tais como as entrevistas de história oral[1] e a iconografia (CURADO, 2001; MARTINS, 2001).

A pesquisa historiográfica tem sido pouco utilizada na área de administração (CURADO, 2001). Cabe, contudo, registrar algumas iniciativas. Curado (2001), por exemplo, apresentou uma proposta metodológica. Mendonça (2000) reivindicou espaço na academia para a história de empresas brasileiras. Vergara e Cavalcanti (1995a, 1995b, 1995c) resgataram a história dos Correios. Aquino (1986) trouxe, em sua coletânea *História empresarial vivida*, depoimentos de empresários brasileiros bem-sucedidos. Para o autor (1986, p. 7): "há uma estreita relação entre as práticas de trabalho dentro das organizações e os valores de origem da empresa, notadamente os valores dos pioneiros e empresários, indivíduos de forte influência na trajetória dos negócios e da organização". Valendo-se deste pressuposto, Vergara, Silva e Gomes (2004) abordaram, como Motta (1995), a relação entre história de vida e história institucional. Martins (2001), por sua vez, ousou ao tratar Canudos como um tema de administração.

Considerando os diversos campos de pesquisa relacionados à historiografia, aqui privilegio o estudo de indivíduos (histórias de vida), organizações (história institucional ou de empresas) e movimentos sociais, elegendo como paradigma a nova história.

Palavras-chave

- Passado
- Trajetórias e tendências
- Acervos históricos
- Documento escrito
- Fontes não escritas (orais, arqueológicas, iconográficas, musicográficas)

❖ Características principais

- Permite a reflexão e a compreensão acerca da construção, da transformação e da incorporação dos valores e das ações do homem ao longo do tempo.

---

1 Sobre a história oral, ver Capítulo 11.

- Permite resgatar as trajetórias de indivíduos, organizações e movimentos, reduzindo a distância entre o discurso e a prática.
- Não se limita à narrativa de acontecimentos, mas pressupõe sua análise e interpretação.
- Pode haver dificuldade para resgatar o acervo de documentos históricos, em virtude de sua destruição ou da má conservação.
- Os custos da pesquisa tendem a ser elevados, bem como o tempo para sua realização.

✰ Como utilizar[2]

- Definem-se o tema e o problema de pesquisa.
- Procede-se a uma revisão da literatura pertinente ao problema de investigação e escolhe(m)-se a(s) orientação(ões) teórica(s) que dará(ão) suporte ao estudo.
- Procede-se à coleta de dados por meio de pesquisa documental, recorrendo-se a documentos como relatórios, regulamentos, balancetes, correspondências comerciais, cartas pessoais, diários, fotografias, filmes, entre outros, conservados por órgãos públicos ou privados, ou com pessoas.
- Selecionam-se os sujeitos da pesquisa em função dos objetivos da investigação: empresários e seus familiares, funcionários de empresas, fornecedores, clientes, estudiosos do tema, sobreviventes da época.
- Coletam-se os dados no campo, em geral, por meio da realização de entrevistas abertas ou semiestruturadas.
- Selecionam-se os dados coletados, por períodos relevantes.
- Analisam-se os dados.
- Comparam-se os dados obtidos por meio de fontes primárias e secundárias, escritas e não escritas, relacionando-as aos objetivos da pesquisa.
- Resgata-se o problema que suscitou a investigação.
- Confrontam-se os resultados obtidos com a(s) teoria(s) que deu(ram) suporte à investigação.
- Formula-se a conclusão.
- Elabora-se o relatório de pesquisa.

---

2 A ordem aqui apresentada não é rígida. Pode, portanto, ser alterada conforme a situação.

Podem-se destacar os seguintes tipos de documentos para a realização da pesquisa documental em empresas: livros manuscritos de atas das assembleias de acionistas, de atas das reuniões de diretoria, de atas do Conselho Fiscal, diários e livros contábeis, folhas de pagamento, fichas de empregados, relatórios anuais, correspondências comerciais, contratos e recibos (LOBO, 1997). O pesquisador, contudo, poderá encontrar dificuldades para acessar determinados documentos antigos, uma vez que, no Brasil, é comum a sua destruição ou a má conservação.

Considerando o paradigma da nova história, sugerem-se a utilização e, por conseguinte, a comparação entre: (a) fontes primárias e secundárias, (b) fontes escritas e não escritas. São exemplos de fontes primárias: cartas pessoais, diários, correspondências comerciais, entrevistas com o(s) sujeito(s) privilegiado(s) pelo estudo (histórias de vida), com membros de organizações, com participantes de movimentos sociais, entre outros. Filmes, estudos publicados sobre o tema, entrevistas com estudiosos são, entre outros, exemplos de fontes secundárias. Fontes escritas referem-se a documentos manuscritos ou impressos. Fontes não escritas, por sua vez, englobam fotografias, filmes, entrevistas de história oral, objetos diversos. Considera-se, portanto, que todo material, primário ou secundário, escrito ou não escrito, relacionado aos objetivos da pesquisa é passível de utilização. Ou, nas palavras de Fustel de Coulanges, lembrado por Cardoso e Mauad (1997, p. 401): "onde o homem passou e deixou marca de sua vida e inteligência, aí está a História". A esta afirmação, os autores (1997, p. 401) acrescentam: "qualquer tipo de marca".

Exemplos da utilização do método historiográfico

❒ Exemplo 1: A história do Barão e Visconde de Mauá

A trajetória de um dos maiores empreendedores brasileiros, Irineu Evangelista de Sousa, o Barão e Visconde de Mauá, foi tratada por Caldeira (1995a) em *Mauá: empresário do Império*. Movido pela leitura da obra *Exposição aos credores*, um estudo de autoria do próprio Mauá, Caldeira decidiu investigar a vida deste empreendedor e o período no qual viveu, a fim de tentar entender a história do Brasil.

Caldeira (1995a) realizou durante três anos uma intensa investigação bibliográfica e documental no Brasil, na Inglaterra, no Uruguai e na Argentina. Foram analisados diversos estudos sobre Mauá, contemplando períodos relevantes da vida do empreendedor. Foram, também, utilizadas obras de referência como as coleções dos Anais do Senado e da Câmara dos Deputados, as Atas do Conselho de Estado e das Consultas da Seção de Negócios Estrangeiros do Conselho de Estado, jornais da época, entre outras. No que se refere às fontes primárias, foram consultados, entre outros documentos, correspondências comerciais, cartas pessoais, relatórios e registros das empresas de capital aberto de Mauá com ações negociadas na Inglaterra.

O pesquisador apresentou a trajetória de Mauá desde o seu primeiro emprego, no Rio de Janeiro, até o final da vida, resgatando os acontecimentos da época e as realizações do empreendedor.

Mauá foi um empresário rico e poderoso, um caso marcante de iniciativa individual, conhecido no Brasil e no exterior. Foi o primeiro industrial do país. Seus negócios incluíam bancos, estradas de ferro, companhias de navegação, serviços públicos. Montou 17 empresas em seis países. Enfrentou ataques porque seus empreendimentos geravam lucro. Para o pesquisador, Mauá tinha três características de um empresário de sucesso internacional: (a) capacidade de inovação, (b) jeito para administrar, (c) capacidade de observar a realidade. Mauá contrariou a cultura brasileira na época, que condenava o lucro e a visão empreendedora. Suas realizações, hoje, são valorizadas. Entretanto, o sentimento de que um empreendimento bem-sucedido é fruto de um favor público ou um indicador de desvios de caráter ainda permanece. Como assevera Caldeira (1995b, p. 14), "o grande ponto positivo de conhecer o passado é verificar que as pessoas não mudam tão radicalmente; certos comportamentos permanecem".

A pesquisa realizada por Caldeira (1995a) revela a trajetória de Mauá imbricada com a história do Brasil, constituindo, assim, uma referência fundamental na história de empreendedores brasileiros.

❒ Exemplo 2: A história da Empresa Brasileira de Correios e Telégrafos (ECT)

Na década de 90 do século XX, a Empresa Brasileira de Correios e Telégrafos (ECT) era considerada uma empresa de sucesso. Dado que sucesso é algo construído, Vergara e Cavalcanti (1995a, 1995b, 1995c) valeram-se do método historiográfico para responder à seguinte questão de pesquisa: como foi construído o sucesso da ECT? Para tanto, procederam a uma revisão da literatura pertinente, bem como à investigação documental em arquivos da ECT e em poder de alguns dos entrevistados. No campo, foram realizadas entrevistas abertas com presidentes da ECT, empregados do nível gerencial e de assessoramento e empregados de outros níveis.

A pesquisa foi dividida em três períodos considerados relevantes. No primeiro, os pesquisadores apresentaram as origens do serviço postal brasileiro, a criação do Departamento dos Correios e Telégrafos (DCT) em 1931 e a transformação do DCT na ECT. O segundo período, de 1974 a 1984, foi caracterizado pelo crescimento da ECT, com a implementação dos projetos elaborados nos primeiros quatro anos de existência da empresa. O terceiro período, de 1985 a

1994, foi marcado pela nova referência de gestão, pela competitividade e pelas novas mudanças.

A pesquisa revela que a organização do serviço postal brasileiro se deu com a criação dos Correios da Coroa e Província do Rio de Janeiro, em 1808, e com a aprovação do primeiro regulamento postal do Brasil. Com a ascensão de D. Pedro II ao trono brasileiro, tiveram início a emissão de selos postais e o funcionamento do correio urbano, no Rio de Janeiro.

Em 1931, foi criado o DCT, transformado, em 1969, na ECT. O período de 1931 a 1969 foi marcado por mudanças na administração pública brasileira, com destaque para a criação do Departamento de Administração do Serviço Público (Dasp), introduzindo na organização pública os princípios da administração científica.

O DCT, entretanto, estava obsoleto e demandava investimentos. Sendo assim, foi criada a ECT, vinculada ao Ministério das Comunicações, com autonomia para a implementação de mudanças. O presidente da transição foi Rubem Rosado, sendo substituído por Haroldo Corrêa de Mattos, presidente no período de 1969 a 1984. Quatro questões foram consideradas relevantes para a grande virada: investimento em pessoal, arquitetura organizacional mais ágil, autossuficiência financeira e oferta de serviços. Nesse período, a ECT enfrentou os problemas que tinha e investiu fortemente na formação e treinamento de pessoal.

Em 1974, Adwaldo Cardoso Botto assumiu a presidência da ECT, ficando no cargo durante 11 anos. A administração de Botto foi marcada pela continuidade, pela implementação dos projetos propostos por Mattos. Botto segmentou o sistema de treinamento em três níveis: operacional, médio e superior. Em 1975, foi aprovado o Plano de Cargos e Salários dos Correios e, em 1977, o sistema de promoções e acesso. Em 1979, a ECT passou a contar com órgãos de planejamento, engenharia, processamento de dados, recursos humanos, comercialização, serviços gerais, suprimento e filatelia. Além de continuar valorizando a gestão de pessoal, Botto buscou a credibilidade dos serviços, aprimorando as rotinas internas dos centros de triagem postal, implementando o sistema de aferição dos serviços e a Rede Postal Noturna.

A década de 80 foi marcada pela competição, pela inovação tecnológica e pelas práticas de administração japonesas em inúmeras partes do mundo. A ECT viveu um período duro na segunda metade dessa década, com a queda da credibilidade, as greves e o congelamento de tarifas pelo Plano Cruzado. Foram presidentes, na época, o engenheiro Laumar Melo Vasconcelos, de 1985 a 1988, e o economista Joel Marciano Rauber, de 1988 a 1990.

José Carlos Rocha Lima assumiu a presidência em 1990, buscando novos nichos de mercado e utilizando instrumentos como o marketing e o planejamento estratégico. Implementou o projeto de franquias, levando a ECT, em 1992, à primeira colocação no *ranking* das 100 maiores franqueadoras do Brasil. Em

1993, a ECT implementou um novo sistema de avaliação de desempenho de pessoal, voltada para a obtenção de resultados.

Em setembro de 1993, Rocha Lima foi substituído por Antonio Correa de Almeida, uma indicação política. No ano de 1994, a ECT comemorou seu jubileu de prata.

A pesquisa de Vergara e Cavalcanti (1995a, 1995b, 1995c) resgatou acontecimentos marcantes da história dos Correios na busca da modernidade, relacionando-os às mudanças ocorridas na administração pública brasileira. Êxitos, oportunidades, ameaças e ousadias foram apresentados pelos pesquisadores, alertando para a necessidade de manter e ampliar a credibilidade alcançada na busca de um futuro vitorioso.

❒ Exemplo 3: A história de Olga e do Grupo Nova América

O método historiográfico foi eleito por Vergara, Silva e Gomes (2004) para a realização de uma pesquisa sobre responsabilidade social empresarial. O estudo privilegiou a história de uma empresa familiar brasileira, o Grupo Nova América, a qual se dedica há quase 150 anos à agricultura, à pecuária e à agroindústria, tendo, em 2004, na produção de açúcar e álcool sua principal atividade.

O Grupo Nova América é reconhecido por diversas entidades como uma empresa socialmente responsável e delas recebeu vários prêmios: Fundação Abrinc pelos Direitos das Crianças (Empresa Amiga da Criança), Câmara Americana de Comércio (Prêmio ECO), Associação dos Dirigentes de Vendas do Brasil (Prêmio Top Social em 2000 e 2002), Revista *Exame* (As 100 melhores empresas para se trabalhar). Este reconhecimento foi tomado pelas pesquisadoras como fato, suscitando a seguinte questão: que motivações impeliram os proprietários do Grupo Nova América a atuar de forma socialmente responsável? A resposta a esta indagação remeteu à história de Olga Ottoni de Rezende Barbosa, a matriarca do Grupo. O estudo voltou-se, assim, para o entrelaçamento de uma história de vida com uma história institucional.

Os dados foram coletados por meio de pesquisa documental, bibliográfica e de campo. Foram utilizados documentos da empresa, bem como do acervo da família de Olga. A revisão da literatura contemplou a questão da responsabilidade social, bem como forneceu dados acerca do contexto político e socioeconômico brasileiro da época. No campo, foram realizadas entrevistas semiestruturadas com dois proprietários-dirigentes e dez funcionários da empresa, sendo dois diretores, três gerentes, três supervisores e dois operários.

O Grupo, com origem em 1860, evoluiu de outras designações e formatações, marcando presença, hoje, em várias cidades do interior de São Paulo e do Mato Grosso do Sul. Seus proprietários são descendentes de tradicional família mineira de cafeicultores do século XIX. O Grupo Nova América, como é conhecido, é, na verdade, a *holding* Rezende Barbosa S.A., que congrega 11 unidades de negócio e uma Fundação. As empresas do Grupo atuam em diversos segmentos da economia, que vão desde o cultivo da cana-de-açúcar, grãos, frutas, chás, criação de gado leiteiro e de corte à produção de açúcar, álcool e derivados, sucos, café solúvel e energia como subproduto do bagaço de cana. Atendem aos mercados interno e externo.

Olga, filha de tradicionais proprietários rurais, nasceu em 1885. Desde cedo, acompanhava o pai nas tarefas do campo, recebendo dele as primeiras orientações sobre a vida rural. Olga estudou até os 17 anos em uma escola germânica de religiosas. Casou-se em 1907. Teve oito filhos. Em curto espaço de tempo, perdeu o pai e o marido. Passou, assim, a administrar com o irmão o patrimônio da família. Olga dividia seu tempo cuidando dos filhos e da casa pela manhã e dos assuntos administrativos e operacionais das fazendas, no período da tarde. O relato dos entrevistados, bem como registros da época, revelam que Olga foi uma fazendeira dinâmica, atuante, com objetivos claros, que lutava por eles repartindo-se entre os negócios e a família.

Com o crescimento dos negócios, foi constituída, em 1927, a Companhia Agrícola Rezende, razão social alterada, em 1935, para Sociedade Agrícola Rezende. A família passou pelas dificuldades da crise de 1929, das "cotas de sacrifício do café" e da Segunda Guerra Mundial, mantendo o controle dos negócios. Aproveitou oportunidades que surgiram após a crise de 1929, adquirindo mais quatro fazendas. Nesse período, o filho mais velho de Olga ingressou nos negócios. Renato passou a ser responsável por uma fazenda em Quintana, recebendo orientações da mãe por meio de correspondências. Entre 1935 e 1948, foram trocadas cerca de 800 cartas, catalogadas e arquivadas no acervo particular da família.

Os anos difíceis da economia levaram a família à diversificação de culturas, iniciada com a plantação de algodão e, mais tarde, de mandioca. A diversificação trouxe bons resultados para os negócios. Olga, contudo, mostrava-se preocupada tanto com as questões financeiras quanto com as ambientais. Um trecho de uma de suas cartas para o filho Renato ilustra tais preocupações:

> [...] actualmente vamos precisar augmentar a lavoura, vae ser preciso usar das terras com mata. Fala para Nelson si derrubar árvores plantar outras na quantidade. Ele sabe: para não provocar seca e segurar o terreno [...] (VERGARA, SILVA e GOMES, 2004, p. 8).

Depoimentos e cartas revelaram, ainda, que Olga, mesmo em tempos difíceis como o da guerra, honrava seus compromissos. Mantinha-se informada acerca dos acontecimentos regionais, nacionais e dos fatos internacionais, de modo a precaver-se com o planejamento das economias, demonstrando o uso da informação para orientar decisões, bem como a ética na condução dos negócios.

Em 1945, Renato adquiriu seu próprio empreendimento, uma usina de açúcar e álcool, que recebeu o nome de Usina Nova América. Em 1957, a família, mais uma vez buscando a expansão dos negócios, adquiriu a Usina Maracaí.

A liderança dos negócios manteve-se nas mãos de Olga até 1957. Em 1958, passaram a ser conduzidos pelos irmãos Renato e Paulo. No entanto, Olga, que na época tinha 73 anos, não se mantinha alheia aos negócios. Em 1975, teve início a remodelagem do parque industrial da Usina Maracaí. Em 1979, a Usina Maracaí S.A. sofreu uma cisão, originando a Maracaí S.A. – Açúcar e Álcool e a Cia. Agrícola Santa Olga. Neste mesmo ano, foi criado o departamento de recursos humanos da empresa, iniciando-se aí o processo de profissionalização do Grupo. Em 1980, a família intensificou o processo de profissionalização e o Grupo Nova América foi formalmente constituído. Em 1983, Olga faleceu, aos 98 anos.

As entrevistas com os dirigentes do Grupo revelaram uma concepção da empresa sob quatro óticas: pessoal, social, econômica e ambiental. Do ponto de vista pessoal e familiar, a empresa é, para eles, o meio para enfrentar desafios, cumprir vocações e realizações, visando à perpetuação e ao autodesenvolvimento do Grupo. Do ponto de vista social, percebem a empresa como um dos mais dinâmicos agentes da sociedade, onde são geradas riquezas e fontes de trabalho, podendo alterar os destinos de uma sociedade. Por esta razão, a ética na condução dos negócios e no uso de recursos é fundamental para que os benefícios ultrapassem o contorno da empresa. Sob a ótica econômica, consideram que o retorno não deve vir apenas como remuneração do capital, mas, sobretudo, como forma de capacitar a empresa para a perenidade, garantindo, paralelamente, a manutenção e o aumento dos postos de trabalho e possibilitando aos funcionários o alcance de seus objetivos pessoais. Do ponto de vista ambiental, a visão que eles têm é aquela segundo a qual a natureza é provedora de tudo para todos; não há como desrespeitá-la.

As pesquisadoras destacaram que, segundo os dirigentes do Grupo, há muito tempo, quando ainda não se cogitava sobre o tema responsabilidade social, dois aspectos eram considerados relevantes: as pessoas e a natureza. A posição dos dirigentes foi ratificada pelos funcionários entrevistados, que não apenas interpretam, nas ações e práticas cotidianas desses dirigentes, a coerência entre o discurso e a ação, entre as crenças e valores pessoais e as crenças e valores organizacionais, como também têm na narrativa dos fatos de Olga uma fonte permanente de aprendizagem.

Os resultados da pesquisa revelam que as histórias sobre crenças e valores de Olga continuam tendo poder, mesmo depois de sua morte, aos que lhe sucederam. Essas crenças e valores consolidaram o desenvolvimento do Grupo, cujos negócios são conduzidos com ética, interação social e ambiental, afirmando ser possível conciliar competitividade e humanização. Contudo, não se descarta do processo a existência de desvios, contradições, ambiguidades, uma vez que subtraí-los seria negar a própria vida.

❐ Exemplo 4: A história do movimento social de Canudos

Teria sido Canudos um fenômeno administrativo? Martins (2001), valendo-se do método historiográfico, analisou o movimento social de Canudos em busca da resposta a esta indagação.

O estudo, realizado em seis etapas, de junho de 1994 a dezembro de 1998, contemplou uma revisão da literatura pertinente ao tema, pesquisa documental e de campo. Além de documentos escritos, o pesquisador valeu-se de fontes iconográficas, musicais e literárias. Foram consultados arquivos, centros de documentação e museus em sete Estados brasileiros: Amazonas, Bahia, Ceará, Pará, Pernambuco, Rio de Janeiro e São Paulo. No campo, foram registrados os depoimentos dos cronistas-testemunhas, pessoas que estiveram em Canudos ou que conheceram Antônio Conselheiro, divididos em quatro grupos: (a) os repórteres que fizeram a crônica da guerra para a imprensa da época ou que relataram sobre Antônio Conselheiro; (b) os combatentes que registraram suas memórias em colunas de jornal, relatórios ou livros; (c) os médicos e acadêmicos de medicina e farmácia que serviram no Serviço Sanitário do Exército em Combate; (d) os religiosos que vivenciaram o conflito. Foram, ainda, colhidos depoimentos dos sobreviventes (narrados por terceiros), dos descendentes e de estudiosos do tema.

A história de Canudos começou em junho de 1893, quando Antônio Vicente Mendes Maciel, o Antônio Conselheiro, e seus seguidores chegaram e se estabeleceram no povoado de Canudos, denominado por ele Belo Monte. O sonho de reinventar o sertão durou para Conselheiro e seu povo cerca de quatro anos. Nesse período, a comunidade chegou a cerca de 24 mil habitantes, com um crescimento demográfico em torno de 219,6% ao ano. Entretanto, o modelo de organização social e econômica de Canudos era capaz de prover a subsistência dessa numerosa população.

Conselheiro foi um líder de massas. Sua capacidade de planejar, organizar, bem como de implementar resultou na execução de mais de 20 obras sociais e na fundação, organização e governo de duas cidades.

A tentativa de reinventar o sertão, contudo, assustava. Espalhava-se a notícia do discurso antirrepublicano de Conselheiro. Em 1895, Canudos recebeu uma missão de frades capuchinhos, enviada pelo arcebispo D. Jerônimo Tomé, respondendo a um pedido do governador. A fracassada missão tinha como objetivo a dissolução da comunidade local. Resultou em um relatório sobre a vida no arraial, recomendando providências para que a ordem fosse restabelecida. Teve início, então, o massacre de Canudos, com a morte de Conselheiro em setembro de 1897 e a destruição do povoado em outubro do mesmo ano.

A pesquisa de Martins (2001) trouxe à tona discussões relacionadas a diversos aspectos desse movimento social. O tamanho da população do arraial, por exemplo, é uma questão importante, dado o crescimento demográfico fenomenal mencionado. Para o pesquisador, o sistema de produção desenvolvido pelo povoado permitiu que enfrentassem, apesar das condições pouco favoráveis da região, o desafio do abastecimento. Destacou, ainda, o talento administrativo e pedagógico de Antônio Conselheiro, um líder de massas que planejou, organizou e dirigiu a implementação do projeto de reinvenção do sertão. Suas "quase-conclusões", fruto de reflexões pautadas pela incursão ao Belo Monte e pelo pensamento administrativo, apontam que o movimento religioso-social de Canudos é um fenômeno administrativo expressivo e uma referência no que diz respeito ao jeito brasileiro de administrar.

Leituras para aprofundamento

AQUINO, C. (Org.). **História empresarial vivida**. São Paulo: Gazeta Mercantil, 1986. 2 v.

CALDEIRA, Jorge. **Mauá**: empresário do Império. São Paulo: Companhia das Letras, 1995a.

______. Fluente e empolgante: o Brasil descobre Mauá. Entrevista a Ana Maria Brescancini. **RAE Light**. São Paulo: Fundação Getulio Vargas, v. 2, nº 3, p. 8-14, maio/jun. 1995b.

CARDOSO, Ciro F. **Uma introdução à história**. São Paulo: Brasiliense, 1981.

______. História e paradigmas rivais. In: CARDOSO, Ciro F.; VAINFAS, Ronaldo (Org.). **Domínios da história**: ensaios de teoria e metodologia. Rio de Janeiro: Campus, 1997.

______; MAUAD, Ana Maria. História e imagem: os exemplos da fotografia e do cinema. In: CARDOSO, Ciro F.; VAINFAS, Ronaldo (Org.). **Domínios da história**: ensaios de teoria e metodologia. Rio de Janeiro: Campus, 1997.

CURADO, Isabela. Pesquisa historiográfica em administração: uma proposta metodológica. In: ENCONTRO NACIONAL DA ASSOCIAÇÃO NACIONAL DOS PROGRAMAS DE PÓS-GRADUAÇÃO EM ADMINISTRAÇÃO, 25., 2001, Campinas. **Anais...** Campinas: Anpad, 2001.

LOBO, Eulália L. História empresarial. In: CARDOSO, Ciro F.; VAINFAS, Ronaldo (Org.). **Domínios da história**: ensaios de teoria e metodologia. Rio de Janeiro: Campus, 1997.

MARTINS, Paulo Emilio Matos. **A reinvenção do sertão**: a estratégia organizacional de Canudos. Rio de Janeiro: Fundação Getulio Vargas, 2001.

MENDONÇA, Luis Eduardo Carvalheira de. História de empresas brasileiras: tem espaço na academia? Questionamentos exploratórios e conclusões preliminares. In: ENCONTRO NACIONAL DA ASSOCIAÇÃO NACIONAL DOS PROGRAMAS DE PÓS-GRADUAÇÃO EM ADMINISTRAÇÃO, 24., 2000, Florianópolis. **Anais...** Florianópolis: Anpad, 2000.

MOTTA, Marly Silva da. O relato biográfico como fonte para a história. **Vidya**, nº 34, p. 101-122, jul./dez. 2000.

______. Histórias de vida e história institucional: a produção de uma fonte histórica. In: SIMPÓSIO NACIONAL DE HISTÓRIA, 18., 1995, Recife. **Anais**... Recife: ANPUH, 1995.

VERGARA, Sylvia Constant; CAVALCANTI, Celso de O. B. Do DCT à ECT – o resgate da virada na década de 70. **Revista de Administração Pública**. Rio de Janeiro: Fundação Getulio Vargas, v. 29, nº 1, p. 88-100, jan./mar. 1995a.

______; ______. A construção do sucesso da ECT – o período de crescimento: 1974 a 1984. **Revista de Administração Pública**. Rio de Janeiro: Fundação Getulio Vargas, v. 29, nº 3, p. 87-110, jul./set. 1995b.

______; ______. A ECT busca novos caminhos: de 1984 aos nossos dias. **Revista de Administração Pública**. Rio de Janeiro: Fundação Getulio Vargas, v. 29, nº 4, p. 234-259, out./dez. 1995c.

______; SILVA, Darci Basta dos Santos; GOMES, Ana Paula Cortat Zambrotti. **Olga**: a semeadora de grãos e de responsabilidade social na história do Grupo Nova América. *Organização & Sociedade*, Universidade Federal da Bahia, v. 11, nº 31, p. 153-170, set./dez. 2004.

13

Mapas Cognitivos

Mapas são representações gráficas que fornecem um quadro de referência acerca de localizações. Mapas geográficos, por exemplo, fornecem às pessoas sua localização no espaço, de modo que possam identificar onde estão, bem como a direção a ser seguida. Valendo-se desta analogia, Fiol e Huff (1992, p. 267) definem mapas cognitivos como "representações gráficas que localizam pessoas em relação a seus ambientes de informação".

A expressão *mapa cognitivo* tem sua origem na área de psicologia com os estudos de E. Tolman sobre aprendizagem e orientação de ratos em labirintos (BASTOS, 2000; EDEN, 1992). Tais estudos foram marcados pela publicação do artigo *Cognitive maps in rats and men*, em 1948. Pode-se dizer que os mapas cognitivos são representações que se inserem na abordagem cognitiva, cujo surgimento se deu como uma reação ao pensamento behaviorista, hegemônico na psicologia até a década de 50 do século XX (BASTOS, 2001).

O mapeamento cognitivo é o método pelo qual são identificados os elementos que compõem os mapas (BASTOS, 2000). Mapas são, portanto, frutos do mapeamento. São representações dinâmicas, *schemas* ou modelos mentais, atualizados à medida que novas informações são processadas (SWAN, 1997). Não são cópias exatas da realidade, mas sua representação aproximada (BASTOS, 2000). Para Cossette e Audet (1992, p. 327), mapas cognitivos são "representações gráficas de um conjunto de representações discursivas elaboradas por um indivíduo, relacionadas a um objeto em um contexto particular de interação".

Mapas cognitivos podem revelar vários tipos de relacionamentos entre conceitos, tais como: proximidade, similaridade, causa e efeito, continuidade (BOUGON, 1983; SWAN, 1997). Considerando as diversas possibilidades, Fiol e Huff (1992) apontam três tipos básicos de mapas: (a) de identidade, (b) de categorização, (c) causais. Eles são discriminados a seguir:

- Mapas de identidade: permitem a identificação de conceitos relacionados ao que está se investigando, bem como dos graus de importância e as associações entre eles (BASTOS, 2000; VARGENS, 2001).
- Mapas de categorização: fornecem uma descrição dos *schemas* utilizados pelos indivíduos ao agruparem eventos e situações com base em suas semelhanças e diferenças. Permitem a identificação de dimensões de categorias e taxonomias cognitivas (BASTOS, 2000).
- Mapas causais: permitem o entendimento acerca dos *links* que os indivíduos estabelecem entre eventos ao longo do tempo (FIOL e HUFF, 1992). Revelam influência, causalidade, dinâmica do sistema e argumentação (BASTOS, 2000). São os mais difundidos nos estudos organizacionais, sendo, muitas vezes, considerados sinônimos de mapas cognitivos (BASTOS, 2000).

A área de administração tem registrado crescente interesse pela utilização de mapas cognitivos. O periódico *Journal of Management Studies*, por exemplo, dedicou dois números à abordagem cognitiva, um em 1989 e outro em 1992. Em 1994, foi a vez da *Organization Science*. Outros trabalhos relevantes sobre o tema foram produzidos por Bougon, Weick e Binkhorst (1977), Bougon (1983), Clarke e Mackaness (2001), Swan (1997), Walsh (1995). No Brasil, registram-se as iniciativas de Bastos (2000), Bastos et al. (2004), Brito e Bastos (2002), Faria (2001), Vargens (2001).

Palavras-chave

- Representações gráficas
- *Schemas*, modelos mentais
- Interpretações da realidade
- Imagens
- Relações entre conceitos

❖ Características principais

- A representação gráfica facilita a visualização dos conceitos identificados, bem como da relação entre eles.
- A construção de mapas permite explicitar conceitos nem sempre conscientes para o indivíduo, bem como aqueles que são compartilhados por um grupo de indivíduos.
- Os mapas permitem revelar as estruturas cognitivas que guiam as ações de indivíduos ou de grupos.
- A construção de mapas exige do pesquisador grande habilidade de interpretação, buscando, ao mesmo tempo, preservar a fala dos participantes.

☆ Como utilizar[1]

- Definem-se o tema e o problema de pesquisa.
- Procede-se a uma revisão da literatura pertinente ao problema de investigação e escolhe(m)-se a(s) orientação(ões) teórica(s) que dará(ão) suporte ao estudo.
- Escolhe-se o tipo de mapa a ser construído, adequado ao objetivo da pesquisa.
- Coletam-se os dados por meio de pesquisa de campo ou documental. Em geral, são realizadas entrevistas.
- Procede-se à transcrição das entrevistas (se for o caso).
- Procede-se ao tratamento dos dados, em geral, por meio de análise de conteúdo.[2]
- Identificam-se conceitos emergentes dos dados.
- Constrói-se o mapa cognitivo, definido antecipadamente com base no objetivo da pesquisa.
  - Mapas de identidade: identificam-se os conceitos, o peso atribuído a cada conceito, bem como as associações entre eles.
  - Mapas de categorização: identifica-se o conceito central, bem como as categorias a ele relacionadas, as quais podem ser posicionadas ao seu redor.

---

[1] A ordem aqui apresentada não é rígida. Pode, portanto, ser alterada conforme a situação.

[2] Sobre análise de conteúdo ver Capítulo 1.

  - Mapas causais: define-se a técnica a ser utilizada para a sua construção.
- Procede-se à interpretação do mapa.
- Comparam-se os mapas construídos (se for o caso).
- Resgata-se o problema que suscitou a investigação.
- Confrontam-se os resultados obtidos com a(s) teoria(s) que deu(ram) suporte à investigação.
- Formula-se a conclusão.
- Elabora-se o relatório de pesquisa.

Para a construção de mapas causais, o pesquisador pode eleger diversas técnicas. Aqui, são destacadas três, consideradas principais (BASTOS, 2000): a *Self-Q*, a *Strategic Options Development Analysis* (SODA), a *Comparative Causal Mapping* (CCM). A técnica *Self-Q* é também conhecida como técnica do autoquestionamento. Exige cerca de quatro entrevistas com cada participante. Na primeira, coletam-se os dados, extraindo-se conceitos. Na segunda, verificam-se os conceitos coletados, classificando-os e ordenando-os de acordo com o grau de importância. Na entrevista seguinte, são estabelecidos vínculos causais entre os conceitos. Na entrevista final, apresenta-se o mapa ao participante, a fim de validá-lo. A técnica SODA envolve três tipos de conceitos: objetivos ou metas, escolhas estratégicas ou direções estratégicas, opções preferenciais ou potenciais. Por fim, a técnica *Comparative Causal Mapping* (CCM) exige o apoio de um *software* específico para a análise dos dados, o CMAP2.

Mapas cognitivos podem ser construídos manualmente, com a utilização dos programas *PowerPoint* ou *Word*, ou com o auxílio de *softwares* específicos, como o *Mindmanager*. Bastos et al. (2004), por exemplo, valeram-se desta última opção.

A análise e a interpretação são etapas que ocorrem antes, durante e após a construção do mapa, ou seja, tanto no momento em que o pesquisador trabalha com os dados coletados sob a forma de textos (transcrição de entrevistas ou documentos) quanto naquele em que se vale das representações gráficas.

Exemplos da utilização de mapas cognitivos

Exemplo 1: Mapeamento cognitivo em postos de emissão de carteira de identidade

Os mapas cognitivos foram utilizados por Vargens (2001) em um estudo sobre a relação entre funcionários de dois postos de emissão de carteira de identidade. A pesquisa teve como objetivo identificar e comparar conceitos relacionados à atividade de emissão de carteira de identidade pelo Instituto Pedro Mello e pelo Serviço de Atendimento ao Cidadão (SAC), ambos localizados no Estado da Bahia, a fim de avaliar o relacionamento entre as duas organizações.

O Instituto Pedro Mello é uma organização integrante da Secretaria de Segurança Pública da Bahia. O SAC, por sua vez, foi desenvolvido por meio de parcerias entre a Secretaria de Administração do Estado da Bahia (SAEB) e outros órgãos municipais, estaduais, federais, bem como da iniciativa privada. Cabe ao Instituto Pedro Mello coordenar a emissão de carteiras de identidade pelos postos de atendimento do SAC.

A pesquisa foi realizada no posto central do Instituto Pedro Mello e no posto do SAC/Barra. Foram realizadas entrevistas com três funcionários de cada posto, todos responsáveis pelo atendimento ao público para emissão de carteiras de identidade. Foram abordados os seguintes tópicos: opiniões e descrições relacionadas à função desempenhada pelo funcionário, público interessado na emissão de carteiras de identidade, características necessárias ao funcionário para o exercício da função, comportamento do funcionário em situações de conflito.

A pesquisadora optou pela construção de mapas de identidade, julgados os mais adequados aos propósitos da pesquisa, uma vez que permitem a identificação de conceitos formulados pelo sujeito, do grau de importância e das associações entre eles.

O primeiro mapeamento foi executado com base nas três entrevistas realizadas com funcionários do Instituto Pedro Mello, todos funcionários públicos, designados para o cargo de perito técnico de polícia, por meio de concurso público. O mapa apresentou três campos conceituais, relacionados ao funcionário, ao público e à atividade. Os principais conceitos identificados foram: (a) "perito técnico de polícia", relacionado ao campo funcionário, (b) "identificar pessoas", relacionado ao campo atividade, (c) "pessoas comuns", relacionado ao campo público. A ideia principal revelada pelas entrevistas foi "peritos técnicos de polícia identificam pessoas comuns". Outros conceitos foram, ainda, identificados. A Figura 1 permite visualizar os conceitos identificados, o grau de importância e a associação entre eles. Foi atribuído maior peso aos conceitos relacionados ao funcionário, razão pela qual este campo foi localizado acima dos demais.

O segundo mapeamento se deu com base nas três entrevistas realizadas com funcionários do posto do SAC/Barra, todos terceirizados, contratados pela SAEB e supervisionados por técnicos do Instituto Pedro Mello e pela própria SAEB. Considerando os três campos mencionados, os principais conceitos identificados foram: (a) "emissão de documento de identidade", relacionado à atividade, (b) "cidadãos", relacionado ao público, (c) "atendente", relacionado ao funcionário. A Figura 2 apresenta os conceitos, bem como o grau de importância a eles atribuído e suas associações. Aqui, os entrevistados atribuíram maior peso ao campo público.

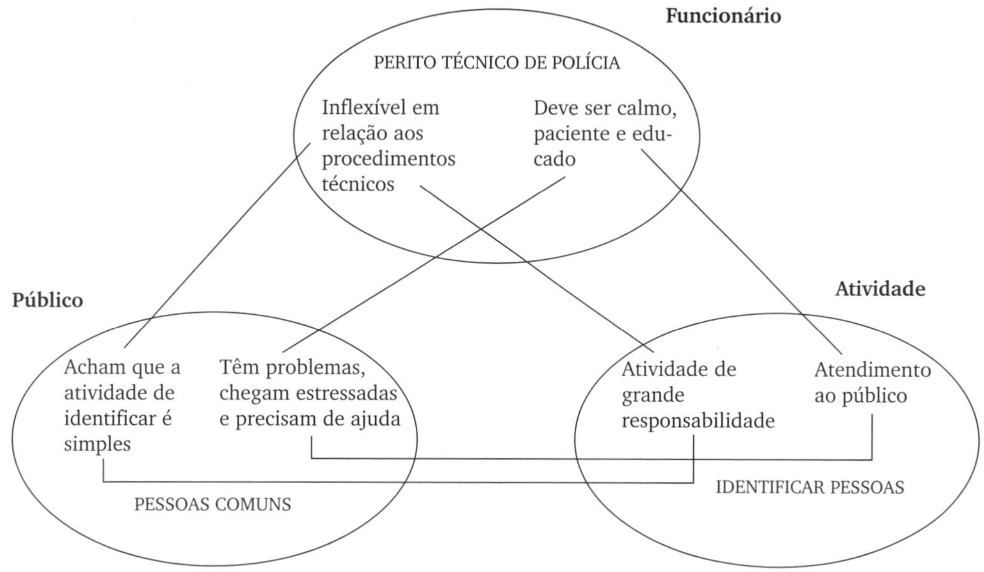

Fonte: Vargens (2001, p. 7).

Figura 1 *Mapeamento realizado no posto central do Instituto Pedro Mello.*

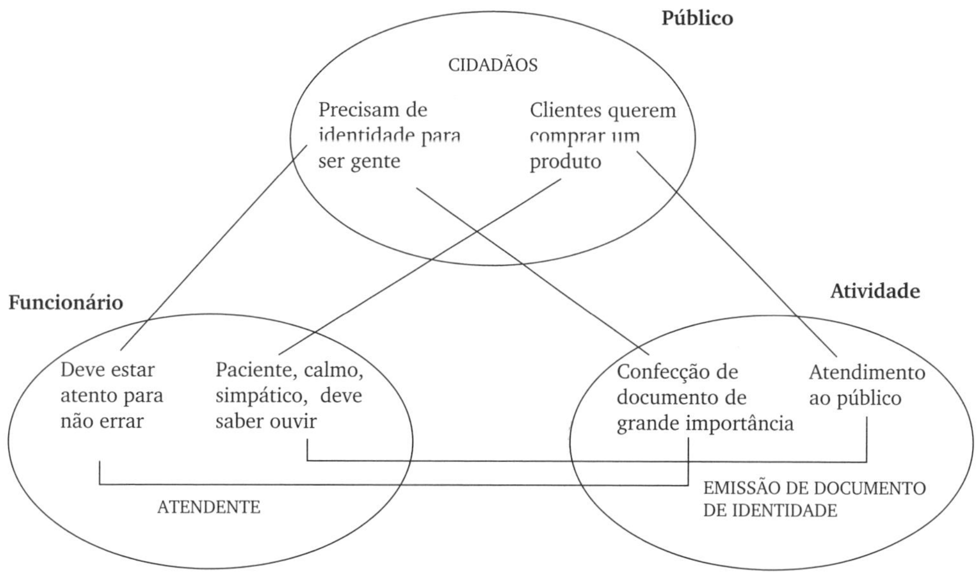

Fonte: Vargens (2001, p. 8).

Figura 2 *Mapeamento realizado no posto do SAC/Barra.*

Os resultados obtidos por meio da análise dos mapas construídos revelaram diferentes visões dos funcionários de cada um dos grupos sobre si próprios, suas atividades e o público ao qual atendem. A pesquisadora mencionou que a importância atribuída ao "perito técnico de polícia", pelo primeiro grupo de entrevistados, e aos "cidadãos", pelo segundo grupo, explica problemas identificados nas duas organizações, uma vez que os funcionários trabalham com focos diferentes. Ela concluiu, ainda, que a formulação de conceitos pelos funcionários do posto do SAC/Barra é influenciada pela interação que esses indivíduos mantêm com os funcionários do Instituto Pedro Mello.

Para a pesquisadora, algumas conclusões poderiam ter surgido da análise das entrevistas. Contudo, afirmou ser mais fácil comparar dados, valendo-se de dois mapas, ao invés de seis entrevistas, uma vez que a representação dos conceitos em mapas permite visualizar a lógica de pensamento dos entrevistados.

❒ Exemplo 2: Comprometimento no trabalho

Brito e Bastos (2002) utilizaram mapas cognitivos em um estudo sobre comprometimento no trabalho. A pesquisa teve como objetivo identificar as concepções dos gestores de uma empresa petroquímica sobre o comprometimento do trabalhador, associando-as às estratégias por eles utilizadas para potencializar o comprometimento nas suas equipes de trabalho. Em outras palavras, buscou descrever as cognições que estruturam o *schema* de trabalhador comprometido, segundo a perspectiva dos gestores.

Os pesquisadores valeram-se de uma abordagem cognitiva, considerando seu crescente impacto na área de estudos microorganizacionais. Asseveram, embasados pela literatura, que *schemas* podem ser definidos como estruturas cognitivas internas ao cérebro, representando o conhecimento sobre determinado aspecto da realidade.

Participaram da pesquisa de campo 17 gestores da empresa, ou seja, diretores e coordenadores executivos. Os dados foram coletados por meio da realização de entrevistas semi-estruturadas, cujo roteiro incluiu os seguintes tópicos: dados pessoais e funcionais do entrevistado, trajetória profissional, mudanças ocorridas na empresa, noções de trabalhador comprometido, ações relacionadas ao estilo de gestão. Os dados foram tratados por meio de análise de conteúdo, subsidiando a construção de mapas cognitivos que propiciaram a visualização do *schema* de trabalhador comprometido, bem como os focos e as bases de comprometimento mais significativos na visão do entrevistado.

Os pesquisadores apresentaram, inicialmente, os resultados referentes ao perfil dos entrevistados, bem como às mudanças organizacionais mais significativas. Em seguida, abordaram o conceito de trabalhador comprometido. Na visão dos entrevistados, a organização é o foco de comprometimento mais frequente, seguida do trabalho e do grupo de trabalho. Os dados coletados foram agrupados em categorias descritivas da representação de trabalhador comprometido. São elas: cumprir contrato de trabalho, realização pessoal vinculada ao atendimento das necessidades da empresa, gosto pelo trabalho, cumprimento de obrigações, preocupação com o crescimento da empresa, empenho no trabalho, dedicação extra, traços pessoais, participação, eficácia, responsabilidade, relações interpessoais, comportamento proativo, via de mão dupla, consciência dos impactos do trabalho para a equipe e o social.

Foram, também, identificados fatores organizacionais que favorecem o comprometimento, ou seja, ações da empresa que contribuem para o vínculo indivíduo-organização. Esses fatores foram agrupados nas seguintes categorias: salário compatível com o mercado, reconhecimento profissional, participação nos lucros, respeito pelo trabalhador, valorização do trabalho realizado, liberdade de pensamento, incentivo às sugestões.

Os resultados obtidos foram apresentados sob a forma de mapas cognitivos, permitindo visualizar que as concepções dos diferentes gestores sobre o comprometimento do trabalhador são articuladas em níveis distintos de complexidade.

A Figura 3 apresenta o mapa construído com base em uma das entrevistas. Para este gestor entrevistado, o conceito de trabalhador comprometido envolve os seguintes focos: organização, grupo e trabalho. Foram considerados, ainda, os traços pessoais, indicando uma simbiose entre vida familiar e profissional. O gestor destacou como ideias centrais, relacionados ao conceito, o esforço em prol do crescimento da empresa e o cumprimento dos deveres.

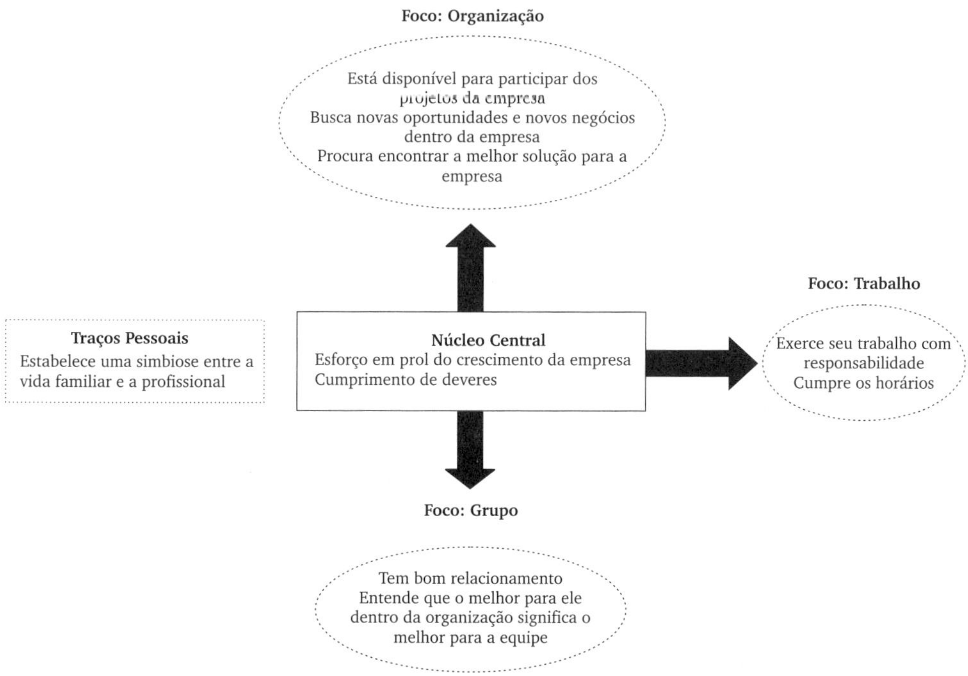

Fonte: Brito e Bastos (2002, p. 10).

Figura 3 *Mapa cognitivo construído com base na entrevista com o gestor X.*

A Figura 4 permite visualizar os elementos que integram o *schema* de trabalhador comprometido, na visão de outro gestor. As ideias centrais reveladas por este sujeito estão relacionadas ao esforço em prol do crescimento e da melhoria da empresa e à valorização da atividade que o trabalhador realiza. Para este entrevistado, o conceito de trabalhador comprometido envolve o foco na organização e no trabalho, além dos traços pessoais. Foi possível perceber, ainda, que o comprometimento está vinculado às ações da empresa, incluídas no mapa como fatores que geram comprometimento.

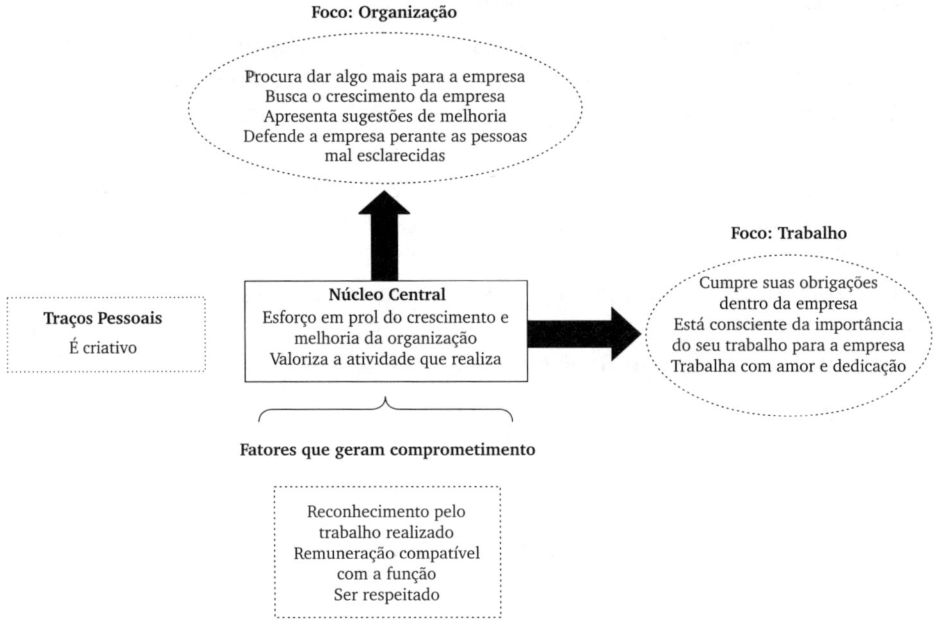

Fonte: Brito e Bastos (2002, p. 11).

Figura 4 *Mapa cognitivo construído com base na entrevista com o gestor Y.*

A Figura 5 apresenta uma representação mais simples do conceito de comprometimento, enfocando a organização e o trabalho, sem referência aos traços pessoais. As ideias centrais expressas por este entrevistado estão relacionadas à identificação e à obediência aos objetivos da empresa, bem como à otimização dos recursos e custos da empresa.

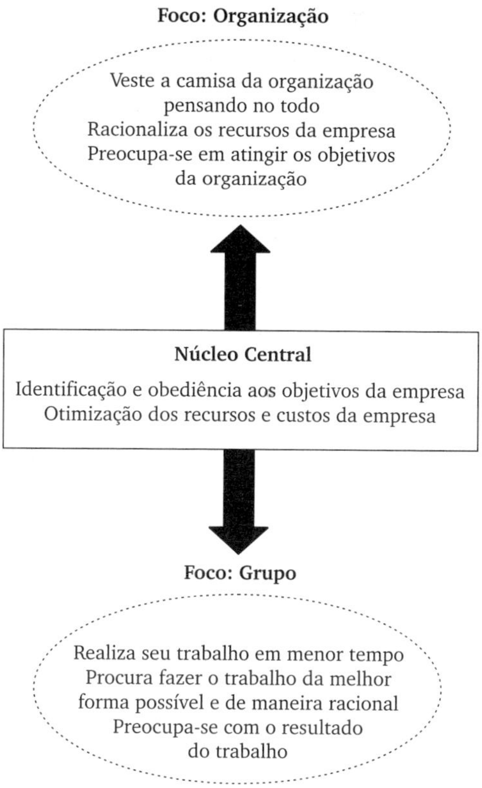

Fonte: Brito e Bastos (2002, p. 12).

Figura 5 *Mapa cognitivo construído com base na entrevista com o gestor Z.*

O estilo de gestão dos entrevistados foi investigado por meio de questionamentos relacionados ao cotidiano de trabalho e às práticas adotadas por eles para obter o comprometimento de suas equipes. As práticas ou ações pessoais reveladas pelos gestores foram agrupadas nas seguintes categorias: dialogar, saber ouvir, participar das tarefas da equipe, planejar e envolver a equipe na realização do trabalho, dar abertura para a exposição de ideias, compartilhar informações da empresa, falar frente a frente, envolver a equipe nos objetivos e decisões da empresa, trabalhar os pontos fracos, reforçar os pontos fortes, dar o exemplo para a equipe, traços pessoais, igualdade perante os membros da equipe, dar treinamento, dar autonomia para a tomada de decisões, dar *feedback*, preparar a equipe para as mudanças, ser amigo da equipe, conhecer cada membro da equipe, estabelecer sistema de reconhecimento pelas sugestões dadas, fazer rodízio de pessoas, agir como educador, estabelecer metas e cobrar, estimular a leitura, saber o interesse das pessoas.

Os resultados da pesquisa revelaram que o conceito de trabalhador comprometido está relacionado a diferentes focos e bases. Os focos na organização e no trabalho foram predominantes. Os dados revelaram, também, a presença de três bases: afetiva, normativa e instrumental. Os pesquisadores observaram que o *schema* de trabalhador comprometido envolve diferentes níveis de complexidade e que as práticas adotadas pelos gestores são norteadas, de alguma forma, por este *schema*.

❐ Exemplo 3: Mudança organizacional

Faria (2001) valeu-se da construção de um mapa cognitivo em uma investigação sobre mudança organizacional decorrente do processo de privatização da Telemar S.A. A pesquisa teve como objetivo identificar os principais conceitos utilizados pelo presidente da empresa ao referir-se à privatização e aos desafios no ano 2000, bem como os vínculos estabelecidos entre esses conceitos.

A pesquisadora teceu, inicialmente, considerações sobre cognição social, bem como sobre mudança organizacional, lembrando que, com a privatização do setor de telecomunicações, a Telemar S.A., como outras empresas, passou por um processo de reestruturação interna para se adaptar ao novo contexto e enfrentar o mercado competitivo.

Os dados que subsidiaram a construção do mapa cognitivo foram coletados por meio de pesquisa documental, focada no jornal impresso da empresa, veículo que registrou as três entrevistas do presidente, tomadas para análise. A pesquisadora optou pela construção de um mapa causal, valendo-se da metodologia *Strategic Options Development Analysis* (SODA), a qual considera três tipos de conceitos: as metas, as direções estratégicas e as opções potenciais. Os vínculos estabelecidos entre os conceitos referem-se à condução (pode conduzir) ou implicação (pode implicar).

A pesquisadora lembra que pessoas diferentes constroem mapas diferentes, tendo como fonte os mesmos dados. Consequentemente, não há uma única interpretação para o mapa. O mapa construído por ela é a seguir apresentado:

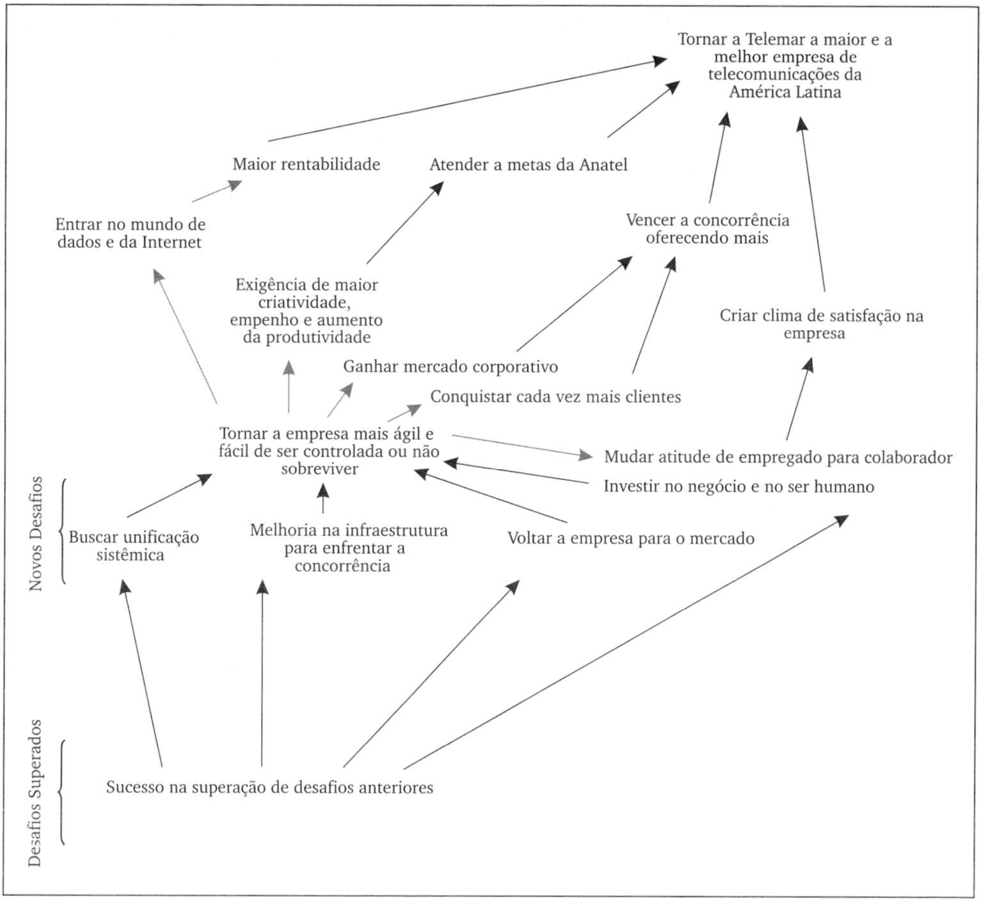

Fonte: Faria (2001, p. 8).

Figura 6 *Mapa cognitivo construído com base em entrevistas concedidas pelo presidente da Telemar S.A.*

O conceito básico extraído dos dados foi *tornar a empresa mais ágil e fácil de ser controlada*. A principal meta identificada, posicionada no topo do mapa, foi *tornar a Telemar a maior e a melhor empresa de telecomunicações da América Latina*. As demais metas foram alocadas abaixo da principal. São elas: maior rentabilidade, atender a metas da Anatel, vencer a concorrência oferecendo mais, criar clima de satisfação na empresa. As direções estratégicas foram posicionadas entre o conceito básico e as metas. São conceitos que se relacionam a uma ou mais metas e que demandam ações ou mudanças na cultura para que possam se concretizar. Foram identificadas as seguintes direções estratégicas: entrar no mundo de dados e da Internet, exigir maior criatividade, empenho e aumento da produtividade, ganhar mercado corporativo, conquistar cada vez mais clientes, mudar a atitude de empregado para a de colaborador.

Os resultados da pesquisa revelaram um discurso positivo, por meio do qual o presidente da empresa expressa sua preocupação com os clientes, o mercado, a concorrência, os recursos humanos. Estabelece metas ambiciosas, ciente, contudo, dos desafios a serem enfrentados. Como afirma a pesquisadora, é um discurso típico da atualidade, que visa ao crescimento da empresa.

Leituras para aprofundamento

BASTOS, Antonio V. B. Mapas cognitivos: ferramentas de pesquisa e intervenção em processos organizacionais. In: ENCONTRO DE ESTUDOS ORGANIZACIONAIS, 1., 2000, Curitiba. **Anais**... Curitiba: Anpad, 2000.

______. Cognição e ação nas organizações. In: DAVEL, Eduardo; VERGARA, Sylvia Constant (Org.). **Gestão com pessoas e subjetividade**. São Paulo: Atlas, 2001.

______ et al. Explicações e justificativas para a mudança organizacional: mapeando as concepções que guiam executivos centrais. In: ENCONTRO DE ESTUDOS ORGANIZACIONAIS, 3., 2004, Atibaia. **Anais**... Atibaia: Anpad, 2004.

BOUGON, Michel G. Uncovering cognitive maps: the Self-Q technique. In: MORGAN, Gareth. **Beyond method**: strategies for social research. Newbury Park: Sage, 1983.

______; WEICK, Karl; BINKHORST, Din. Cognition in organizations: an analysis of the Utrecht Jazz Orchestra. **Administrative Science Quarterly**, v. 22, p. 606-639, Dec. 1977.

BRITO, Ana Paula M. P.; BASTOS, Antonio V. B. *Schemas* cognitivos e gestão: um estudo sobre comprometimento no trabalho entre gestores de uma empresa petroquímica. In: ENCONTRO DE ESTUDOS ORGANIZACIONAIS, 2., 2002, Recife. **Anais**... Recife: Anpad, 2002.

CLARKE, Ian; MACKANESS, William. Management "intuition": an interpretative account of structure and content of decision schemas using cognitive maps. **Journal of Management Studies**, v. 38, nº 2, p. 147-172, Mar. 2001.

COSSETTE, Pierre; AUDET, Michel. Mapping of an idiosyncratic schema. **Journal of Management Studies**, v. 29, nº 3, p. 325-347, May 1992.

EDEN, Colin. On the nature of cognitive maps. **Journal of Management Studies**, v. 29, nº 3, p. 261-265, May 1992.

FARIA, Luciana de O. Quais conceitos permeiam o discurso do presidente da Telemar S/A sobre a mudança da empresa com a privatização? Uma análise através de mapas cognitivos. In: ENCONTRO NACIONAL DA ASSOCIAÇÃO NACIONAL DE PROGRAMAS DE PÓS-GRADUAÇÃO EM ADMINISTRAÇÃO, 25., 2001, Campinas. **Anais**... Campinas: Anpad, 2001.

FIOL, C. M.; HUFF, Anne S. Maps for managers: where are we? Where do we go from here? **Journal of Management Studies**, v. 29, nº 3, p. 267-285, May 1992.

SWAN, Jacky. Using cognitive mapping in management research: decisions about technical innovation. **British Journal of Management**, v. 8, p. 183-198, 1997.

VARGENS, Emiliana. Utilizando mapas cognitivos para compreender interorganizações: o mapeamento nos postos de emissão de identidade. In: ENCONTRO NACIONAL DA ASSOCIAÇÃO NACIONAL DE PROGRAMAS DE PÓS-GRADUAÇÃO EM ADMINISTRAÇÃO, 25., 2001, Campinas. **Anais**... Campinas: Anpad, 2001.

WALSH, James P. Managerial and organizational cognition: notes from a trip down memory lane. **Organization Science**, v. 6, nº 3, p. 280-321, May/June 1995.

14

Mapas de Associação de Ideias

Mapas de associação de ideias são instrumentos de visualização cujo objetivo é subsidiar o processo de análise e interpretação dos dados da pesquisa, a fim de facilitar a comunicação de seus resultados.

O método de análise dos dados por meio da utilização de mapas de associação de ideias foi desenvolvido por Spink e Lima (2000),[1] com base em seus estudos sobre produção de sentidos por meio de práticas discursivas, entendendo sentido como uma construção dialógica (SPINK e FREZZA, 2000). Tais estudos têm suporte na perspectiva construcionista, na esfera da Psicologia Social.

A proposta de construção de mapas de associação de ideias está alinhada ao conceito de rigor adotado no âmbito do construcionismo: "possibilidade de explicitar os passos da análise e da interpretação de modo a propiciar o diálogo" (SPINK e LIMA, 2000, p. 102). O rigor, portanto, deixa de se ater aos critérios do monismo metodológico, ou seja, validade, fidedignidade, generalização dos resultados, passando a ser associado à visibilidade. Para Spink e Menegon (2000), trata-se de assumir uma nova postura, valendo-se da polissemia, da reflexividade e da ética.

---

1 Pode-se dizer que Spink e Lima (2000) consolidaram uma proposta metodológica já existente, uma vez que a primeira autora já vinha trabalhando com mapas de associação de ideias há algum tempo (SPINK e GIMENES, 1994, por exemplo), tendo como suporte a teoria das representações sociais e, recentemente, reorientando-se pelas práticas discursivas (SPINK, 2003).

O método advoga, assim, a explicitação, a transparência do processo de pesquisa, desde a definição dos critérios para a seleção dos sujeitos até o modo pelo qual os dados foram tratados.

Os mapas de associação de ideias têm sido utilizados, sobretudo, em pesquisas da área de Psicologia Social: Nascimento (2002), Pedrosa (2003), Spink e Gimenes (1994), Spink et al. (2003). Na área de administração, contudo, o método ainda é pouco conhecido, registrando-se a iniciativa de Tonelli (2003).

Palavras-chave

- Dialogia[2]
- Rigor e visibilidade
- Práticas discursivas
- Produção de sentidos
- Sequencialidade das falas

Características principais

- A construção dos mapas de associação de ideias confere visibilidade ao processo de análise por meio da organização de dados em estado bruto, em colunas que correspondem a categorias temáticas definidas pelo pesquisador.
- Permite a apresentação dos dados na sequência em que foram coletados, sem fragmentá-los, evidenciando o todo ao se percorrerem as colunas do mapa (categorias de análise).
- O método para a construção dos mapas é flexível, permitindo que as categorias previamente estabelecidas possam ser redefinidas à luz dos dados. Ainda assim, determinadas sequências podem requerer outras formas de esquematização visual.[3]
- Os mapas prestam-se tanto à organização dos dados, contribuindo para a sua interpretação, quanto à apresentação da análise, permitindo que o leitor acompanhe a trajetória do tratamento dos dados.

---

[2] Dialogia refere-se a duas lógicas unidas, sem que a dualidade se perca nessa união (MORIN, 1977).

[3] Outras formas de esquematização visual são as árvores de associação e as linhas narrativas. O leitor interessado nelas poderá recorrer a Spink e Lima (2000).

☆ Como utilizar[4]

- Definem-se o tema e o problema de pesquisa.
- Procede-se a uma revisão da literatura pertinente ao problema de investigação e escolhe(m)-se a(s) orientação(ões) teórica(s) que dará(ão) suporte ao estudo.
- Define-se o procedimento a ser utilizado para a coleta dos dados. Em geral, realizam-se entrevistas.
- Selecionam-se os sujeitos da pesquisa.
- Coletam-se os dados por meio da realização de entrevistas (se for o caso), as quais deverão ser gravadas em áudio.
- Procede-se à audição das gravações.
- Transcreve-se o conteúdo das entrevistas.
- Procede-se à leitura do material tantas vezes quantas o pesquisador julgar necessário.
- Definem-se categorias para a análise dos dados, com base no objetivo da pesquisa.
- Constrói-se o mapa, valendo-se de uma tabela (semelhante à disponível em programas como o *Word*), cujo número de colunas será determinado em função do número de categorias definidas pelo pesquisador. Cada coluna corresponderá a uma categoria.
- Insere-se o conteúdo da entrevista na tabela, de acordo com a categoria a que as falas estão relacionadas. A sequência das falas deve ser respeitada.
- Procede-se à interpretação dos dados.
- Resgata-se o problema que suscitou a investigação.
- Confrontam-se os resultados obtidos com a(s) teoria(s) que deu(ram) suporte à investigação.
- Formula-se a conclusão.
- Elabora-se o relatório de pesquisa.

A construção dos mapas se dá, em geral, com base na transcrição de entrevistas individuais. Contudo, outros procedimentos de coleta de dados podem ser utilizados. Nascimento (2002) e Spink et al. (2003), por exemplo, valeram-se de grupos focais.[5]

---

4 A ordem aqui apresentada não é rígida. Pode, portanto, ser alterada conforme a situação.

5 Sobre grupos de foco ver Capítulo 10.

Sugere-se a construção de um mapa para cada entrevista ou reunião de grupos focais. Para a inserção das falas, tanto do pesquisador quanto do sujeito da pesquisa, os dados originais devem ser respeitados. Isso significa dizer que a transcrição, sem alterações e na ordem em que as falas ocorreram, deve ser transposta para as colunas do mapa (tabela), observando-se a que categoria pertence cada trecho. O mapa pode, ainda, ser dividido em blocos, como o fez, por exemplo, Tonelli (2003).

Terminada a construção do mapa, a entrevista (se for o caso) pode ser visualizada na íntegra. Contudo, como alertam Spink e Lima (2000), há trechos do conjunto de dados coletados que não se alinham às categorias estabelecidas e que, portanto, demandam outros esquemas de visualização. Nesse caso, pode-se mencionar o assunto abordado em tais trechos, utilizar reticências entre parênteses e continuar a inserção das falas nas colunas do mapa.

Exemplos da utilização dos mapas de associação de ideias

❒ Exemplo 1: Tempo e velocidade nas organizações

Tonelli (2003) elegeu os mapas de associação de ideias como instrumentos para subsidiar o processo de interpretação, bem como para dar visibilidade à apresentação dos passos da análise, em uma investigação sobre tempo e velocidade nas organizações. A pesquisa teve como objetivo identificar os sentidos que as pessoas atribuem à mudança na percepção do tempo e ao aumento da velocidade no trabalho.

A pesquisa foi amparada teórica e metodologicamente pelo construcionismo, entendendo que a produção de sentido é uma prática discursiva e que os sentidos são construídos pelas pessoas, em processos de interação. Este referencial aponta, ainda, que as possibilidades de interpretação de cada pessoa, em um dado contexto, são definidas por seus repertórios interpretativos. A pesquisadora, apoiando-se na orientação teórica escolhida, ressaltou a necessidade de abordar o contexto discursivo na interface de três tempos históricos: o tempo longo, o vivido e o curto. O tempo longo foi tratado pela pesquisadora por meio da discussão da construção da noção do tempo linear ocidental ao longo da história. O tempo vivido diz respeito ao processo de socialização, ao tempo em que cada pessoa constrói sua própria aprendizagem. O tempo curto, por sua vez, refere-se aos processos dialógicos estabelecidos na interação entre as pessoas, tendo sido abordado na pesquisa de campo. Contudo, o artigo aqui utilizado como exemplo não analisou o uso dos repertórios produzidos pelas pessoas, limitando-se apenas à sua apresentação.

Os dados da pesquisa de campo foram coletados por meio da aplicação de um questionário, da realização de entrevistas e da observação do dia de trabalho de quatro executivos. Os dados referentes às entrevistas serão aqui apresentados.

Foram realizadas 18 entrevistas associativas, com o intuito de entender os sentidos que apareciam associados às máquinas e à velocidade/aceleração, assim como os repertórios utilizados pelos sujeitos para falar sobre as tecnologias presentes no cotidiano do trabalho. Perguntas formuladas pela pesquisadora em uma das entrevistas são aqui transcritas para familiarizar o leitor com a operacionalização de uma entrevista associativa: (a) *Se eu falo a palavra velocidade no trabalho, o que lhe vem à cabeça?* (b) *Por quê?* (c) *Hoje se fala em velocidade, aceleração. O que é isso, como você experimenta isso?* (d) *Então...* (e) *Para você, é bom ou ruim?* (f) *Ansiedades?* A cada pergunta da pesquisadora, seguia-se a resposta do entrevistado.

Os dados obtidos foram alocados em mapas de associação de ideias, tendo sido confeccionado um mapa para cada entrevista. Os mapas foram divididos em dois blocos. O primeiro estava relacionado às máquinas utilizadas no cotidiano de trabalho. O segundo abordava a velocidade e a aceleração no trabalho. Entre os dois blocos, foi inserida a coluna comentários, que poderia se referir tanto às máquinas quanto à velocidade/aceleração. O recorte de um dos mapas confeccionados pode ser visualizado na Figura 1:

Máquinas		**Comentários**	**Velocidade/aceleração**		
Citadas	**Que impõem o ritmo**		**Definições**	**Positivo**	**Negativo**
	P: Qual máquina você acha que impõe o ritmo do seu cotidiano?				
	E: São várias. Tem a parte da tecnologia que a gente está sentindo que sem ela não sobrevive.				
		E: O meu dia a dia é focado na tecnologia; quer dizer, além de utilizá-la, sou cobrado por sua utilização e pelo bom uso da tecnologia dentro da empresa.			
	E: Mas a gente percebe que outras coisas estão acontecendo: comunicação celular, várias outras máquinas que estão vindo por aí, trazendo várias tecnologias diferentes.				
P: Você está falando do telefone celular?					
E: Do telefone celular mesmo; que foi uma mudança começada pelo *bip*.					

Fonte: Tonelli (2003, p. 42).

Legenda: P: pesquisadora E: entrevistado

Figura 1 *Recorte do mapa associativo de uma das entrevistas realizadas.*

Os resultados da pesquisa revelaram basicamente três casos de associações com as palavras *velocidade* e *aceleração*: (a) velocidade associada à máquina; (b) velocidade associada à eficiência; (c) velocidade associada à correria. No primeiro caso, cinco entrevistados associaram a velocidade ao computador, estabelecendo uma relação entre o potencial da máquina e a aceleração. No segundo, a associação foi feita por 12 entrevistados. Contudo, nem todos demonstraram ter o mesmo entendimento acerca do que é eficiência no trabalho. Na visão de um dos entrevistados, diretor-presidente de uma empresa, velocidade diz respeito, por exemplo, à agilidade na tomada de decisões. Por outro lado, na visão de entrevistados de nível hierárquico intermediário, eficiência significa fazer o que deve ser feito, no menor tempo possível. No terceiro caso, duas entrevistadas que exerciam a função de copeiras relacionaram a velocidade à correria que, por sua vez, foi associada à vida cotidiana e não apenas ao trabalho.

A Figura 2 apresenta uma síntese dos sentidos da velocidade/aceleração, de acordo com cada um dos entrevistados. No caso dos entrevistados 16 e 18, a velocidade/aceleração foi percebida apenas como limitadora e aprisionadora. Com relação ao entrevistado 4, suas falas não foram atreladas nem à velocidade facilitadora nem à limitadora.

Nº	Velocidade/aceleração	Facilitadora e instrumental	Limitadora e aprisionadora
1	Confusão; eficiência	Raciocínio; oportunidades	Multitarefa; mais tempo para o trabalho; enxugamento do quadro de funcionários; perda de contato entre as pessoas
2	Computador	Velocidade; mobilidade	Lentidão; ansiedade
3	Pressa; vida corrida	Progresso	Correria
4	Trabalhar em várias coisas ao mesmo tempo; correr		
5	Fazer as coisas o mais rápido possível, com a melhor qualidade	Raciocínio	Ansiedade; medo; insegurança
6	Imagino logo o computador	Exige mais de mim; organização	Menor tolerância com o erro
7	Computador	Produtividade; expande limites da produção	A "massa" sofre; "mata" algumas funções; aumento do tempo de trabalho para algumas funções
8	Eficiência	Flexibilidade; rapidez na troca de grande quantidade de informações; acesso a informações	Confusão; dificuldade para selecionar informações
9	Resposta rápida; responder a uma demanda	Oportunidades de trabalho, de negócios	Preocupação em não ficar para trás, em estar sempre atualizado

Nº	Velocidade/aceleração	Facilitadora e instrumental	Limitadora e aprisionadora
10	Organização geral, papéis; organizar arquivos tanto do computador como dos papéis	Fax, *e-mail* e Internet permitem resolver problemas a distância	Acúmulo de funções; dividir-se em mil; ansiedade diante da quantidade de informações
11	"*Over* trabalho"	Criatividade; poder trabalhar em casa	Falta de lazer; poder trabalhar em casa
12	Tecnologia e computador possante	Estar atualizado	Aumentar a velocidade cada vez mais
13	*Gap*	A máquina é quem faz as repetições; o trabalho ficou menos taylorista; uso do pensamento; criatividade; flexibilidade	Mudança fora de controle, ninguém sabe se para melhor ou pior; vida mais complicada
14	Computador agiliza processos	Processamento de grande quantidade de dados	Competitividade muito forte
15	Tecnologia e qualidade	Qualidade	Uso frio da tecnologia (sem qualidade) pode causar danos
16	Fazer o que tem que ser feito, bem feito, no menor tempo possível		Competição
17	Agilidade em tomar decisões, enxergar oportunidades, estar na frente dos competidores	Adaptação; instabilidade, no sentido de mudança constante; flexibilidade	Estresse; pouco tempo com a família; gerenciar a massa de informações; equilibrar vida pessoal e profissional
18	É uma correria que não tem parada, não pode parar		Não têm tempo para almoçar, máquinas que inventam acabam não facilitando nada, buraco na camada de ozônio

Fonte: Tonelli (2003, p. 43, 44).

Figura 2 *Associações com as palavras* velocidade *e* aceleração.

Em síntese, os resultados permitiram evidenciar que a velocidade é associada ao uso do computador. Ela é ambígua, uma vez que no âmbito do trabalho pode tanto libertar quanto aprisionar.

Para a pesquisadora, as novas tecnologias introduzidas no contexto do trabalho parecem ter alterado os sentidos do tempo e do espaço. Ela observa que a utilização do computador agilizou o tempo de resposta nos processos de trabalho. O computador permite centralizar em uma máquina grande quantidade de dados, bem como se presta para a execução de múltiplas tarefas. Entretanto, as tecnologias parecem ter dividido os trabalhadores em dois grupos: (a) os participantes de um tempo não linear do mundo global, ou seja, os indivíduos que dispõem e utilizam as tecnologias, (b) os indivíduos presos ao controle do tempo linear do relógio de ponto, isto é, aqueles que estão excluídos do mundo tecnológico. A pesquisadora mostra, ainda, que as alterações dos sentidos do tempo não ocorrem sem conflitos. Por fim, sugere que a velocidade associada, pelos sujeitos, ao computador é repleta de ambiguidades. Ela é ao mesmo tempo facilitadora, quando relacionada à eficiência, e aprisionadora, quando se pensa na quantidade de dados que são gerados e no esforço que as pessoas realizam para tentarem se manter atualizadas.

❒ Exemplo 2: Mulheres em situação de violência

Os mapas de associação de ideias (mapas dialógicos) foram utilizados por Pedrosa (2003) em um estudo sobre mulheres em situação de violência. A pesquisa teve como objetivo identificar os sentidos atribuídos à violência, por profissionais de saúde.

A pesquisadora partiu da crença de que a situação de violência vivenciada pelas mulheres é uma questão de saúde. Buscou suporte teórico na Psicologia Social Crítica, de cunho construcionista, e nas teorias feministas sobre relações de gênero.

A pesquisa de campo foi dividida em duas fases. Na primeira, a pesquisadora buscou conhecer os atendimentos destinados às mulheres em situação de violência, existentes na cidade de Ribeirão Preto. Foram identificadas algumas Organizações Não Governamentais (ONGs), uma Delegacia de Defesa da Mulher e um grupo situado no Hospital das Clínicas da Faculdade de Medicina da USP (Ribeirão Preto) – o Grupo de Estudos para Atenção a Vítimas de Violência Doméstica e Agressão Sexual (GEAVIDAS). Na segunda fase, foram realizadas 12 entrevistas abertas com profissionais que atuavam em um hospital público de Ribeirão Preto. Os participantes pertenciam a diferentes categorias profissionais, sendo: dois médicos, uma assistente social, três auxiliares de enfermagem, três enfermeiros, uma psicóloga e dois alunos do curso de medicina. Duas entrevistas, contudo, não foram consideradas para análise: (a) a entrevista realizada com um auxiliar de enfermagem, cujo conjunto de dados ficou prejudicado, em virtude de não ter sido gravada a pedido do entrevistado; (b) a entrevista com uma enfermeira, por ter se configurado como um relato da própria experiência com a violência.

A seleção de sujeitos de diferentes categorias baseou-se na crença da pesquisadora de que as ações de saúde começam no momento em que a mulher entra na instituição e, a partir daí, passa a relacionar-se com diversos profissionais.

As entrevistas foram iniciadas com a pergunta: *Na sua experiência profissional, como você percebe a questão da violência contra a mulher e a saúde?* Com base nas respostas dos entrevistados, as demais perguntas foram formuladas. Os dados obtidos foram alocados em mapas de associação de ideias, construídos com base nas seguintes categorias (colunas): situação descrita de violência; explicação da violência (relacional), subdividida em social e individual; atendimento, subdividido em questões institucionais e formação/instrumentação; mobilização de afetos. Um recorte de um dos mapas construídos (Figura 3), originado da entrevista com um auxiliar de enfermagem, é apresentado no final deste exemplo. No trecho selecionado, não havia referências às categorias explicação da violência (individual) e atendimento (formação/instrumentação).

A conversa estabelecida com cada um dos dez profissionais participantes da pesquisa foi assim sintetizada: (a) violência como indicador da desintegração familiar; (b) posicionamento crítico frente à Medicina; (c) necessidade de vínculos para uma melhor escuta; (d) dificuldade de superar o reducionismo biologicista; (e) desgaste profissional que clama por cuidados; (f) mobilização afetiva capaz de gerar novas práticas; (g) possibilidade de superar a mera relação técnica; (h) respeito excessivo à vida privada; (i) vergonha que mascara o poder; (j) experiência orientando as ações.

Os resultados da pesquisa apontaram que múltiplos sentidos são atribuídos à violência contra a mulher. Os entrevistados reconhecem a necessidade de uma orientação específica para lidarem com estas questões, uma vez que cada um atua com base na sua própria vivência. Alguns reagem às situações de violência com que se deparam com indignação. Outros são movidos pela ansiedade, curiosidade e pena. Quando as mulheres agredidas são profissionais do sexo, as atitudes mais comuns dos profissionais de saúde são desrespeitar e humilhar. A pesquisadora destacou, ainda, que o contato com a violência mobiliza afetivamente os profissionais, o que parece impulsionar a geração de novas práticas de atendimento.

Para a pesquisadora, uma vez que os sentidos orientam as práticas, a importância de compreender os sentidos atribuídos à violência contra a mulher, por profissionais de saúde, se dá em virtude do papel que estes desempenham na quebra do ciclo de violência e no suporte afetivo-emocional concedido a estas mulheres.

Situação descrita de violência	Explicação da violência (relacional)		Atendimento		Mobilização de afetos
	Social	Individual	Questões institucionais	Formação/ Instrumentação	
			P: Romeu, na sua experiência profissional, como você percebe a questão da violência contra a mulher e a saúde?		
			E: Você quer saber se eu a gente atende mulher violentada?		
			P: Eu gostaria de saber nas experiências que você teve e tem, como você tem percebido a relação entre a violência contra a mulher e a saúde.		
			E: Olha aqui na emergência eu não atendo mulheres. Não faço a cobertura da ala feminina, só masculina, então a gente não acompanha direto... mas como te contei, quando eu trabalhava no ambulatório do clube... quando eu trabalhava no ambulatório do clube, foi interessante minha experiência com isso – com a violência – com mulher que é violentada pelo marido... Porque lá tinha uma mulher que procurava a gente para conversar, para desabafar. Ela ia lá no ambulatório sempre, porque ela levava o filho para fazer esporte e enquanto esperava ela passava lá.		
E: Ela tinha uma relação complicada com o marido. Às vezes, ele era agressivo, às vezes batia mesmo nela.					

Situação descrita de violência	Explicação da violência (relacional)		Atendimento		Mobilização de afetos
	Social	Individual	Questões institucionais	Formação/ Instrumentação	
			E: E como ela não podia falar com ninguém ela vinha lá.		
					E: Nossa! ... eu dei muitos conselhos para ela. Eu lembro direitinho, faz tempo, mas sabe quando a pessoa fica na sua memória... essa mulher ficou...
	E: E eu conhecia o marido, lá a gente conhecia muitas pessoas. Você olhava para o marido, e não dava nada, ele era descontraído, trabalhador... mas... Nossa! É complicado né? O que eu acho que estraga muito, e era o caso dela, é que hoje a gente vive muito *stress* no dia a dia. As pessoas estão infelizes e descontam na outra. O casamento não sobrevive.				
E: Hoje em dia qualquer coisa, as pessoas já apelam, brigam feio, falam coisas que não deviam falar... falta muito respeito. Como falta.					

Situação descrita de violência	Explicação da violência (relacional)		Atendimento		Mobilização de afetos
	Social	Individual	Questões institucionais	Formação/ Instrumentação	
	E: Antigamente era diferente a família; as pessoas respeitavam mais. Os pais tratavam de uma outra maneira... não tinha briga. O pai só olhava e a gente sabia o que era; todo mundo entendia. Era no silêncio, mas a gente sabia, minha mãe entendia. A gente tinha um respeito também, era de dar... não sei o termo, me fugiu... não sei, era muito diferente de hoje em dia, você não acha que as pessoas perderam um pouco a noção das coisas? Você vê cada coisa da televisão, e aqui mesmo (no hospital), você vê cada barbaridade... tá sempre superando... Às vezes penso muito no meu filho... ele é muito calado, mas também você vê que a criançada de hoje é mais esperta, sabe muito das coisas. Eu tento estar sempre junto, apesar da nossa rotina de trabalho que tira do convívio da família, mas sempre que pode eu estou lá. (continua...)				

Situação descrita de violência	Explicação da violência (relacional)		Atendimento		Mobilização de afetos
	Social	Individual	Questões institucionais	Formação/ Instrumentação	
	(...continuação) Os pais eram mais companheiros... não era como hoje. Tudo muito aberto, mais diferente. Você tinha o pai lá, você tinha uma certa confiança. Mas eu fugi do que a gente estava falando...				
	P: Não fugiu não...				

Fonte: Extraído de Pedrosa (2003).

Legenda: P: pesquisadora E: entrevistado

Figura 3 *Recorte de um mapa de associação de ideias baseado na entrevista com um auxiliar de enfermagem.*

Leituras para aprofundamento

MORIN, Edgar. **La méthode**: la nature de la nature. Paris: Éditions du Seuil, 1977. t. 1.

NASCIMENTO, Vanda L. V. **Contar ou não contar**: a revelação do diagnóstico pelas pessoas com HIV/Aids. 2002. Dissertação (Mestrado em Psicologia Social) – Pontifícia Universidade Católica, São Paulo.

PEDROSA, Claudia Mara. **Mulheres em situação de violência**: o discurso dos profissionais de saúde. 2003. 160 f. Dissertação (Mestrado em Psicologia Social) – Pontifícia Universidade Católica, São Paulo.

SPINK, Mary Jane P. **Psicologia social e saúde**: práticas, saberes e sentidos. Petrópolis: Vozes, 2003.

______ ; FREZZA, Rose M. Práticas discursivas e produção de sentidos: a perspectiva da psicologia social. In: SPINK, Mary Jane P. (Org.). **Práticas discursivas e produção de sentidos no cotidiano**: aproximações teóricas e metodológicas. 2. ed. São Paulo: Cortez, 2000.

______; GIMENES, Maria da G. G. Práticas discursivas e produção de sentido: apontamentos metodológicos para a análise de discursos sobre a saúde e a doença. **Saúde e Sociedade**, v. 3, nº 2, p. 149-171, 1994.

______; LIMA, Helena. Rigor e visibilidade: a explicitação dos passos da interpretação. In: SPINK, Mary Jane P. (Org.). **Práticas discursivas e produção de sentidos no cotidiano**: aproximações teóricas e metodológicas. 2. ed. São Paulo: Cortez, 2000.

______; MENEGON, Vera M. A pesquisa como prática discursiva: superando os horrores metodológicos. In: SPINK, Mary Jane P. (Org.). **Práticas discursivas e produção de sentidos no cotidiano**: aproximações teóricas e metodológicas. 2. ed. São Paulo: Cortez, 2000.

______ et al. Ao sabor dos riscos – reflexões sobre a dialogia e a coconstrução de sentidos. In: SPINK, Mary Jane P. **Psicologia social e saúde**: práticas, saberes e sentidos. Petrópolis: Vozes, 2003.

TONELLI, Maria José. Produção de sentidos: tempo e velocidade nas organizações. **Revista de Administração Pública**. Rio de Janeiro: Fundação Getulio Vargas, v. 37, nº 1, p. 33-50, jan./fev. 2003.

15

Método *Delphi*

O método *Delphi* é aquele que visa obter o consenso de opiniões de especialistas sobre o que está se investigando. É baseado na aplicação de um questionário, durante sucessivas rodadas, a um grupo de especialistas, preservando-lhes o anonimato. A cada rodada, os participantes recebem *feedback* sobre os resultados da rodada anterior, os quais são submetidos a tratamento estatístico. O questionário pode ser modificado durante o processo de pesquisa, tendo questões incluídas ou suprimidas.

O *Delphi* se insere nos chamados métodos prospectivos, de cunho qualitativo (GRISI e BRITTO, 2003). Pode-se dizer que o nome dado a esse método tem origem na Grécia Antiga, inspirado no oráculo de Delfos (ZACKIEWICZ e SALLES-FILHO, 2001). Sua introdução se deu, nos anos 50 do século XX, por Olaf Helmer e Norman Dalker, pesquisadores da *Rand Corporation*, nos Estados Unidos (LINSTONE e TUROFF, 1975). A aplicação do método estava voltada, inicialmente, para a previsão tecnológica (WRIGHT e GIOVINAZZO, 2000). Com o tempo, seu escopo foi ampliado, sendo utilizado, também, como método de apoio à decisão e à definição de políticas. Trata-se da versão conhecida como *Policy Delphi* (WRIGHT e GIOVINAZZO, 2000).

O método *Delphi* admite algumas variações. Linstone e Turoff (1975), por exemplo, citam dois tipos: o convencional e o *Delphi* em tempo real. O primeiro é do tipo lápis e papel, ou seja, os especialistas recebem o questionário impresso e, após respondê-lo, enviam para o pesquisador (ou equipe de pesquisa), a fim de que se proceda à tabulação das respostas, para uma nova rodada. O segundo tipo é o *real-time Delphi* ou *Delphi Conference*, o qual demanda a utilização de computadores interligados em rede e a reunião do grupo de especialistas a um mesmo tempo (KAYO e SECURATO, 1997). Nos últimos anos, a disseminação do uso da *Internet* trouxe à tona uma outra variação do método: o *Delphi* Eletrônico. Trata-se da aplicação do método *Delphi* aliada a ferramentas tecnológicas (LOURES, 2002). Suas características, bem como os principais passos para sua operacionalização, serão apresentados nas próximas seções deste capítulo.

O método *Delphi* tem sido utilizado em estudos prospectivos desenvolvidos por organizações públicas e privadas, bem como por instituições acadêmicas, no Brasil e no exterior. Sua aplicação está voltada para diversas áreas. Na área de saúde, por exemplo, Piola, Consuelo e Vianna (2001) apresentaram um estudo sobre as tendências do sistema de saúde brasileiro. Na pesquisa agropecuária, Quirino e Irias (1998) abordaram os efeitos da globalização sobre a agricultura e o meio ambiente brasileiro. Fischer e Albuquerque (2001), por sua vez, apresentaram tendências relativas à área de gestão de pessoas. Na área de ciência e tecnologia, Cuhls e Grupp (2001), Johnston (2001) e Shin (2001) relataram experiências estrangeiras relacionadas à aplicação do método (a alemã, a australiana e a coreana, respectivamente). No meio acadêmico, a Universidade de São Paulo, por meio do Programa de Estudos do Futuro, tem realizado, desde a década de 80 do século XX, diversos estudos *Delphi*. Em 1999, passou a trabalhar, também, com o *Delphi* Eletrônico (GIOVINAZZO e FISCHMANN, 2002).

Palavras-chave

- Especialistas (painelistas)
- Anonimato
- Rodadas
- *Feedback*
- Consenso
- Questionário
- Prospecção
- Internet (no caso do *Delphi* Eletrônico)

Características principais

- Permite a troca de informações entre os participantes, mas garantindo-lhes o anonimato.

- O anonimato reduz a influência de um determinado especialista sobre outros e a relutância do respondente em desfazer-se de posições assumidas.
- Possibilita a reconsideração individual de opiniões.
- Os resultados podem ser tendenciosos, dependendo do grupo de especialistas escolhido.
- Há possibilidade de o consenso ser forçado.
- O tempo para a obtenção do consenso é um tanto longo, devido às rodadas (em geral, de quatro a 12 meses).
- A operacionalização do *Delphi* Eletrônico tende a ser mais rápida, uma vez que adota a *Internet* como meio para o envio e o recebimento dos questionários. Além disso, elimina-se a tarefa de digitação das respostas para a tabulação.
- Pode haver redução dos custos da pesquisa, eliminando-se os questionários e materiais impressos, bem como despesas relacionadas aos serviços dos correios (*Delphi* Eletrônico).
- Há possibilidade de realizar pesquisas em um contexto mais amplo, integrando a visão de especialistas em nível internacional, com o auxílio de recursos multimídia (*Delphi* Eletrônico).
- Há maior possibilidade de introduzir vieses na pesquisa, pois a seleção dos especialistas é prejudicada pelo acesso de um elevado número de pessoas ao *site*, cabendo ao próprio pesquisado a tarefa de definir se é especialista ou não no assunto (*Delphi* Eletrônico).
- O *Delphi* Eletrônico é uma variação um tanto recente, o que desperta dúvidas sobre os impactos da tecnologia sobre o método.

☆ Como utilizar[1]

Delphi Convencional

- Definem-se o tema e o problema de pesquisa.
- Procede-se a uma revisão da literatura pertinente ao problema de investigação e escolhe(m)-se a(s) orientação(ões) teórica(s) que dará(ão) suporte ao estudo.
- Formula-se um questionário, geralmente, fechado.
- Procede-se ao pré-teste do questionário, submetendo-o a pessoas que não farão parte da amostra.
- Realizam-se ajustes no questionário (se for o caso).

---

1 A ordem aqui apresentada não é rígida. Pode, portanto, ser alterada conforme a situação.

- Seleciona-se um grupo de especialistas no assunto, tendo-se o cuidado de que, individualmente, sejam diferentes em termos de *status*, autoridade formal e filiação a grupos.
- Aplica-se o questionário a esse conjunto de especialistas, com o cuidado de garantir-lhes o anonimato.
- Pede-se-lhes que apoiem suas respostas quantitativas com justificativas qualitativas.
- Tabulam-se as respostas, definem-se a mediana e os quartis.
- Relacionam-se as justificativas às respostas quantitativas.
- Procede-se a nova rodada.
- Entrega-se o mesmo questionário que, no entanto, pode ter questões suprimidas ou ter novas questões, ao mesmo grupo de especialistas. Nessa nova rodada, os resultados obtidos na primeira devem ser apresentados. Pede-se aos especialistas que reavaliem suas próprias respostas à luz dos resultados quantitativos e das justificativas apresentadas pelos demais respondentes na rodada anterior.
- Tabulam-se as respostas, definem-se a mediana e os quartis.
- Procede-se a nova rodada.
- Entrega-se o mesmo questionário, com os resultados obtidos na segunda rodada, ao mesmo grupo de especialistas, solicitando-lhes que, novamente, reavaliem suas respostas à luz daqueles resultados.
- Avalia-se a necessidade de novas rodadas.
- Obtido o consenso, resgata-se o problema que suscitou a investigação.
- Confrontam-se os resultados obtidos com a(s) teoria(s) que deu(ram) suporte à investigação.
- Formula-se a conclusão.
- Elabora-se o relatório de pesquisa.
- Divulgam-se os resultados para acesso público ou restrito aos participantes, de acordo com os objetivos da pesquisa.

Delphi Eletrônico

- Definem-se o tema e o problema de pesquisa.
- Procede-se a uma revisão da literatura pertinente ao problema de investigação e escolhe(m)-se a(s) orientação(ões) teórica(s) que dará(ão) suporte ao estudo.
- Formula-se o questionário.
- Testa-se o questionário via *Internet*, submetendo-o a pessoas que não farão parte da amostra.

- Realizam-se ajustes no questionário (se for o caso).
- Selecionam-se os participantes, recorrendo-se, em geral, a universidades, institutos de pesquisa e indústrias.
- Disponibiliza-se o questionário no *site* da *Internet*.
- Contatam-se os participantes por *e-mail*, para o preenchimento do questionário disponibilizado no *site*. Pede-se-lhes que apoiem suas respostas quantitativas com justificativas qualitativas.
- Tabulam-se as respostas, definem-se a mediana e os quartis.
- Relacionam-se as justificativas às respostas quantitativas.
- Disponibiliza-se no *site* o mesmo questionário que, no entanto, pode ter questões suprimidas ou ter novas questões. Os resultados obtidos na primeira rodada devem ser apresentados aos participantes para que reavaliem suas próprias respostas.
- Tabulam-se as respostas, definem-se a mediana e os quartis.
- Disponibiliza-se no *site* o mesmo questionário, com os resultados obtidos na segunda rodada para que os participantes reavaliem suas próprias respostas.
- Tabulam-se as respostas, definem-se a mediana e os quartis.
- Avalia-se a necessidade de novas rodadas.
- Obtido o consenso, resgata-se o problema que suscitou a investigação.
- Confrontam-se os resultados obtidos com a(s) teoria(s) que deu(ram) suporte à investigação.
- Formula-se a conclusão.
- Elabora-se o relatório de pesquisa.
- Divulgam-se os resultados na *Internet* para acesso público ou restrito aos participantes, mediante a utilização de senhas.

O número de especialistas a serem selecionados varia em função do escopo da investigação. Deve-se, contudo, levar em conta a taxa de desistência durante o andamento da pesquisa. Há, em média, 30 a 50% de desistência na primeira rodada e 20 a 30% na segunda (WRIGHT e GIOVINAZZO, 2000).

O questionário deve ser elaborado com bastante cuidado e correção. O objetivo do estudo deve ser explicitado, bem como as instruções para o preenchimento e devolução do questionário. A entrega e a devolução podem ser feitas pelos meios usuais: em mãos, pelo correio, por *e-mail*.

Para cada questão, é útil apresentar uma síntese das principais informações sobre o assunto, de modo a homogeneizar linguagens. Após cada rodada, devem-se incorporar as justificativas dos respondentes.

Cada questão deve ser direta, simples, sem eventos compostos ou ambiguidade. Em geral, 25 questões são suficientes.

Poderão ser realizadas tantas rodadas quantas forem necessárias para que a divergência de opiniões entre os especialistas tenha se reduzido a um nível que se considere satisfatório. São necessárias no mínimo duas e, em geral, no máximo cinco. O encaminhamento ao consenso pode ser medido pela distância entre o 1º e o 3º quartil das respostas e o valor da mediana.

Para a aplicação do *Delphi* eletrônico, devem-se observar as orientações referentes ao método *Delphi* convencional, além da escolha do formato do questionário a ser disponibilizado na *Internet*. Deve-se utilizar um formulário cujos dados das respostas possam ser encaminhados para uma planilha eletrônica como *Excel* ou outra, adequada para a tabulação dos dados (GIOVINAZZO e FISCHMANN, 2002).

Exemplo da utilização do Método *Delphi*

❒ Exemplo 1: Tendências em gestão de pessoas nas empresas brasileiras

Fischer e Albuquerque (2001) valeram-se do método *Delphi* em um estudo sobre tendências em gestão de pessoas no Brasil. A pesquisa, denominada DELPHI RH 2010, teve como objetivo identificar e analisar as tendências em gestão de pessoas nas empresas brasileiras, com base na visão dos formadores de opinião que atuam nesta área.

O artigo aqui apresentado como exemplo refere-se à primeira versão da pesquisa (diagnóstico inicial), realizada durante o primeiro semestre de 2000. A proposta original da pesquisa previa a repetição do diagnóstico a cada dois anos.

Os pesquisadores procederam, inicialmente, a uma revisão bibliográfica sobre o tema. Tendências descritas na literatura foram agrupadas em quatro categorias – filosofia e princípios de gestão, políticas de gestão de pessoas, formato organizacional da função de RH, perfil do profissional especializado – e expostas aos participantes da pesquisa. Estes deveriam opinar a respeito da relevância das tendências apresentadas para a realidade brasileira, do grau de adaptação do modelo da empresa em que atuam a essa nova realidade, da dificuldade de se adotar a nova política de gestão. Foram formuladas as seguintes questões: (a) Trata-se de uma tendência relevante para a Gestão de Pessoas nas organizações brasileiras? (b) Esta mudança já foi introduzida na empresa? (c) Esta mudança deverá ser incorporada ao modelo de gestão da empresa nos próximos dez anos? (d) Qual o grau de dificuldade para se implantar esta mudança?

Participaram da pesquisa formadores de opinião em gestão de pessoas, cuja seleção se deu com base no atendimento a um dos seguintes critérios: (a) ocupar cargo de gestor estratégico de recursos humanos em organizações de grande porte; (b) ocupar cargo de principal gestor de uma das funções ou macroprocessos de recursos humanos; (c) ser um consultor na área de gestão de pessoas, reconhecido pelo mercado; (d) ser professor ou pesquisador em recursos humanos nas instituições universitárias mais reconhecidas do país; (e) ser gestor de uma empresa ou de uma unidade de negócios em organizações privadas ou públicas de grande porte.

Foram enviados 890 questionários, com uma taxa de retorno de aproximadamente 20%. A pesquisa foi realizada durante duas rodadas, contando com a participação de 168 especialistas na primeira e 120 na segunda.

A primeira categoria considerada para a elaboração do questionário – filosofia e princípios de gestão – incluiu as seguintes tendências: autodesenvolvimento, comprometimento da força de trabalho com objetivos organizacionais, educação corporativa, gestão de RH coerente com negócios, gestão de competências, diferentes vínculos de trabalho e formas de relacionamento, *empowerment*, gestão do conhecimento, empregabilidade. Os resultados obtidos revelaram que praticamente todos os princípios apresentados foram considerados altamente relevantes para as organizações brasileiras, com destaque para o autodesenvolvimento e o comprometimento da força de trabalho com os objetivos da organização. Gestão de competências e gestão do conhecimento foram dois princípios considerados relevantes, mas pouco incorporados pelas organizações nas quais os participantes da pesquisa atuavam. Ambos apresentaram os maiores graus de dificuldade para implantação.

Na segunda categoria – políticas de gestão de pessoas –, foram incluídas as seguintes tendências: *feedback* frequente aos funcionários, meios informatizados de auto-aprendizagem, ênfase nas necessidades bio-psicossociais dos empregados, monitoramento contínuo do ambiente organizacional, parcerias com instituições externas para promoção de programas de desenvolvimento, gestão de carreiras, meios de educação à distância, remuneração vinculada à capacidade de entrega do funcionário, políticas diferenciadas de acordo com os grupos ocupacionais, maior poder de decisão das chefias sobre a remuneração de sua equipe, benefícios flexíveis, benefícios proporcionalmente menores na remuneração, opção aos funcionários de serem acionistas, controle mais restrito de verbas remuneratórias. Os resultados apontaram que, de modo geral, as políticas mencionadas foram consideradas relevantes. Apenas três apresentaram baixa relevância. São elas: controle mais restrito de verbas remuneratórias, opção aos funcionários de serem acionistas, benefícios proporcionalmente menores na remuneração. Contudo, o percentual de introdução destas políticas de gestão de pessoas ainda é considerado baixo. Políticas diferenciadas de acordo com os grupos ocupacionais, parcerias com instituições externas para promover capacitação e desenvolvimento e controle mais restrito das verbas remuneratórias constituem exceções. Os maiores graus de dificuldade para implementação foram atribuídos à opção aos funcionários de serem acionistas e à gestão de carreiras diferenciada.

A terceira categoria considerada para a elaboração do questionário – formato organizacional da função de RH – incluiu as seguintes tendências: descentralização das decisões de RH para os gerentes de negócios, atuação como fornecedor de novos processos e disseminador de conhecimento em RH, atuação em rede, processos ou células de trabalho, migração de funções de RH corporativo para unidades de negócio, perfil de atuação do profissional de RH de técnico especialista para consultor interno, utilização de estratégias multifuncionais na atuação de RH, atuação de equipes autogerenciadas, eliminação de níveis hierárquicos, terceirização das funções operacionais de RH, sistemas, processos e práticas de RH com ciclo de vida mais curto, centralização das decisões estratégicas de RH. Os resultados obtidos revelaram que a descentralização das decisões de RH para os gerentes de negócios e a atuação como fornecedor de novos processos e disseminador de conhecimento em RH foram consideradas as tendências mais relevantes, incorporadas parcialmente pelas organizações a que os participantes da pesquisa estavam vinculados. A centralização das decisões estratégicas de RH foi apontada pelos participantes como a tendência mais adotada. O maior grau de dificuldade para implementação foi relacionado às equipes autogerenciadas. Os pesquisadores ficaram surpresos com o baixo índice de incorporação da terceirização das funções operacionais de RH, apesar de os resultados terem indicado o menor grau de dificuldade para implementação.

A quarta categoria – perfil do profissional especializado – incluiu uma série de qualificações (conhecimentos e formações profissionais) e competências (atitudes voltadas para o trabalho) para que os participantes atribuíssem graus de importância, variando de 1 (pouco importante) a 4 (muito importante). As quatro qualificações mais relevantes, na visão dos participantes, foram: domínio de ferramentas de informática, experiência profissional na área de gestão de pessoas, conhecimentos em gestão de negócios – estratégia, domínio de outros idiomas. Entre as competências, duas foram destacadas pelos participantes: orientação para resultados e papel de promotor de mudança cultural.

Uma questão aberta foi inserida no questionário a fim de levantar os principais desafios relacionados à Gestão de Pessoas, para o período considerado pela pesquisa (até 2010). Os principais desafios, na opinião dos participantes, foram: (a) atrair, capacitar e reter talentos; (b) gerir competências; (c) gerir conhecimento; (d) formar novo perfil do profissional demandado pelo setor.

Os resultados da pesquisa revelaram que a área de Gestão de Pessoas está convivendo com grandes transformações que, na opinião dos especialistas, deverão afetar os princípios e a filosofia de gestão em prática nas organizações. Contradições e ambiguidades relacionadas aos princípios de gestão foram identificadas, a saber: necessidade de conciliar empregabilidade e autodesenvolvimento com comprometimento e *empowerment*, necessidade de gerir conhecimento em todos os níveis da empresa e praticar diferentes vínculos de trabalho. Essas contradições exigem novas políticas orientadoras dos processos, afirmam os pesquisadores.

Os resultados apontaram, ainda, que a área já convive com um formato organizacional alterado, mas que exige também uma atuação em rede, a utilização de estratégias multifuncionais e a migração para o negócio das decisões de RH. O perfil do novo especialista foi, também, desenhado. Os pesquisadores lembram, por fim, que esse tipo de pesquisa tem um caráter orientador, ou seja, visa fornecer uma referência aos gestores e aos profissionais da área.

❒ Exemplo 2: Criação de um modelo de competências

O método *Delphi* foi utilizado por Santos (2001) em um estudo sobre gestão de competências. A pesquisa teve como objetivo criar um modelo de competências para cargos diretivos.

O pesquisador tomou como base uma série de pressupostos teórico-metodológicos, por meio dos quais a gestão de competências adquire caráter funcional. São eles:

- ❒ As competências estão relacionadas ao ponto de vista cognitivo, bem como ao emocional.
- ❒ O desempenho das pessoas está relacionado não só aos conhecimentos e habilidades para a realização do trabalho (saber fazer), mas também às atitudes, aos valores e às características pessoais (querer fazer).
- ❒ Competências são características subjacentes às pessoas e estão relacionadas ao bom desempenho no trabalho.
- ❒ Há dois tipos de competências: (a) primárias, relacionadas às aptidões, aos traços de personalidade e às atitudes; (b) secundárias, baseadas em dimensões complexas que compreendem várias competências primárias.
- ❒ Os perfis de competências definidos pelas organizações referem-se a conjuntos de competências secundárias (orientação para o negócio e para os resultados, por exemplo) detalhadas por meio de suas dimensões (avaliação dos custos e dos benefícios das oportunidades de negócios, por exemplo).
- ❒ Os perfis de competências são mais amplos que os perfis de cargo, pautados em um plano puramente cognitivo.

- ❒ O perfil de competências é determinado com base nas competências do cargo, as quais estão relacionadas aos requisitos e às responsabilidades a serem assumidas pelo profissional, bem como às condições de trabalho e à cultura organizacional.
- ❒ O perfil de competências apresenta uma conexão técnico-organizacional básica.
- ❒ A formação, considerando as características do cargo, deve promover o desenvolvimento do pessoal.
- ❒ A seleção de pessoal deve voltar-se para a procura de candidatos para os cargos X, Y e Z, ao invés de fixar-se apenas em um cargo X, o que exige dos candidatos flexibilidade ou múltiplas habilidades.
- ❒ As competências fundamentais da organização devem estar relacionadas com a sua missão.

Participaram da pesquisa nove especialistas no assunto. Para a apresentação dos passos da pesquisa, o pesquisador utilizou como exemplo a construção do perfil de competências de um diretor de vendas. Foram necessárias quatro rodadas para a obtenção do consenso entre os especialistas. Na primeira rodada, cada especialista deveria responder à seguinte questão: "Quais são as competências que devem configurar o conteúdo do cargo executivo X?"

As respostas obtidas na primeira rodada foram tabuladas e os resultados demonstrados por uma matriz de competências, em um total de 17 competências. Os participantes receberam os resultados da primeira rodada, sendo-lhes perguntado se concordavam que as competências definidas na matriz correspondiam às necessárias para se ocupar o cargo. Deveriam assinalar "N" nas que não concordassem.

Foi, então, calculado o coeficiente de concordância para cada uma das competências. O pesquisador estipulou que o nível de concordância aceitável deveria ser maior ou igual a 60%. Os resultados da segunda rodada deram origem a uma nova matriz de competências, totalizando oito competências.

Na terceira rodada, os participantes receberam os resultados da rodada anterior, sendo-lhes solicitado que atribuíssem pesos a cada uma das competências, com o objetivo de ordená-las de acordo com o seu grau de importância. Os participantes deveriam atribuir o número 1 para a competência mais importante e o número 8 para a menos importante. Foram orientados a não atribuir o mesmo número para duas ou mais competências.

As respostas foram tabuladas, obtendo-se a ordem de importância das competências. Como em quatro competências não foi atingido o nível mínimo de 60% de concordância, uma nova rodada foi realizada.

Na quarta rodada, os participantes receberam os resultados da rodada anterior e foram questionados se concordavam com as ponderações e a ordem obtida.

Foi-lhes dito que poderiam mudar ou manter suas ponderações. Como resultado, foi obtido o nível mínimo de concordância de 60% para todas as oito competências, levando à definição das competências para o cargo em questão.

Definidas as competências, os participantes listaram algumas dimensões a elas relacionadas, que, após a obtenção de consenso, se resumiram a cerca de três por competência. Para o pesquisador, conceituar competências implica pressupostos teórico-metodológicos que tornem sua significação funcional.

❒ Exemplo 3: Tendências do futuro

O método *Delphi* Eletrônico foi eleito para a realização de uma pesquisa sobre tendências do futuro, que vem sendo conduzida pelo Programa de Estudos do Futuro (Profuturo) da Universidade de São Paulo (USP), desde 1999. Giovinazzo e Fischmann (2002) apresentaram no artigo aqui utilizado como exemplo resultados parciais de tal pesquisa.[2]

A primeira fase da pesquisa versou sobre Prospecção Estratégica para 2003. Contou com a participação de profissionais de empresas nacionais e multinacionais, alunos e ex-alunos dos cursos de MBA da USP, especialistas, professores e pesquisadores. Foi realizada durante duas rodadas. Nesta fase, os questionários foram enviados por *e-mail* aos participantes. Os resultados foram disponibilizados no *web site* do Profuturo.

O questionário utilizado na primeira fase foi dividido em duas partes. A primeira abordou a análise das tendências socioeconômicas no Brasil, até o ano de 2003. A segunda foi baseada no modelo das cinco forças competitivas de Porter: entrada de novos concorrentes, ameaça de substitutos, poder de negociação com compradores, poder de negociação com fornecedores, rivalidade entre os concorrentes existentes.

Dois assuntos despertaram o interesse dos participantes, nesta fase: (a) o comércio exterior; (b) os mercados e os consumidores. Com relação ao primeiro, foram levantadas estimativas referentes às exportações brasileiras, bem como às importações. No que diz respeito ao segundo assunto, os resultados apontaram que o preço continuará sendo o fator determinante na decisão de compra dos consumidores. Fatores como qualidade do produto, atendimento, preservação ambiental, entre outros, também foram mencionados.

A segunda fase da pesquisa abordou a temática do *e-Business* e seus impactos nos negócios. Participaram desta fase executivos de empresas, alunos de pós-graduação e professores. Como a primeira fase, também foi conduzida durante duas rodadas. Nessa fase, contudo, o questionário foi disponibilizado no *web site*

---

2 Resultados de diversas pesquisas realizadas pelo Profuturo podem ser consultados por meio do acesso ao *site* <http://www.fia.com.br/profuturo>.

do Profuturo para ser respondido *on line*, na própria página do Programa. As respostas da primeira rodada foram transferidas para uma planilha eletrônica, o que garantiu agilidade na tarefa de tabulação. Os resultados foram, então, analisados e disponibilizados para a rodada seguinte. A segunda rodada também foi totalmente realizada por meio do *web site*.

Os resultados obtidos nesta fase revelaram estimativas relacionadas ao crescimento do número de compradores via Internet, no Brasil, ao crescimento do comércio eletrônico (com menções aos segmentos de supermercados, livros e CDs, eletrônicos, bancos), às transações relacionadas ao *Business to Business*.

Os resultados da pesquisa foram disponibilizados no *web site* do Profuturo, para acesso público, tendo sido consultado por executivos, consultores, estudantes e professores.

Leituras para aprofundamento

CUHLS, Kerstin; GRUPP, Hariolf. Alemanha: abordagens prospectivas nacionais. **Parcerias Estratégicas**, nº 10, mar. 2001.

FISCHER, André L.; ALBUQUERQUE, Lindolfo. Tendências que orientam as decisões dos formadores de opinião em gestão de pessoas no Brasil – RH 2010. In: ENCONTRO NACIONAL DA ASSOCIAÇÃO NACIONAL DOS PROGRAMAS DE PÓS-GRADUAÇÃO EM ADMINISTRAÇÃO, 25., 2001, Campinas. **Anais...** Campinas: Anpad, 2001.

GIOVINAZZO, Renata A.; FISCHMANN, Adalberto A. Delphi Eletrônico: uma experiência de utilização da metodologia de pesquisa e seu potencial de abrangência regional. In: COSTA, Benny K.; ALMEIDA, Martinho I. R. de (Coord.). **Estratégia**: perspectivas e aplicações. São Paulo: Atlas, 2002.

GRISI, Celso C. de H. e; BRITTO, Ricardo p. de. Técnica de cenários e o método *Delphi*: uma aplicação para o ambiente brasileiro. In: SEMINÁRIOS EM ADMINISTRAÇÃO FEA-USP, 6., 2003, São Paulo. **Anais eletrônicos**... São Paulo: FEA-USP, 2003. Disponível em: <http://www.ead.fea.usp.br/semead/6semead/>. Acesso em: 26 ago 2004.

JOHNSTON, Ron. Experiências nacionais de estudos prospectivos: reflexões da Austrália. **Parcerias Estratégicas**, nº 10, mar. 2001.

KAYO, Eduardo K.; SECURATO, José Roberto. Método Delphi: fundamentos, críticas e vieses. **Cadernos de Pesquisa em Administração**, São Paulo: Universidade de São Paulo, v. 1, nº 4, p. 51-61, 1º sem. 1997.

LINSTONE, Harold A.; TUROFF, Murray. **The Delphi method:** techniques and applications. New York: Addison-Wesley, 1975.

LOURES, Carlos Augusto da Silva. Delphi na Internet e suas implicações do ponto de vista metodológico. In: ENCONTRO NACIONAL DA ASSOCIAÇÃO NACIONAL DOS PROGRAMAS DE PÓS-GRADUAÇÃO EM ADMINISTRAÇÃO, 26., 2002, Salvador. **Anais...** Salvador: Anpad, 2002.

PIOLA, Sérgio F.; CONSUELO, David V. ; VIANNA, Solon M. (Coord.). **Tendências do sistema de saúde brasileiro**: estudo *Delphi*. Brasília: IPEA, 2001.

QUIRINO, Tarcízio R.; IRIAS, Luiz J. M. Globalização, agricultura e degradação ambiental no Brasil: perspectivas para a pesquisa e para políticas agropecuárias. **Cadernos de Ciência & Tecnologia**, Brasília, v. 15, nº 1, p. 93-124, jan./abr. 1998.

SANTOS, Armando Cuesta. O uso do método Delphi na criação de um modelo de competências. **Revista de Administração**, São Paulo: Universidade de São Paulo, v. 36, nº 2, p. 25-32, abr./jun. 2001.

SHIN, Taeyoung. Projeção tecnológica e planejamento em C&T: a experiência coreana. **Parcerias Estratégicas**, nº 10, mar. 2001.

WRIGHT, James T. C.; GIOVINAZZO, Renata Alves. Delphi: uma ferramenta de apoio ao planejamento prospectivo. **Cadernos de Pesquisa em Administração**, São Paulo: Universidade de São Paulo, v. 1, nº 12, 2º trim. 2000.

ZACKIEWICZ, Mauro; SALLES-FILHO, Sérgio. Technological foresight: um instrumento para política científica e tecnológica. **Parcerias Estratégicas**, nº 10, mar. 2001.

16

Metodologia Reflexiva

Metodologia reflexiva é aquela que defende a tese segundo a qual a pesquisa empírica é de natureza interpretativa, política e retórica (ALVESSON e SKÖLDBERG, 2000).

Reflexão deve ser entendida como as próprias interpretações do pesquisador, a capacidade de olhar suas próprias perspectivas da perspectiva de outros, bem como a capacidade de autocrítica acerca da sua autoridade como intérprete e como autor. Estas interpretações são obtidas pelos processos constantes de indução, dedução e abdução desenvolvidos ao longo do processo de pesquisa.

Reflexão significa pensar sobre as condições sob as quais algo é construído. Implica investigar os modos pelos quais o contexto teórico, cultural, político afeta a interação com o que esteja sendo pesquisado. Reflexão, alertam Alvesson e Sköldberg (2000), é difícil.

Adeptos da metodologia reflexiva argumentam que o conhecimento não pode ser separado daquele que conhece. As informações e os fatos são construções do pesquisador, resultados da sua interpretação. Ainda: creem que a realidade social não é externa à consciência e à linguagem de pessoas, membros da sociedade, o que inclui os pesquisadores.

A metodologia reflexiva tornou-se mais conhecida após a publicação em língua inglesa da obra *Reflexive methodology*, de Mats Alvesson e Kaj Sköldberg, em 2000. Pode-se dizer que ela tem sido explorada sob diversas perspectivas. Vickers (2004), por exemplo, a elegeu, mas de forma circunscrita às entrevistas realizadas, apoiando-se, entre outros estudos, em Alvesson (2003). Ewenstein e Whyte (2004), por seu turno, valeram-se da reflexividade estética, desenvolvendo, como a proposta de Alvesson e Sköldberg (2000), a interpretação em vários níveis de abstração. Estudos voltados para a adoção dessa metodologia têm sido realizados, sobretudo, em países como Austrália, Finlândia, Nova Zelândia e Suécia. No Brasil, destaca-se, por exemplo, a iniciativa de Villardi (2004).

Palavras-chave

- Interpretação
- Reflexão
- Intersubjetividade
- Autocrítica
- Linguagem
- Contexto político e ideológico
- Contexto cultural
- Entendimento metateórico

❖ Características principais

- Caracteriza-se, basicamente, pela interpretação cuidadosa e pela reflexão. A primeira significa que todas as referências para dados empíricos, sejam eles triviais ou não, são resultados de interpretação. Reflexão, por seu turno, atribui importância à pessoa do pesquisador, à comunidade de pesquisa, à sociedade como um todo com suas tradições intelectuais e culturais, bem como à natureza problemática da linguagem e da narrativa no contexto da pesquisa. Reconhece-se a mediação do pesquisador ao conhecer a realidade pesquisada. O pesquisador se limita a interpretar, pois não considera possível o acesso direto à realidade e reconhece a subjetividade envolvida no processo de pesquisa. Reflexão pode ser entendida, no contexto da pesquisa empírica, como interpretação da interpretação. Existem níveis de reflexão.
- Vale-se de métodos orientados para a obtenção de dados, da hermenêutica, da teoria crítica, do pós-estruturalismo e pós-modernismo, assim como da linguagem, gênero e poder. A hermenêutica tem origem na Renascença, na análise da Bíblia e dos clássicos. A teoria crítica revela a dimensão política e ideológica da interpretação. O

pós-estruturalismo e o pós-modernismo trazem a desconstrução.[1] A linguagem traz a análise do discurso,[2] o gênero traz o feminismo e o poder, o método genealógico de Foucault.

- Métodos orientados para a obtenção de dados são a *grounded theory*[3] na perspectiva do interacionismo simbólico, a etnometodologia com sua raiz na fenomenologia[4] e a etnografia,[5] antropologicamente orientada.
- Implica liberdade, sofisticação, foco menor sobre o que o material empírico pode dizer como as coisas são e foco maior sobre outras virtudes, como ideias criativas, por exemplo. Há, então, menos concentração na coleta e no processamento dos dados e mais na interpretação e reflexão em relação não somente ao objeto de estudo, como também ao próprio pesquisador e seu contexto político, ideológico, metateórico e linguístico.

☆ Como utilizar[6]

- Definem-se o tema e o problema de pesquisa.
- Procede-se a uma revisão da literatura pertinente ao problema de investigação.
- Coletam-se dados empíricos por meio de entrevistas, observação e outros instrumentos.
- Realiza-se a interpretação de primeiro nível (referente aos dados empíricos).
- Realiza-se a interpretação de segundo nível, isto é, interpretação teórica da interpretação empírica anterior. Várias teorias podem, então, ser utilizadas.
- Realiza-se um terceiro nível de interpretação: a interpretação crítica (circunstâncias políticas, ideológicas, culturais) dos pressupostos das teorias usadas no segundo nível.

---

1 Sobre desconstrução ver Capítulo 5.

2 Sobre análise do discurso ver Capítulo 2.

3 Sobre *grounded theory* ver Capítulo 9.

4 Sobre fenomenologia ver Capítulo 7.

5 Sobre etnografia ver Capítulo 6.

6 A ordem aqui apresentada não é rígida. Pode, portanto, ser alterada conforme a situação.

- Realiza-se o quarto nível de interpretação: interpretação crítica e reflexiva sobre todos os níveis. Trata-se de uma interpretação vertical, que atravessa todas as anteriores.
- Resgata-se o problema que suscitou a investigação.
- Confrontam-se os resultados obtidos com as teorias que deram suporte à investigação.
- Formula-se a conclusão.
- Elabora-se o relatório de pesquisa.

A metodologia reflexiva pressupõe um entendimento metateórico, ou seja, o envolvimento do pesquisador com potenciais linhas de pensamento, ao invés de uma formulação teórica definitiva (ALVESSON, 2002). Aqui, a revisão da literatura caminha lado a lado com a coleta de dados empíricos.

No que concerne à interpretação, existem vários níveis (ALVESSON e SKÖLDBERG, 2000), conforme apresentado na Figura 1.

Aspecto/nível	Foco
Interação com material empírico	Entrevistas, observação de situações e outros
Interpretação	Significados subjacentes
Interpretação crítica	Ideologia, poder, reprodução social
Reflexão sobre a produção textual e uso da linguagem	Próprio texto, argumento da autoridade, seleção de vozes representadas no texto

Fonte: Alvesson e Sköldberg (2000, p. 250).

Figura 1 *Níveis de interpretação.*

Para Alvesson e Sköldberg (2000, p. 276), uma pesquisa pode ser considerada boa quando tem as seguintes características:

- argumentos empíricos e credibilidade;
- atitude aberta para a importância vital da dimensão interpretativa do fenômeno social;
- reflexão crítica sobre os contextos político e ideológico da pesquisa e sua transmissão;
- consciência da ambiguidade da linguagem e de sua capacidade limitada para transmitir conhecimento sobre uma realidade puramente empírica, bem como consciência sobre a natureza retórica dos modos

de lidar com esta transmissão (o problema da representação-autoridade);

- desenvolvimento de teoria baseada na mencionada transmissão.

O rigor na pesquisa incorpora, como asseveram Spink e Menegon (2000), a explicitação da posição do pesquisador, tanto no que se refere à reflexividade pessoal (reflexão sobre quem sou eu-pesquisador), quanto no que diz respeito à reflexividade funcional (reflexão sobre a influência relativa a "quem somos", no processo de pesquisa).

Exemplo da utilização da metodologia reflexiva

Exemplo: Estudo reflexivo sobre microprocessos de aprendizagem e mudança coletiva docente

Villardi (2004), valendo-se da metodologia reflexiva, levantou o seguinte problema de investigação: como e por que acontece mudança organizacional por meio da aprendizagem coletiva docente em instituições de ensino superior privado (IESPr) de administração e marketing? Para responder a essa questão, elegeu duas instituições a que deu os nomes fictícios de Sempre Séria e Aprender Sempre. Nelas esteve durante três anos, o tempo de sua pesquisa. Mas foi na Aprender Sempre que encontrou as condições para, de fato, realizar a investigação e apresentar seu relatório.

As instituições foram selecionadas porque eram um caso problemático: tiraram nota baixa no "Provão", estavam em processo de afirmação no setor e dispunham de planos estratégicos de investimento e mudança organizacional com vistas a um novo posicionamento no sistema educacional particular.

Utilizando a tipologia de Stake (1994), Villardi (2004) classificou seu estudo como o de um caso instrumental e coletivo. Instrumental, porque a instituição serviu para a sistematização dos conceitos de aprendizagem e mudança organizacional ancoradas na prática cotidiana docente. Coletivo, porque pesquisou um fenômeno, uma população, uma condição geral.

A pesquisadora argumentou que conhecer o professor e entender mais sobre o seu processo para desenvolver a própria capacidade por meio da aprendizagem individual e da coletiva é relevante. Desencadeando seu estudo, levantou as seguintes questões:

- O que é aprendizagem organizacional? Por que é diferente da aprendizagem individual no trabalho?

- O que é mudança organizacional? Por que é diferente da mudança individual no trabalho?
- Por que a aprendizagem nas organizações conduz à mudança organizacional? Como processos de aprendizagem coletiva conduzem à mudança organizacional?
- Como desenvolver a capacidade de aprender naquele que deve desenvolver a capacidade de aprender nos futuros gestores de empresas?
- Como e por que o professor que ensina futuros gestores a aprender e a mudar aprende e muda?

Villardi (2004) informa que o objetivo de seu estudo era compreender e explicar para ampliar conhecimento. Trabalhou com o sentido de compreensão dado por Morin (1999), que o formula como um modo de conhecer qualquer situação humana, o que implica lidar com subjetividade e afetividade. Também o sentido de explicação tomou-o de Morin (1999, p. 164) que a considera um "processo abstrato de demonstrações logicamente realizadas, a partir de dados objetivos".

Para alcançar seu objetivo, entendeu ser necessário:

- descrever microprocessos de mudança por meio da aprendizagem coletiva docente;
- identificar conceitos intervenientes nos microprocessos de aprendizagem e mudança descritos;
- elaborar uma ampliação conceitual sistematizada dos conceitos identificados na descrição e mudança organizacional investigados.

Delimitou seu estudo ao processo de aprendizagem entre indivíduos, grupos, a IESPr eleita e a mudança individual, grupal e organizacional.

Villardi (2004) pleiteou e foi admitida como docente na instituição, o que lhe permitiu interagir com os outros docentes e investigar, como advogado por Morgan e Smircich (1980), "de dentro do objeto" e não como observadora externa. Nesse sentido, valeu-se da etnografia, para pesquisar seu "próprio ninho". A interação também lhe permitiu desenvolver níveis de abstração da interpretação como os propostos por Alvesson e Sköldberg (2000), a saber: (a) primeiro nível: interpretação para geração de dados empíricos; (b) segundo nível: interpretação teórica da interpretação empírica do primeiro nível; (c) terceiro nível: interpretação crítica dos pressupostos das teorias usadas no nível dois; (d) quarto nível: interpretação da interpretação crítica e reflexão sobre todos os níveis.

Para a obtenção de dados empíricos, lançou mão de observação permanente e de entrevistas. Os entrevistados foram selecionados pelo critério de amostragem teórica, isto é, cada próximo entrevistado o era com base na teoria que do anterior emergia. Também utilizou o critério oportunístico, por exemplo, docentes reunidos em um evento, assim como usou o critério de intensidade. Além das entrevistas, foram feitas anotações de campo, pesquisa documental e levantamentos bibliográficos.

Inicialmente, a pesquisadora valeu-se da *grounded theory*, mas depois considerou que o método lhe propiciaria apenas uma descrição do que ela conseguia captar das palavras dos entrevistados. Este método mostrou-se insuficiente para explicitar a complexidade e diversidade dos microprocessos de aprendizagem individual, coletiva e organizacional. A pesquisadora sentiu-se desconfortável, não viu mais sentido em continuar com o método e, embora tendo reconhecido algumas das contribuições do interacionismo simbólico que embasa a *grounded theory*, tal como a criação de conceitos sensibilizantes que estimulam novas relações, perspectivas e visões de mundo, buscou outros métodos. Prosseguiu o estudo, então, numa abordagem fenomenológica e hermenêutica. Villardi (2004) afirma concordar com Patton (1990), segundo o qual diferentes métodos produzem diferentes informações; então, seu desafio foi encontrar o método que lhe parecia mais adequado. No processo, não faltaram as triangulações.[7]

As técnicas utilizadas para a coleta de dados, como as entrevistas e a observação, podem ser usadas tanto para uma pesquisa mais próxima do positivismo quanto do subjetivismo. A pesquisadora compreendeu que a natureza assumida por tais técnicas foi o resultado da postura dela como pesquisadora carregada de pressupostos e contextualizada em determinado espaço profissional e cultural.

Villardi (2004) menciona que, durante todo o processo de pesquisa, compartilhou seus avanços e dúvidas com seus pares informalmente, em congressos e em *papers* que iam sendo publicados. As críticas, observações e sugestões que recebeu foram muitas. A todas elas submeteu sua interpretação, reflexão constante e autocrítica e, no processo, correu o risco da paralisia e da frustração. Logo percebeu a fragmentação da visão predominante na academia e a limitação cognitiva que os paradigmas organizacionais provocam.

Ao apresentar seus achados utilizando a metodologia reflexiva, a pesquisadora informa que, no primeiro nível de interpretação, teve vários *insights* e que percebeu, na vivência com os outros docentes dos processos de aprendizagem coletiva, que a realidade só se tornava "real", enquanto ela interagia com o fenômeno por meio dos docentes. Assumiu que um trabalho de pesquisa é um trabalho de interpretação de dados desde o início, e não somente na fase de análise e tratamento dos dados.

---

7 Sobre triangulação ver Capítulo 22.

No quarto nível de interpretação, o da interpretação reflexiva das interpretações, a pesquisadora explicita que o estudo da análise metateórica realizada por Morgan e Smircich (1980) a orientou e lhe permitiu entender como os métodos por ela escolhidos estavam diretamente relacionados a seus pressupostos subjacentes. Permitiu, também, compreender como é vital a ligação entre teoria e métodos, cosmovisão do pesquisador, tipo de pesquisa que propõe e técnica adotada como base da investigação.

Ao apresentar as conclusões de seu estudo, Villardi (2004) (sempre na primeira pessoa do singular) informa que a pesquisa de campo foi realizada primeiro de modo indutivo (das partes para o todo), depois de modo dedutivo (do todo para as partes) e abdutivo (com distanciamento e conclusão plausível). A metodologia foi reflexiva e teve a inclusão dela, pesquisadora, no processo, o que lhe permitiu compreender com mais profundidade a complexidade dos fenômenos de aprendizagem e mudança organizacional. Refletir, ela admite, é um ato de coragem, inclusão, presença consciente no fazer cotidiano.

Tendo identificado divergências epistemológicas e metodológicas nos estudos que consultou, percebeu que, ao fazê-lo, ressaltava a fragmentação, o fechamento paradigmático. No entanto, quando passou a identificar também as conexões entre os estudos, apesar das diferenças, pôde integrar o conhecimento desenvolvido.

Resgatando o problema que suscitou sua investigação, Villardi (2004) conclui que na Aprender Sempre muda-se e aprende-se de forma planejada e também espontânea, pela convivência de seus docentes agrupados em comunidades dispersas, as quais, em dinâmicas de racionalidade limitada, emocionalidade, poder individual e de grupos, interagem em permanente tensão.

Na Aprender Sempre, acontecem mudança e aprendizagem por meio da aprendizagem coletiva docente, porque lá coexistem sistemas técnicos e sociais em permanente construção e reconstrução de suas dinâmicas emocional, racional e política que, tanto objetiva quanto subjetivamente, manifestam interesses individuais, coletivos e estruturas de poder. Na Aprender Sempre, acontecem mudança e aprendizagem porque os indivíduos sentem, pensam, agem, refletem, aprendem e mudam em inter-relações individuais e coletivas nas quais o significado de seu trabalho, assim como sua identidade profissional, são construídos e reconstruídos. Individualmente, são profissionais entusiasmados pelo trabalho e pela profissão que escolheram, satisfeitos com os resultados que a organização espera deles. Do ponto de vista coletivo, a proximidade do espaço físico e as afinidades pessoais estabelecidas pela emocionalidade ativada no trabalho mantêm aceso o interesse pela aprendizagem.

Sobre os resultados teóricos e metateóricos de seu estudo, informa que, inicialmente, esperava encontrar processos de mudança e aprendizagem "lá fora", prontos para serem capturados e descritos por suas lentes "especializadas" de pesquisadora. Também imaginava que seria possível aprendizagem individual sem necessidade de estabelecer relações com outras pessoas. Como compreendeu estar equivocada, considera que o termo *aprendizagem individual* é problemático e o conceito, questionável. Aprendizagem, afirma, é um processo coletivo, por natureza.

A metodologia reflexiva que utilizou em seu estudo, revela Villardi (2004), tornou-a uma pesquisadora capaz de perceber a pulsação vital do fenômeno sob estudo.

Posteriormente, Villardi me disse o seguinte:

> *Utilizar a metodologia reflexiva na pesquisa de doutorado me orientou a sair do monólogo de um pesquisador que impõe sua lógica externa a seu objeto de pesquisa. Deixou espaço para que eu pudesse ouvir o que "emergia" dos pesquisados. No processo de pesquisa, ia ganhando consciência do caminho percorrido. Fui ampliando minha consciência. Reconheci que o caminho é o destino.*
>
> *Esta metodologia me facilitou o estar PRESENTE, isto é, com a atenção voltada para a escuta do outro, minimizando minhas primeiras impressões, assim como me levou a tentar, persistentemente, estabelecer intersubjetividade com meus sujeitos de pesquisa (colegas docentes e pesquisadores), por meio da prática da (minha) autocrítica.*

Leituras para aprofundamento

ALVESSON, Mats. Beyond neopositivists, romantics, and localists: a reflective approach to interviews in organizational research. **Academy of Management Review**, v. 28, nº 1, p. 13-33, 2003.

______. **Postmodernism and social research**. Philadelphia: Open University Press, 2002.

______; SKÖLDBERG, Kaj. **Reflexive methodology**: new vistas for qualitative research. London: Sage, 2000.

EWENSTEIN, Boris; WHYTE, Jennifer K. Reflexivity as practice: aesthetic knowledge and knowing in design. In: EUROPEAN GROUP FOR ORGANIZATION STUDIES COLLOQUIUM, 20., 2004, Ljubjana-Slovenia. **Proceedings**... EGOS: Ljubjana-Slovenia, 2004.

SPINK, Mary Jane; MENEGON, Vera. A pesquisa como prática discursiva: superando os horrores metodológicos. In: SPINK, Mary Jane (Org.). **Práticas discursivas e produção de sentidos no cotidiano**: aproximações teóricas e metodológicas. 2. ed. São Paulo: Cortez, 2000.

VICKERS, Margaret H. Working and caring for a child with chronic illness/disability: an emergent research design and reflections from a "partial insider". In: EUROPEAN

GROUP FOR ORGANIZATION STUDIES COLLOQUIUM, 20., 2004, Ljubjana-Slovenia. **Proceedings**... EGOS: Ljubjana-Slovenia, 2004.

VILLARDI, Beatriz. **Um estudo reflexivo sobre microprocessos de aprendizagem e mudança coletiva docente com a aprendizagem e mudança organizacional resultantes** – para uma gestão sustentável do desenvolvimento de docentes em instituições de educação superior privada em administração e marketing. 2004. Tese (Doutorado em Administração) – Departamento de Administração, Pontifícia Universidade Católica, Rio de Janeiro.

Outras referências

MORGAN, Gareth; SMIRCICH, Linda. The case for qualitative research. **Academy of Management Review**, v. 5, nº 4, p. 491-500, 1980.

MORIN, Edgar. **O Método 3**: o conhecimento do conhecimento. Porto Alegre: Sulina, 1999.

PATTON, Michael Q. **Qualitative evaluation and research methods**. 2. ed. Newbury Park: Sage, 1990.

STAKE, Robert. Case studies. In: DENZIN, Norman K.; LINCOLN, Yonna S. (Ed.). **Handbook of qualitative research.** Londres: Sage, 1994.

17

Netnografia

Conforme mencionado no Capítulo 6, métodos tradicionais, como a etnografia, têm-se aberto para novas possibilidades. Uma delas é a fotoetnografia. Outra refere-se à netnografia. Trata-se de abrir as portas para o estudo de outras "tribos" e outras culturas: as comunidades virtuais e a cibercultura, como será visto a seguir.

A sociedade atual é caracterizada pela velocidade das mudanças, pelo excesso de informações, pelas novas tecnologias. É uma sociedade acelerada, complexa, que parece não ter mais fronteiras. É a chamada sociedade de informação, em rede, do conhecimento.

Nesse contexto, o desenvolvimento da informática possibilitou a disseminação de uma outra forma de comunicação: a mediada por computadores. Para Lemos (2002), os computadores pessoais (PC) estão dando lugar aos computadores coletivos (CC). Esta é, para o autor, a quarta fase da informatização da sociedade, na qual o ciberespaço é uma realidade e a cibercultura ganha consistência. A cibercultura se estabelece como "fruto da sinergia entre a sociabilidade contemporânea e as novas tecnologias de base microeletrônica" (LEMOS, 2002, p. 111).

Sobre as relações de sociabilidade que se estabelecem no ciberespaço, Sá (2002) destaca o surgimento das comunidades virtuais, ou seja, grupos de pessoas conectadas via Internet, com base em um interesse comum, que mantêm contato, em geral por meio de listas de discussão, por um determinado período de tempo. Sá (2003) alerta, contudo, que há listas de discussão que não configuram uma comunidade virtual. Para que o sejam, devem-se considerar a reciprocidade, o vínculo e o compartilhamento emocional entre os participantes.

O envolvimento e a participação dos membros de uma comunidade virtual variam de indivíduo para indivíduo. Em geral, as pessoas entram para a comunidade na condição de visitantes, podendo tornar-se *insiders*. Há membros ativos que leem e respondem a todas as mensagens. Outros são apenas *luckers*, isto é, observadores que leem, mas não respondem. Há leigos e especialistas. Alguns participantes mantêm contato por um curto período. Outros participam, até, de encontros reais. Há, ainda, a possibilidade da identificação ou da permanência no anonimato (SÁ, 2002).

Na área de marketing, Kozinets (1999, 2002) realizou estudos sobre comunidades virtuais de consumo, definindo quatro categorias de membros destas comunidades: (a) *tourist*; (b) *mingler*; (c) *devotee*; (d) *insider*. A primeira diz respeito aos indivíduos que não mantêm laços fortes com o grupo, além do interesse pela atividade de consumo ser superficial. São considerados turistas. A segunda categoria refere-se àqueles que mantêm fortes laços com o grupo, mas um interesse mínimo pela atividade de consumo. A terceira diz respeito aos indivíduos que têm grande interesse pela atividade de consumo, mas poucos laços com o grupo. Por fim, a quarta categoria refere-se aos indivíduos com grande interesse pela atividade de consumo e com fortes laços com o grupo. As quatro categorias estão apresentadas na Figura 1.

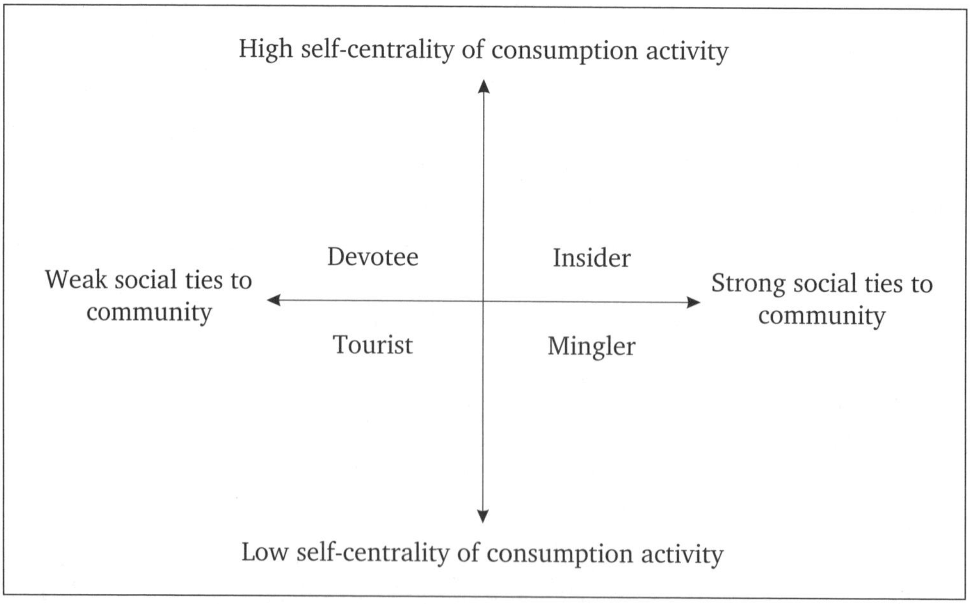

Fonte: Kozinets (1999, p. 255).

Figura 1 *Categorias de membros de comunidades virtuais de consumo.*

Para o estudo das comunidades virtuais e das ciberculturas, Kozinets (2002) menciona que diversos antropólogos têm sinalizado para a necessidade de adaptação das técnicas próprias do método etnográfico. Nesse sentido, a netnografia é considerada uma nova metodologia de pesquisa qualitativa que incorpora as técnicas da etnografia tradicional ao estudo de comunidades e culturas emergentes a partir da comunicação mediada por computadores (KOZINETS, 2002). Assim, como lembram Ayrosa e Sauerbronn (2004), os relatos têm o valor de uma observação etnográfica, embora ninguém esteja fisicamente junto.

Palavras-chave

- Ciberespaço
- Cibercultura
- Comunidades virtuais
- Hipertexto
- Interatividade
- Correio eletrônico, listas de discussão, *chats*, *blogs*

❖ Características principais

- Como o método tradicional, a netnografia demanda a imersão profunda do pesquisador no ambiente a ser pesquisado. Essa intensa participação constitui um elemento fundamental para o trabalho de campo.
- A obtenção de dados é praticamente automática, na medida em que o acesso às listas de discussão é público e os documentos são disponibilizados para *download*.
- Os riscos da revelação de dados distorcidos podem ser maiores se comparados aos da etnografia tradicional, uma vez que, em geral, os participantes permanecem anônimos, não há contato face a face e a realização de entrevistas não é frequente.
- Os dilemas éticos sobre os quais o pesquisador deve refletir são peculiares. Questões como o caráter público das listas de discussão e a permissão para a utilização de dados ainda são discutidas.

☆ Como utilizar[1]

- ❐ Definem-se o tema e o problema de pesquisa.
- ❐ Procede-se a uma revisão da literatura pertinente ao problema de investigação e escolhe(m)-se a(s) orientação(ões) teórica(s) que dará(ão) suporte ao estudo.
- ❐ Procede-se a um levantamento dos *sites* e listas de discussão relacionados ao tema da pesquisa.
- ❐ Selecionam-se as comunidades virtuais consideradas mais pertinentes ao objetivo da pesquisa.
- ❐ Definem-se os critérios para a escolha da comunidade virtual alvo da pesquisa: número de membros, grande circulação de mensagens, grau de detalhamento dos dados disponíveis para *download*, entre outros considerados relevantes pelo pesquisador.
- ❐ Seleciona-se a comunidade virtual a ser pesquisada.
- ❐ Inicia-se o trabalho de campo por meio da apresentação da proposta de pesquisa aos membros da comunidade virtual.
- ❐ Procede-se ao acompanhamento da lista de discussão.
- ❐ Selecionam-se os documentos disponíveis para *download* de acordo com o objetivo da pesquisa.
- ❐ Procede-se ao *download* dos documentos.
- ❐ Selecionam-se as mensagens trocadas pelos membros da comunidade virtual em um período determinado.
- ❐ Classificam-se as mensagens em categorias.
- ❐ Selecionam-se membros da comunidade virtual para possíveis entrevistas *on line*.
- ❐ Realizam-se as entrevistas, se for o caso.
- ❐ Registram-se as observações do pesquisador em um diário de campo.
- ❐ Analisam-se os dados coletados.
- ❐ Resgata-se o problema que suscitou a investigação.
- ❐ Elabora-se uma primeira versão do relatório de pesquisa.
- ❐ Retorna-se ao campo para a validação dos resultados ou para obter comentários adicionais de membros da comunidade virtual.
- ❐ Confrontam-se os resultados obtidos com a(s) teoria(s) que deu(ram) suporte à investigação.

---

[1] A ordem aqui apresentada não é rígida. Pode, portanto, ser alterada conforme a situação.

- Formula-se a conclusão.
- Elabora-se a versão final do relatório de pesquisa.

Para a seleção das comunidades virtuais, é possível realizar uma busca por categorias ou palavras-chaves em páginas como a do Yahoo Brasil Grupos (<**http://br.groups.yahoo.com/**>), por exemplo, que congrega comunidades virtuais diversas.

Como na etnografia tradicional, cabe ao pesquisador a decisão de apresentar-se ou não como tal para os membros da comunidade virtual. Este é um dos procedimentos relacionados à ética. Sugere-se que o pesquisador informe aos membros da comunidade que está inscrito na lista de discussão, bem como apresente a proposta de pesquisa. Deve-se, ainda, garantir o anonimato dos informantes, solicitar a permissão para utilização de mensagens específicas, *newsletters*, fotografias e outros documentos disponíveis *on line* (KOZINETS, 2002).

Os critérios para a seleção de membros da comunidade virtual para possíveis entrevistas *on line* variam de acordo com o objetivo da pesquisa. As categorias estabelecidas por Kozinets (1999) são apenas um exemplo.

A volta ao campo é o que Kozinets (2002) denomina *member checks*, um procedimento também relacionado à ética. Consiste em apresentar aos membros da comunidade virtual os resultados da pesquisa ou parte deles. Essa apresentação tanto pode ser feita à comunidade como um todo e, para isso, basta o pesquisador disponibilizar o documento para *download*, como pode ser feita a apenas alguns membros da comunidade e, nesse caso, o *e-mail* deverá ser o canal utilizado.

Exemplo da utilização da netnografia

Exemplo: O samba em rede

Sá (2000) valeu-se da netnografia para a realização de uma pesquisa sobre *sites* e listas de discussão relacionados ao carnaval carioca e ao desfile das escolas de samba do Rio de Janeiro. O artigo "O samba em rede – comunidades virtuais e Carnaval carioca" apresenta parte dos dados coletados e dos resultados do projeto *O samba em rede – a dimensão comunicativa das* home-pages *das Escolas de Samba*.

O artigo mencionado abordou a lista rio-carnaval@. Teve como objetivo identificar quem são os participantes da lista, qual é o seu conteúdo e qual é o papel do correio eletrônico na articulação de uma identidade de "sambista virtual". Discutiu as novas formas de sociabilidade proporcionada pela comunicação mediada por computadores, remetendo-as a formas de sociabilidade não virtuais.

A lista rio-carnaval@ foi criada em julho de 1998 a fim de promover discussões sobre carnaval carioca e suas escolas de samba. A lista passou a ser acompanhada em novembro de 1999. O levantamento realizado permitiu a classificação das mensagens em seis categorias: (a) avisos relacionados ao samba, aos ensaios e aos lançamentos de CDs; (b) discussões específicas sobre o carnaval 2000; (c) discussões sobre a atuação das autoridades e da mídia no que se refere ao carnaval; (d) memória do samba; (e) brincadeiras entre alguns participantes; (f) dicas e troca de favores entre os participantes.

Os dados coletados revelaram características desta comunidade virtual, semelhantes às de outras comunidades, tais como: a solidariedade entre os membros, a ênfase na participação de todos e a circulação de informações privilegiadas e especializadas. Há, contudo, algumas peculiaridades. Os membros da lista rio-carnaval@ não permanecem anônimos. Fazem questão de se identificarem e de serem identificados. Assinam seus nomes completos, muitas vezes acompanhados de expressões relacionadas à Escola de origem. São carnavalescos, membros da diretoria de Escolas, jornalistas especializados, entre outros. Há, também, aqueles que moram em outras cidades do Brasil e do exterior, mas que mencionam conhecer o mundo do samba e ter participado de desfiles. Outro segmento é o dos principiantes, que não entendem tanto de samba, mas querem aprender.

No caso desta comunidade, a identidade virtual parece ser uma extensão da identidade anterior de militante do mundo do samba. O vínculo de um indivíduo a uma Escola e suas experiências com o carnaval são fundamentais para uma recepção calorosa como novo membro da comunidade. Algumas mensagens contêm comentários sutis sobre elementos como enredo ou fantasia, por exemplo, sublinhando a importância da experiência *in loco*. Os dados revelaram, ainda, que a construção da identidade sambista é marcada pelo envolvimento afetivo dos membros com as agremiações.

Por conta de uma referência na rio-carnaval@, esta comunidade foi comparada com outra comunidade virtual ligada ao samba: a Grêmio Recreativo Escola de Samba Demonstração Unidos do Mundo. Trata-se da primeira escola de samba virtual. Desfilou no Carnaval 2000, na abertura do desfile das campeãs.

Os resultados da pesquisa revelaram que os membros da rio-carnaval@ são pessoas da classe média, que dominam uma ferramenta tecnológica e que participam ativamente do mundo do samba. Outros membros, não tão comprometidos, são simpatizantes. A Internet é utilizada para potencializar a comunicação desta comunidade, ampliando as possibilidades de construção da identidade carioca/sambista. Substituir a experiência do carnaval pela versão virtual é algo impensável para os membros desta comunidade. A construção da identidade virtual se dá de dentro para fora, isto é, a identidade de carioca e amante do samba é anterior ao convívio na rede. Uma identidade global, portanto, não é a realidade desta comunidade. Os participantes deixam claro que são diferentes dos turistas. Por outro lado, a identidade virtual dos membros da comunidade Unidos do Mundo é construída de fora para dentro. O que parece ocorrer é um *planetary meeting* de apreciadores do samba, "gringos" separados geográfica e culturalmente, mas ligados via Internet a um interesse comum. Neste caso, a Internet é utilizada para promover a comunicação entre os participantes e a própria existência da comunidade.

Um ponto em comum entre as duas comunidades, contudo, é o fato de a Internet potencializar um interesse anterior, o que contraria uma suposição sobre a existência de foliões desencarnados da experiência de frequentar uma escola de samba e que navegam na rede à procura de fantasias.

Leituras para aprofundamento

AYROSA, Eduardo A. T.; SAUERBRONN, João Felipe R. Uma introdução ao uso de métodos qualitativos de pesquisa em comportamento do consumidor. In: VIEIRA, Marcelo M. F.; ZOUAIN, Deborah M. (Org.). **Pesquisa qualitativa em administração**. Rio de Janeiro: Fundação Getulio Vargas, 2004.

BROWN, Stephen; KOZINETS, Robert V.; SHERRY JR., John F. Teaching old brands new tricks: retro branding and the revival of brand meaning. **Journal of Marketing**. v. 67, p. 19-33, July 2003.

KOZINETS, Robert V. On netnography: initial reflections on consumer research investigations of cyberculture. **Advances in Consumer Research**. v. 25, p. 366-371, 1998.

______. E-Tribalized marketing?: the strategic implications of virtual communities of consumption. **European Management Journal**. v. 17, nº 3, p. 252-264, 1999.

______. The field behind the screen: using netnography for marketing research in on line communities. **Journal of Marketing Research**. v. 39, nº 1, p. 61-72, Feb. 2002.

LEMOS, André. Aspectos da cibercultura: vida social nas redes telemáticas. In: PRADO, José Luiz Aidar (Org.). **Crítica das práticas midiáticas**: da sociedade de massa às ciberculturas. São Paulo: Hacker Editores, 2002.

MUNIZ, Albert M.; O'GUINN, Thomas C. Brand community. **Journal of Consumer Research**. v. 27, nº 4, p. 412-432, Mar. 2001.

SÁ, Simone Pereira de. O samba em rede. Comunidades virtuais e carnaval carioca. **Revista Lugar Comum**. Rio de Janeiro: NEPCOM/UFRJ, nº 12, p. 107-136, set./dez. 2000.

______. Utopias comunais em rede: discutindo a noção de comunidade virtual. **Revista Fronteiras**. São Leopoldo: Unisinos, v. 3, nº 2, 2001.

SÁ, Simone Pereira de. Netnografias nas redes digitais. In: PRADO, José Luiz Aidar (Org.). **Crítica das práticas midiáticas**: da sociedade de massa às ciberculturas. São Paulo: Hacker Editores, 2002.

______. Comunidades virtuais e atividade ergódica. In: FRANÇA, Vera; WEBER, Maria Helena; PAIVA, Raquel; SOVIK, L. (Org.). **Livro do XI COMPÓS** – Estudos de Comunicação. Porto Alegre: Sulina, 2003.

18

Pesquisa-ação

A pesquisa-ação é um método de pesquisa que visa à resolução de problemas por meio de ações definidas por pesquisadores e sujeitos envolvidos com a situação sob investigação. Objetiva, simultaneamente, a intervenção, a elaboração e o desenvolvimento de teoria. Na definição de Thiollent (1988, p. 14), trata-se de "um tipo de pesquisa social com base empírica que é concebida e realizada em estreita associação com uma ação ou com a resolução de um problema coletivo e no qual os pesquisadores e os participantes representativos da situação ou do problema estão envolvidos de modo cooperativo ou participativo".

Este método de pesquisa é, muitas vezes, tratado como sinônimo de pesquisa participante. Como esclarece Thiollent (1987, 1988), a pesquisa-ação é uma forma de pesquisa participante. Entretanto, nem todas as pesquisas participantes são consideradas pesquisa-ação, uma vez que este método é centrado na intervenção planejada em uma dada realidade, por parte dos sujeitos. A participação dos pesquisadores não é suficiente para que a investigação seja considerada pesquisa-ação.

A pesquisa-ação é, também, confundida com consultoria. Este método difere da consultoria por buscar a elaboração e o desenvolvimento do conhecimento teórico (ROESCH, 2001), ao mesmo tempo em que tenciona resolver problemas práticos.

É possível dizer que este método surgiu nos anos 40, por meio dos trabalhos de Kurt Lewin, nos Estados Unidos. O artigo "*Action research and minority problems*", publicado por esse pesquisador em 1946, registrou o aparecimento do termo *pesquisa-ação*, nos meios acadêmicos (SUSMAN e EVERED, 1978).

Esta abordagem inicial valeu-se da pesquisa do tipo experimental. A ação do pesquisador tornou-se visível, sendo esperado um impacto produzido por esta ação. A partir dos anos 60, a pesquisa-ação passou a ser utilizada no âmbito da abordagem sociotécnica, com destaque para o programa de pesquisa no setor de mineração de carvão, realizado pelo *Tavistock Institute*, no Reino Unido (EDEN e HUXHAM, 2001; ROESCH, 2001; SUSMAN e EVERED, 1978; THIOLLENT, 1988). Thiollent (1997) registra que em outras áreas de conhecimento (educação, comunicação, serviço social, entre outras), há propostas de pesquisa-ação com objetivos diversos e revela que desde a década de 80 ele realiza este tipo de pesquisa em diversas experiências de consultoria, destacando a que realizou em uma empresa estatal.

Palavras-chave

- Interação entre pesquisadores e sujeitos da pesquisa
- Reflexão – ação – reflexão
- Intervenção por parte dos sujeitos
- Resolução de problemas prioritários
- Trabalho útil para o grupo ou a organização
- Teoria fundamentada na ação e vice-versa

Características principais

- Mobiliza os sujeitos para atuarem durante todo o processo de investigação e identificação dos problemas prioritários, bem como implementarem e avaliarem as ações.
- Permite explorar e estimular o processo de aprendizagem dos sujeitos, por meio da discussão e da disseminação de informações, visando à condução de trabalhos futuros.
- Permite analisar a teoria durante o processo de mudança, provocado pela ação dos sujeitos.
- É recomendado para investigações com grupos, organizações, coletividades de pequeno ou médio porte, sendo inadequado para utilização em nível macrossocial (THIOLLENT, 1988).
- A ação de forças políticas, contrárias ou céticas, pode dificultar a obtenção de dados e a implementação das ações.
- É inadequado para os propósitos empresariais focados no curto prazo.

- Não é recomendado para aplicação em organizações que apresentam alta rotatividade de dirigentes e demais funcionários, o que afeta os propósitos e a continuidade da pesquisa.

☆ Como utilizar[1]

- Definem-se o tema e a proposta preliminar de pesquisa.
- Constitui-se a equipe de pesquisadores (se for o caso).
- Procede-se a uma revisão da literatura pertinente ao tema da pesquisa.
- Procede-se ao contato inicial com o grupo ou a organização selecionada.
- Identificam-se os participantes da pesquisa.
- Estuda-se a viabilidade de aplicação do método de pesquisa-ação no meio considerado.
- Reúnem-se os participantes para a discussão acerca dos problemas do grupo ou da organização sob investigação e das possibilidades de ação.
- Com base em uma suposição diagnóstica, coletam-se os dados para a elaboração do diagnóstico, por meio de entrevistas, observação, seminários ou outros procedimentos.
- Formula-se o problema de pesquisa, baseado na interação com os participantes e, se for o caso, com a colaboração de especialistas.
- Escolhe(m)-se a(s) orientação(ões) teórica(s) que dará(ão) suporte à investigação, considerando-se o problema formulado.
- Elabora-se o diagnóstico.
- Intensifica-se a coleta de dados para o planejamento e a implementação de ações.
- Selecionam-se as ações para implementação imediata.
- Selecionam-se as ações para implementação futura.
- Elabora-se um plano de ações, considerando as ações a serem implementadas, os responsáveis pela implementação e os prazos.
- Implementam-se as ações.
- Avalia-se o resultado de cada uma das ações implementadas, em termos práticos e de desenvolvimento de conhecimentos teóricos.
- Redirecionam-se as ações, se isso for considerado pertinente.

---

1 A ordem aqui apresentada não é rígida. Pode, portanto, ser alterada conforme a situação.

- Planeja-se a implementação de ações futuras.
- Resgata-se o problema que suscitou a investigação.
- Confrontam-se os resultados obtidos com a(s) teoria(s) que deu(ram) suporte à investigação.
- Formula-se a conclusão.
- Elabora-se o relatório de pesquisa.
- Divulgam-se os resultados da pesquisa aos participantes.

Em pesquisa-ação, o problema de pesquisa não é definido *a priori*. Deve ser formulado com base nos dados coletados para o diagnóstico e na discussão do tema com os sujeitos envolvidos.

A realização da pesquisa-ação demanda grande dedicação por parte do pesquisador e dos sujeitos envolvidos com a situação sob investigação. Nesse sentido, sugere-se a constituição de uma equipe de pesquisa, ao invés de um único pesquisador.

Outro aspecto a ser considerado é a linguagem utilizada pelos participantes. Como a utilização do método implica interação, comunicação, a linguagem deve ser comum a todas as pessoas envolvidas (THIOLLENT, 1997).

Deve-se buscar, sempre que possível, a disseminação das informações entre os participantes, não só para que o processo seja, de fato, participativo, como também para permitir a condução de trabalhos futuros.

Exemplos da aplicação do método de pesquisa-ação

Exemplo 1: Aprendizagem coletiva

Dixon (2001) relatou uma experiência de pesquisa-ação desenvolvida em museus canadenses, limitados por realidades sociais, econômicas e culturais sob mudança.

A pesquisa-ação se deu por meio do desenvolvimento do projeto *Aprendendo Através de Fronteiras Organizacionais*, cujas metas eram: (a) explorar como instituições individuais podem reinventar a si mesmas e adaptar-se à mudança; (b) explorar como os museus poderiam colaborar e apoiar uns aos outros nesse processo de mudança.

A pesquisa foi delineada com base em seis princípios da aprendizagem coletiva, quais sejam: (a) times/organizações como as unidades de aprendizagem; (b) suposições organizacionais agindo como limitações; (c) coinvestigação; (d) inteligência coletiva; (e) aprendizagem ocorrendo ao longo do tempo; (f) colaboração e alianças.

O projeto teve duração de 18 meses, norteado por três eventos: Fórum de Planejamento, Fórum de Aprendizagem e Fórum de Reflexão. Participaram dos eventos representantes dos museus selecionados. O projeto foi dirigido por um grupo de cinco pessoas, responsáveis por obter financiamento, identificar museus como participantes potenciais, delinear as especificidades dos três eventos principais do projeto, facilitar os eventos e identificar os resultados do estudo.

O Fórum de Planejamento foi um evento com duração de dois dias, do qual participaram um ou mais representantes de cada um dos potenciais museus participantes. Teve como objetivos confirmar a participação de cada um dos museus e delinear o projeto conjuntamente. Os participantes tiveram a oportunidade de relatar para o grupo os desafios que estavam enfrentando em suas instituições, bem como as expectativas referentes ao projeto. Nesta etapa, os participantes ratificaram a utilização dos princípios de aprendizagem coletiva, como o referencial para todo o projeto e, principalmente, como um guia para estruturar o Fórum de Aprendizagem.

O segundo evento, o Fórum de Aprendizagem, ocorreu durante três dias, com a participação de seis times. Foi observada a heterogeneidade dos museus participantes no que se refere ao tamanho, à localização geográfica e à missão.

Foram desenvolvidas seis atividades principais no Fórum de Aprendizagem, quais sejam: (a) diálogo de comunidade; (b) reflexão de times equiparados; (c) times que trabalham em suas próprias questões; (d) investigação apreciativa; (e) euritmia; (f) coleta de dados.

O diálogo de comunidade consistiu na reunião de todo o grupo, num círculo, por 30 minutos. Teve como objetivo identificar e criar conhecimento partilhado das questões e preocupações da totalidade. Foram programados três diálogos de comunidade.

Para a realização da reflexão de times equiparados, foi utilizado um espelho para que os participantes pudessem "ver a si mesmos como os outros os viam". Essa atividade consistiu numa sessão de trabalho, por 30 minutos, em que cada time era observado por um time parceiro que, em seguida, oferecia *feedback* relativo à discussão observada. O time observado, então, respondia ao *feedback* do parceiro. Finalmente, o processo era reiniciado com a troca de papéis pelos times.

Foram estabelecidos três períodos para que os times pudessem trabalhar em suas próprias questões, descobrindo o que estavam aprendendo conjuntamente e planejando como usar as ideias que estavam formulando.

A investigação apreciativa foi desenvolvida por meio de entrevistas que um indivíduo de cada time realizava com alguém de outro time. Cada entrevista, estruturada, durou uma hora. Contemplou fatores essenciais que dão vida e valor ao museu, bem como as experiências dos indivíduos em suas atividades no museu. Após as entrevistas, foram realizadas discussões que resultaram em *feedback* para os times no que se refere às suas forças "inspiradoras".

A atividade de euritmia, isto é, ritmo harmonioso, foi desenvolvida com o propósito de dar ao grupo a oportunidade de praticar concentração, coordenação e consciência a respeito de outros, ao moverem-se em conjunto. Foi realizada em três períodos de 45 minutos.

A coleta de dados foi realizada, em nível individual e grupal, ao final do Fórum de Aprendizagem. Em nível individual, os participantes entrevistaram um ao outro, durante uma hora e meia, utilizando um roteiro estruturado. No último dia do evento, os times foram orientados para que refletissem em conjunto, durante uma hora, sobre as seguintes questões: (a) Que progresso alcançou seu time a respeito de sua tarefa? (b) Que *insights* vocês ganharam sobre si próprios como um time, os quais lhes ajudarão no futuro? (c) O que vocês aprenderam sobre a aprendizagem com base em outras organizações? (d) O que vocês podem comprometer-se a dar e receber de outras organizações?

Os resultados do Fórum de Aprendizagem revelaram que: (a) os participantes desenvolveram maior conscientização no que se refere às relações pessoais e ao trabalho em um time efetivo; (b) os participantes aprenderam a recompor seus próprios papéis dentro do time; (c) os times aprenderam que os problemas que enfrentavam em suas instituições eram compartilhados pelos outros; (d) os participantes aprenderam práticas específicas sobre "o modo de fazer", baseado em outros museus; (e) identificaram recursos que poderiam ser invocados como ajuda adicional. Os participantes relataram, ainda, até que ponto as atividades do fórum facilitaram a aprendizagem.

No período entre o Fórum de Aprendizagem e o terceiro evento, o Fórum de Reflexão, foi solicitado aos times que elaborassem relatórios mensais sobre o progresso alcançado, de modo a facilitar a aprendizagem pelas organizações. Quatro times prepararam um relatório nesse período. Foi proporcionado, ainda, apoio para a troca de informações entre os times, por meio de conferência eletrônica, cuja utilização foi modesta.

O Fórum de Reflexão ocorreu durante dois dias, com a participação de um representante de cada time. Teve como objetivos avaliar o que tinha sido aprendido por cada time e refletir sobre como os museus seriam capazes de auxiliar um ao outro. As reflexões revelaram que atividades que haviam sido previstas pelos times, como as visitas às organizações, não foram realizadas. O pouco contato entre os times, após o Fórum de Aprendizagem, foi explicado pelas diferenças por eles observadas no que concerne às tarefas, ao tamanho de cada um, entre outros fatores. Nesse sentido, acreditavam que tinham pouco a aprender com os outros. Entretanto, após o Fórum de Reflexão, os representantes dos times identificaram similaridades no que se refere às tarefas e às questões do dia a dia, por meio dos relatos de cada um. As intenções em fazer contato com outros times foram renovadas durante o evento.

Para a pesquisadora, a primeira meta da pesquisa-ação foi alcançada, com a formação de times coesos, capazes de funcionar efetivamente em ambientes turbulentos. A segunda, entretanto, não foi tão bem-sucedida, em virtude do pouco contato estabelecido pelos times após o Fórum de Aprendizagem, já que cada time via a si próprio como único. Por fim, a pesquisadora concluiu que a "aprendizagem através de organizações" é uma meta muito abstrata para grupos, sendo mais bem identificada com um resultado final da organização.

❒ Exemplo 2: Desenvolvimento de fundos para uma ONG assistencial de pequeno porte

Lourenço (1998) utilizou o método de pesquisa-ação para realizar um estudo de caso em uma organização não governamental de assistência ao menor, o Lar Anália Franco (LAF).

A pesquisa teve como foco a captação de fundos para a instituição. Foram, inicialmente, formulados alguns problemas de pesquisa. Após as entrevistas com o Diretor-Presidente, para a realização do diagnóstico, foi definida a seguinte situação-problema: Como tornar o desenvolvimento de fundos para o LAF mais efetivo?

Participaram, de modo mais intenso dessa experiência de pesquisa-ação, o Diretor-Presidente da instituição (falecido antes do término da pesquisa), a Diretora Pedagógica, a secretária, três colaboradores, duas ex-internas, além de novos colaboradores, artistas e do próprio pesquisador.

A instituição abriga e educa meninas desamparadas, preferencialmente órfãs. Provê para as internas: alimentação, vestuário e calçados, material escolar, medicamentos, assistência médica e odontológica, assistência psicológica, educação formal nas escolas oficiais do município, educação profissionalizante, iniciação aos princípios cristãos, lazer, disciplina e hábitos de higiene e ecologia.

Na época em que a pesquisa foi realizada, o LAF era mantido exclusivamente com recursos oriundos de seus associados, colaboradores, pessoas físicas e jurídicas de direito privado, bem como de suas atividades sociais.

Os dados para a realização do diagnóstico, para a escolha das ações a serem implementadas e para o registro de ações para implementação futura foram coletados por meio de entrevistas, reuniões de trabalho, observação e participação nas ações implementadas. Foram, também, aplicados questionários aos participantes de dois eventos no LAF.

O contato inicial do pesquisador com o LAF ocorreu em um dos eventos sociais organizados para a arrecadação de fundos. Naquele momento, a proposta de pesquisa foi apresentada ao Diretor-Presidente da instituição.

O diagnóstico teve início a partir da terceira visita do pesquisador ao LAF. Foram realizadas entrevistas semiestruturadas com o Diretor-Presidente. Os principais assuntos discutidos foram as formas de arrecadação e os eventos realizados pela instituição. Com base no diagnóstico, ficou estabelecido que o escopo da pesquisa-ação deveria focar o aumento de receitas da instituição por meio de ações de marketing.

Foram definidas ações para os seguintes problemas detectados: (a) total falta de informações para a tomada de decisões de marketing; (b) necessidade de melhoria ou ampliação das formas de arrecadação utilizadas; (c) necessidade de divulgação da instituição.

Para enfrentar o primeiro problema detectado, a falta de informações, foi criado um banco de dados de doadores e um procedimento automatizado para acompanhar as doações. O objetivo do Projeto Banco de Dados de Doadores era gerar informações para a tomada de decisão de marketing, de modo a aumentar o montante doado.

No que se refere à necessidade de ampliar as formas de arrecadação, foi implementado o Projeto Camisas LAF, cujos objetivos eram o aumento direto de receitas, a divulgação da imagem e o estabelecimento da marca LAF, por meio da comercialização de camisas com a renda revertida para a instituição. Esse projeto contou com a participação de diversos profissionais, entre eles o cartunista Ziraldo. No âmbito desse projeto, foi criado o *slogan* da instituição: Você faz a diferença!

No que se refere à necessidade de divulgação do LAF, foram implementados dois projetos. O primeiro, Projeto Promoção de Eventos, teve como objetivo aumentar as receitas trazendo um público maior aos eventos promovidos pela instituição. Foram realizados dois Chás. O primeiro contou com a participação da atriz Adriana Esteves. O segundo projeto, Projeto Marketing Institucional, teve como objetivo trabalhar a imagem do LAF. Uma ação específica desse projeto foi a elaboração de um cartaz, com o *slogan* da instituição e a imagem da Adriana Esteves, convidando o leitor para visitar a casa, ou contribuir por meio de depósito em conta corrente. Algumas ações anteriores contribuíram, também, para a divulgação do LAF, como a criação do *slogan*, a obtenção do direito de utilização da imagem da Adriana Esteves, de forma gratuita, o Projeto Camisas LAF, entre outras.

Diversas ideias foram registradas para implementação futura, tais como: *home page* do LAF, ampliação do banco de dados, associação dos amigos do LAF, financiamento para os projetos, divulgação em mídias comuns.

Nesta experiência de pesquisa-ação, foram implementadas ações de acordo com a teoria de marketing para instituições sem fins lucrativos, que recomenda a utilização de um sistema de informações de marketing, o trabalho da credibilidade da instituição e a utilização, em certos casos, dos conceitos de marketing empresarial. Resultados financeiros de aumento de receita foram atingidos.

O pesquisador destacou, também, os resultados referentes à produção de conhecimento, tais como: o tempo para a implementação das ações, superior ao requerido no meio empresarial, a importância do planejamento de recursos humanos para os projetos, a necessidade de transmitir as informações referentes às etapas da pesquisa aos participantes, sem concentrá-las em uma única ou em poucas pessoas, o espaço a ser explorado nas instituições sem fins lucrativos.

Por fim, convidou o leitor a fazer a diferença, participando do Lar Anália Franco.

Exemplo 3: Aumento da competitividade de uma indústria de cerâmica vermelha

Macke (2002) utilizou o método de pesquisa-ação em um trabalho realizado em uma indústria de cerâmica vermelha da região metropolitana de Porto Alegre. A pesquisa teve como objetivo construir um modelo de intervenção visando ao aumento da competitividade da empresa por meio da melhoria do desempenho econômico-financeiro. A pesquisadora utilizou como base teórica para orientar as ações de mudança a Teoria das Restrições (TOC) e o Sistema Toyota de Produção (STP).

A empresa, alvo da intervenção, era familiar e de pequeno porte, com 30 funcionários. Todos os funcionários participaram da pesquisa.

A pesquisa-ação foi conduzida em quatro etapas. Os dados foram coletados por meio de pesquisa documental, entrevistas, observação direta e observação participante.

Na etapa inicial, foram realizadas 17 visitas à empresa, compreendendo as seguintes atividades: reunião geral com os participantes, capacitação teórica da direção, elaboração de fichas de acompanhamento produtivo, diagnóstico interno e externo. O diagnóstico interno revelou a existência de perdas no processo produtivo. No âmbito externo, foi realizada uma pesquisa de satisfação dos clientes, a fim de identificar outras possibilidades de melhoria.

Na segunda etapa da pesquisa-ação, foram realizadas as seguintes atividades: avaliação dos resultados da pesquisa de satisfação dos clientes, reuniões com pequenos grupos para a intensificação da coleta de dados e, posteriormente, para a apresentação da situação atual, definição dos indicadores locais de desempenho, análise de investimentos para a mudança estrutural do *layout* produtivo, uma alternativa de ação identificada pela direção da empresa. Esta etapa foi marcada, ainda, pela capacitação dos participantes do "chão de fábrica", em mecanismo da função produção e gerenciamento de gargalos e perdas.

Na terceira etapa, destacaram-se a execução do projeto de mudança do *layout* produtivo, a discussão dos resultados da pesquisa de satisfação dos clientes, nas reuniões de grupos, a avaliação do clima organizacional. Nesta etapa, foi criado o cargo de gerente da qualidade. Foi buscada a compreensão dos participantes no que se refere aos dois grandes tipos de ações de mudança: as ações estruturais, dependentes, essencialmente, de decisões da diretoria da empresa, e as ações de melhoria contínua, que envolvem as opiniões de todos os participantes.

A última etapa da pesquisa-ação foi marcada pelas seguintes atividades: capacitação dos participantes para trabalhos futuros, avaliação dos resultados da pesquisa-ação, funcionamento da nova planta, avaliação da intervenção segundo aspectos técnicos (sistema de indicadores de desempenho) e humanos (pesquisa de clima organizacional).

Foram apresentados os resultados do sistema de indicadores, antes e depois das ações de mudança. O indicador de produtividade econômica (ganho/despesas operacionais) foi destacado devido ao nível de melhoria de 15% após a intervenção, o que permitiu o atendimento da principal exigência dos clientes: a redução do preço de venda dos produtos cerâmicos. A análise dos resultados revelou que a melhoria do desempenho econômico-financeiro da empresa ocorreu, em grande parte, pela redução das despesas operacionais.

O modelo de intervenção construído foi baseado em cada uma das quatro etapas da pesquisa. No que se refere à generalização, a pesquisadora indica a utilização do modelo sob determinadas condições, lembrando que a base para a generalização na pesquisa-ação é estreita, situacional e limitada pelo contexto. A pesquisa-ação realizada contribuiu para a melhoria do desempenho da empresa na cadeia produtiva, atendendo, assim, às exigências impostas pelos clientes.

❐ Exemplo 4: Parcerias em gestão social

O método de pesquisa-ação foi utilizado por Tenório et al. (1998) em uma experiência de parceria entre uma instituição acadêmica, uma instituição religiosa e representantes de comunidades da cidade do Rio de Janeiro.

A experiência de pesquisa-ação surgiu de uma solicitação da Cáritas Arquidiocesana do Rio de Janeiro ao professor de uma instituição acadêmica do Rio de Janeiro, para ministrar um curso de capacitação em elaboração e gestão de projetos para representantes das comunidades. Em resposta a essa solicitação, foi constituída uma equipe composta por nove alunos da instituição acadêmica, sob a coordenação do referido professor, para atuar no projeto denominado Escritório Modelo de Gestão de Projetos Comunitários.

Essa experiência teve a duração de quatro meses, com a realização de encontros semanais na Catedral Metropolitana com representantes de comunidades de baixa renda de diferentes regiões da cidade do Rio de Janeiro. Teve como objetivos promover a transferência de tecnologia social e formar gestores de projetos comunitários.

O primeiro passo para o desenvolvimento dos trabalhos foi a preparação da equipe de alunos-monitores (os da instituição acadêmica) para trabalhar com a comunidade. Foram realizadas leituras prévias sobre conceitos e práticas de educação, pesquisa-ação e gestão de projetos comunitários.

Os representantes das comunidades foram convidados pela Cáritas, por meio de correspondência enviada a todas as paróquias da cidade do Rio de Janeiro, solicitando a indicação de até duas pessoas para participar dos encontros.

No primeiro encontro, a proposta de um Escritório Modelo foi esclarecida para os participantes. Algumas desistências ocorreram devido, em grande parte, ao fato de que os interesses das pessoas não estavam aderentes à proposta.

Os representantes das comunidades, denominados alunos-participantes, foram divididos aleatoriamente, sendo que os membros de uma mesma comunidade foram alocados em um mesmo grupo. Essa divisão resultou na heterogeneidade dos grupos, o que, segundo Tenório et al., foi positivo para todos, considerando o ambiente de cooperação e comprometimento com a ação.

Cada encontro era dividido em dois momentos. O primeiro era dedicado aos trabalhos em grupo, com a participação dos alunos-monitores e dos alunos-participantes. No segundo momento, participavam os alunos-monitores e o professor-coordenador, quando eram discutidas as atividades e planejados os encontros seguintes.

A primeira etapa de trabalho consistiu na identificação dos projetos de cada comunidade. Nesse sentido, foi solicitado aos alunos-participantes que revelassem, no encontro seguinte, um problema das suas comunidades para ser alvo de um projeto-piloto. Os problemas foram apresentados e discutidos pelos participantes, com contribuições de todos para a identificação do projeto do outro.

Na segunda etapa de trabalho, os alunos-monitores expuseram conceitos sobre o diagnóstico de problemas e a viabilidade de sua solução. Nesse momento, utilizaram material de apoio para auxiliar o processo de aprendizagem, o que foi considerado positivo pelos alunos-participantes. Para o encontro seguinte, foi solicitado aos alunos-participantes que incluíssem em suas anotações informações referentes à viabilidade do projeto, considerando as variáveis apresentadas, quais sejam: técnicas, econômicas, financeiras, gerenciais, sociais e ecológicas. As análises foram apresentadas em maior ou menor grau de profundidade, considerando a heterogeneidade dos grupos.

Os encontros seguintes foram conduzidos conforme a dinâmica de trabalho de cada grupo. Em geral, na primeira hora dos encontros os alunos-monitores abordavam pontos específicos da elaboração de projetos. Na segunda hora, ocorriam as apresentações e a discussão sobre os progressos de cada projeto, com destaque para os exercícios em grupo, uma oportunidade para construir ideias, redefinir objetivos ou iniciar os projetos, no caso daqueles participantes com maiores dificuldades para desenvolvê-los.

Além dos encontros semanais, os participantes realizaram visitas a duas comunidades, a fim de observar um projeto comunitário em andamento.

Os alunos-monitores participaram, ainda, de atividades complementares – reuniões, preparação de material de apoio – de modo a contribuir para que os encontros fossem mais produtivos.

As dificuldades enfrentadas no decorrer dessa experiência diziam respeito: (a) à falta de confiança que os alunos-participantes tinham em si mesmos – questão resolvida com a ajuda do próprio grupo; (b) à falta de tempo dos alunos-participantes para se dedicarem ao projeto – questão resolvida pela definição da data de encerramento das atividades e pela colaboração dos participantes nos projetos dos outros; (c) ao horário dos encontros, realizados no período da tarde – questão resolvida, em grande parte, devido à vontade de participar da experiência; (d) à expectativa dos alunos-participantes, que esperavam encontrar a solução para os problemas de suas comunidades – questão resolvida por meio de esclarecimentos dos alunos-monitores durante os encontros.

O encerramento das atividades ocorreu, num primeiro momento, no local dos encontros semanais. Os alunos-participantes explicitaram seus projetos e avaliaram a experiência. Posteriormente, foi realizado um encontro no auditório da instituição acadêmica, com a participação de todos, bem como de representantes de instituições públicas municipais e organizações não governamentais. Nesse encontro, foram apresentados os 18 projetos elaborados, todos avaliados pelos participantes. Por fim, as viabilidades de apoio foram expressas pelos representantes das entidades convidadas.

O desenvolvimento dessa experiência de pesquisa-ação evidenciou dois pontos fundamentais: (a) adaptar o ensino às condições e aos hábitos dos participantes – sugestão de um dos alunos-monitores de fazer uma oração antes de cada encontro, na medida em que os participantes eram pessoas vinculadas à Igreja e os encontros aconteciam nas dependências da Catedral; (b) necessidade de que a equipe condutora dos encontros não pense de forma diferente dos demais membros do grupo.

Para os pesquisadores – professor-coordenador e alunos-monitores –, a experiência do Escritório Modelo de Gestão de Projetos Comunitários está inserida numa proposta de uma nova ótica da relação entre sociedade e Estado, na qual os movimentos populares são capazes de construir conhecimento e desenvolver tecnologias de gestão próprios. Por fim, concluem que a parceria entre a academia e a sociedade devolve às instituições de ensino e pesquisa o seu papel de extensão do saber.

Leituras para aprofundamento

DIXON, Nancy. Aprendendo através das fronteiras organizacionais: um estudo de caso em museus canadenses. In: EASTERBY-SMITH, Mark; BURGOYNE, John; ARAUJO, Luis (Coord.). **Aprendizagem organizacional e organização de aprendizagem**: desenvolvimento na teoria e na prática. São Paulo: Atlas, 2001.

EDEN, Colin; HUXHAM, Chris. Pesquisa-ação no estudo das organizações. In: CALDAS, M.; FACHIN, R.; FISCHER, T. (Org.). **Handbook de estudos organizacionais**. São Paulo: Atlas, 2001. v. 2.

LOURENÇO, Fábio Barreto. **Consultoria gerencial em uma ONG assistencial de pequeno porte**: uma experiência de pesquisa-ação. 1998. 118 f. Dissertação (Mestrado em Administração de Empresas) – Departamento de Administração, Pontifícia Universidade Católica, Rio de Janeiro.

MACKE, Janaina. A pesquisa-ação como método de intervenção nas organizações: uma aplicação prática. In: ENCONTRO NACIONAL DA ASSOCIAÇÃO NACIONAL DOS PROGRAMAS DE PÓS-GRADUAÇÃO EM ADMINISTRAÇÃO, 26., 2002, Salvador. **Anais...** Salvador: Anpad, 2002.

ROESCH, Sylvia Maria Azevedo. Nota técnica: Pesquisa-ação no estudo das organizações. In: CALDAS, M.; FACHIN, R.; FISCHER, T. (Org.). **Handbook de estudos organizacionais**. São Paulo: Atlas, 2001. v. 2.

SUSMAN, Gerald.; EVERED, Roger. An assessment of the scientific merits of action research. **Administrative Science Quarterly**, v. 23, nº 4, p. 582-603, Dec. 1978.

TENÓRIO, Fernando G. et al. Parcerias em gestão social: uma experiência de organização para o desenvolvimento de comunidades. In: ENCONTRO NACIONAL DA ASSOCIAÇÃO NACIONAL DOS PROGRAMAS DE PÓS-GRADUAÇÃO EM ADMINISTRAÇÃO, 22., 1998, Foz do Iguaçu. **Anais...** Foz do Iguaçu: Anpad, 1998.

THIOLLENT, Michel. **Metodologia da pesquisa-ação**. 4. ed. São Paulo: Cortez: Autores Associados, 1988.

______. **Pesquisa-ação nas organizações**. São Paulo: Atlas, 1997.

______. Notas para o debate sobre pesquisa-ação. In: BRANDÃO, Carlos Rodrigues (Org.). **Repensando a pesquisa participante**. 3. ed. São Paulo: Brasiliense, 1987.

19

Técnicas de Complemento

Técnicas de complemento é um termo que designa instrumentos para a obtenção de dados por meio dos quais o pesquisador apresenta ao respondente um estímulo para ser preenchido com palavras. Tal estímulo pode ser uma sentença, um parágrafo, uma história ou quadrinhos (*cartoons*). Ao ser completado, ele pode revelar motivações, crenças e sentimentos que dificilmente seriam captados por meios convencionais, tais como questionários ou entrevistas estruturadas.

Estas técnicas, assim como as de associação, as de construção,[1] as expressivas e as de ordenamento, são tipos de técnicas projetivas, oriundas e amplamente utilizadas na área de psicologia (CATTERALL e IBBOTSON, 2000; DONOGHUE, 2000; MALHOTRA, 2001). Técnicas associativas utilizam, em geral, palavras como estímulo. Espera-se que o sujeito faça associações baseadas na palavra *indutora*, respondendo o que primeiro lhe vier à mente. Técnicas de construção demandam do sujeito a criação de uma resposta à situação sob investigação, na forma de uma história, de uma descrição ou de desenhos. Técnicas expressivas, por sua vez, demandam do sujeito a assunção de papéis, ou seja, colocar-se no lugar de outra pessoa e agir como tal diante da situação que lhe é apresentada pelo pesquisador. O *role playing* (dramatização) é um exemplo desta técnica. Por fim, as técnicas de ordenamento são utilizadas em investigações de cunho qualitativo quando se deseja estabelecer um *ranking* para os itens em discussão baseado, por exemplo, em graus de importância (WILL, EADIE e MacASKILL, 1996).

---

[1] Sobre técnicas de construção ver Capítulo 20.

O complemento de sentenças é mais detalhado do que uma associação de palavras. Em geral, uma série de sentenças incompletas, relacionadas ao objetivo da pesquisa, é fornecida para que o sujeito as complete, como no exemplo a seguir, extraído da pesquisa de Belk (1985) sobre comportamento do consumidor e a questão do materialismo:

- ❒ Comer em um bom restaurante...
- ❒ Dar dinheiro para ajudar aos pobres...
- ❒ Alguém que gasta mais de 15 mil dólares em um carro...
- ❒ Quando crianças ganham presentes de aniversário de seus pais...
- ❒ No Dia das Mães...

Completar parágrafos e histórias são versões ampliadas do complemento de sentenças (MALHOTRA, 2001). Outra possibilidade refere-se ao complemento de *cartoons*, ou seja, apresenta-se ao respondente uma situação particular sob a forma de quadrinhos, na qual diálogos ou pensamentos devem ser completados, como no exemplo a seguir, extraído de Catterall e Ibbotson (2000). O *cartoon* apresentado na Figura 1 foi submetido a um grupo de estudantes em uma sala de aula. O balão referente à fala do professor foi previamente preenchido pelos pesquisadores, restando aos estudantes completar os balões de pensamento tanto do aluno quanto do professor.

Fonte: Catterall e Ibbotson (2000, p. 247).

Figura 1 *Complemento de* cartoons *por estudantes em sala de aula.*

Como sugerem Catterall e Ibbotson (2000), por meio da técnica de complemento de *cartoons* o respondente é estimulado a imaginar como outras pessoas pensam em determinadas situações, permitindo que indiretamente projetem seus próprios pensamentos ou sentimentos. Pode-se dizer que esta técnica foi inspirada na proposta de Saul Rosenzweig – *Rosenzweig Picture Frustration* –, publicada em 1945. Consistia em 24 figuras semelhantes a *cartoons* incompletos, cada uma representando uma situação relacionada à frustração (KASSARJIAN, 1974; ZOBER, 1955).

O emprego das técnicas de complemento e de técnicas projetivas em geral está relacionado à crença de que a manifestação de determinadas opiniões ou de sentimentos pode ser limitada por convenções sociais ou por barreiras de comunicação entre pesquisadores e pesquisados. Assume-se que indivíduos tendem a dar respostas socialmente aceitáveis quando questionados diretamente sobre determinado tema, evitando dizer o que realmente pensam (DONOGHUE, 2000).

Em administração, estas técnicas têm sido utilizadas, principalmente, em pesquisas de marketing (DONOGHUE, 2000; FABER, O'GUINN e KRYCH, 1987; ZOBER, 1955). São, geralmente, combinadas com outras técnicas, tanto de cunho qualitativo quanto quantitativo.

Palavras-chave

- Questionamento indireto
- Estímulos ambíguos (pouco ou semiestruturados)
- Sentenças, parágrafos, histórias, *cartoons*
- Projeção
- Valores, crenças, atitudes, sentimentos
- Subjetividade

❖ Características principais

- São utilizadas, em geral, quando há necessidade de disfarçar o propósito da pesquisa.
- Prestam-se, geralmente, para a obtenção de dados em investigações cuja questão principal é do tipo "Por que" (*why questions*), ou seja, que visam explorar ou explicar, por exemplo, por que pessoas pensam

ou agem de determinada maneira (DONOGHUE, 2000; WILL, EADIE e MacASKILL, 1996; ZOBER, 1955).

- Permitem gerar tanto dados complementares aos obtidos por meio de técnicas tradicionais quanto dados preliminares, a fim de auxiliar a elaboração de questionários ou roteiro de entrevistas.
- Exigem do pesquisador sensibilidade e habilidade para elaborar o material (sentenças, parágrafos, *cartoons*), de modo a atender aos propósitos da pesquisa e, ao mesmo tempo, evitar respostas simplesmente óbvias ou socialmente aceitáveis.

☆ Como utilizar[2]

- Definem-se o tema e o problema de pesquisa.
- Procede-se a uma revisão da literatura pertinente ao problema de investigação e escolhe(m)-se a(s) orientação(ões) teórica(s) que dará(ão) suporte ao estudo.
- Definem-se as técnicas de complemento a serem utilizadas para a coleta dos dados, de acordo com o propósito da pesquisa.
- Elabora-se o material a ser utilizado: *cartoons*, sentenças incompletas, parágrafos ou histórias incompletas.
- Selecionam-se os sujeitos da pesquisa.
- Realiza-se um pré-teste, com sujeitos que não farão parte da amostra, para avaliar a pertinência dos instrumentos a serem utilizados no campo.
- Realizam-se ajustes no material até que sejam considerados adequados para utilização.
- Coletam-se os dados por meio da técnica de complemento escolhida e outros instrumentos (se for o caso).
- Analisam-se os dados, o que pode ser feito ou não junto com os sujeitos da pesquisa.
    - No caso de análise em parceria com os sujeitos da pesquisa: realiza-se a leitura do material obtido, fazendo uma análise preliminar dos dados com registro dos temas emergentes; procede-se à discussão dos registros preliminares com os sujeitos da pesquisa; consolidam-se os dados obtidos pela técnica de complemento escolhida, considerando-se a análise conjunta.

---

[2] A ordem aqui apresentada não é rígida. Pode, portanto, ser alterada conforme a situação.

- No caso de análise pelo pesquisador ou pela equipe de pesquisa: realiza-se a leitura do material obtido; registram-se os temas emergentes, similaridades e contradições observadas.

- Comparam-se os dados obtidos por meio dos diversos instrumentos de coleta utilizados (se for o caso).
- Resgata-se o problema que suscitou a investigação.
- Confrontam-se os resultados obtidos com a(s) teoria(s) que deu(ram) suporte à investigação.
- Elaboram-se suposições ou hipóteses para serem testadas em pesquisas futuras ou em etapas posteriores da pesquisa em andamento (se for o caso).
- Formula-se a conclusão.
- Elabora-se o relatório de pesquisa.

As técnicas de complemento podem tanto preceder uma investigação de caráter quantitativo, a fim de gerar hipóteses a serem testadas, quanto sucedê-la, gerando resultados complementares. Podem, também, compor um conjunto de técnicas para a coleta de dados (questionários, entrevistas, observação) em um estudo de cunho qualitativo. Em geral, são utilizadas em pesquisas do tipo exploratório. O problema de pesquisa e a literatura pertinente ao tema deverão nortear a decisão do pesquisador por estas técnicas de questionamento indireto ou por outras mais estruturadas e diretas.

As técnicas de complemento podem ser empregadas valendo-se tanto da primeira pessoa do singular, como as sentenças elaboradas por Faber, O'Guinn e Krych (1987), apresentadas no exemplo 1 deste capítulo, quanto da terceira pessoa (KASSARJIAN, 1974). Podem, também, variar em seus graus de estrutura (OPPENHEIM, 1973). Podem ser extremamente abertas (não estruturadas) ou voltar-se para um tema (semiestruturadas), como no exemplo a seguir, sobre complemento de sentenças, fornecido por Oppenheim (1973). "Se pelo menos..." é uma sentença a ser completada que pode ser considerada não estruturada. "O cigarro mais agradável do dia...", por sua vez, é uma sentença que está relacionada a um determinado tema, sendo considerada, portanto, semiestruturada.

Como alerta Oppenheim (1973), os efeitos do contexto devem ser considerados ao se elaborar o material para a coleta de dados. Veja-se o exemplo desse autor. Se os participantes da pesquisa já responderam a perguntas sobre fumo durante uma entrevista, um grupo focal ou em questionários ou completaram sentenças referentes a este tema, poderão ficar inclinados a completar a sentença "Se pelo menos..." com algo relacionado ao fumo. Se o objetivo do pesquisador for explorar, por exemplo, hábitos e sentimentos relacionados ao fumo, o contexto pode ser um facilitador da resposta. Se, no entanto, o objetivo do pesquisador for explorar hábitos e sentimentos de forma geral, não apenas os relacionados ao fumo, o contexto pode ser obstaculizador.

Tal como a construção de desenhos,[3] as técnicas de complemento podem ser utilizadas como complemento a outras técnicas; por exemplo: durante a aplicação de questionários ou da realização de entrevistas, antes da realização de um grupo de foco, em *workshops* com atividades diversas ou, ainda, isoladamente. No que concerne à análise e à interpretação dos dados, como mencionado, os pesquisadores poderão atuar em parceria com os sujeitos da pesquisa, fazendo uma análise preliminar, registrando temas emergentes e, posteriormente, discutindo tais registros com os participantes. Outra possibilidade refere-se à análise dos dados pela própria equipe de pesquisa, sem a participação dos sujeitos. Neste caso, não se pode negar a influência significativa da subjetividade dos pesquisadores no que diz respeito à interpretação dos dados.

Exemplos da utilização de técnicas de complemento

❒ Exemplo 1: Consumo compulsivo

Técnicas de complemento foram utilizadas por Faber, O'Guinn e Krych (1987) em uma pesquisa sobre consumo compulsivo. Os pesquisadores relacionaram, inicialmente, o termo *consumo compulsivo* a um tipo de comportamento de consumo que é inapropriado, excessivo, prejudicial aos indivíduos. Abordam o tema com base nas características de comportamentos compulsivos, tipologias e causas.

A pesquisa, cujos resultados preliminares foram apresentados no artigo aqui utilizado como exemplo, teve como objetivo discutir como gastos compulsivos estão relacionados com a etiologia[4] de comportamentos compulsivos, além de descrever diferentes formas de manifestação do consumo compulsivo.

Os dados da pesquisa foram coletados por meio de observação e participação em discussões de grupos de autoajuda, relatos de consumidores compulsivos e um *survey* piloto. Participaram do *survey* 23 pessoas que frequentavam encontros de um grupo de ajuda, sendo 19 mulheres e 4 homens.

Para muitos indivíduos, comprar é uma reação ao *stress* ou a situações desagradáveis. Uma das seções do questionário aplicado aos sujeitos da pesquisa foi destinada ao complemento de sentenças, como, por exemplo: "Sou capaz

---

3 Sobre a construção de desenhos ver Capítulo 4.

4 Etiologia refere-se à ciência das causas.

de comprar algo para mim quando..." Complementos como "estou deprimido" ou "não estou bem" evidenciaram sentimentos negativos, revelados por 43,5% dos sujeitos. Os pesquisadores compararam os resultados com os obtidos em uma pesquisa sobre materialismo, realizada por Belk (1985), que utilizou a mesma sentença para complemento. Na pesquisa de Belk (1985), apenas 20% dos respondentes revelaram algum tipo de emoção ou impulso relacionado a compras.

Uma outra sentença utilizada para complemento foi: "Quando não me sinto bem, sou capaz de...". Gastar dinheiro ou fazer compras foram complementos mencionados por 30,4% dos sujeitos, o que leva a crer, segundo os pesquisadores, que, para pelo menos alguns consumidores compulsivos, o ato de comprar é a maneira pela qual eles lidam com o sentimento de infelicidade. Tal constatação foi confirmada por diversos relatos de indivíduos que relacionaram de alguma forma seu estado de espírito ao comportamento compulsivo.

De acordo com os pesquisadores, embora consumidores compulsivos sintam prazer com o ato de comprar, muitos revelam que pouco aproveitam ou utilizam o que compram. Alguns escondem as compras, com medo de serem descobertos. Muitos compram tantas coisas que não conseguem nem usá-las. Em uma das questões fechadas do questionário aplicado, utilizada para medir o grau de concordância ou de discordância com as afirmativas dadas, 43,4% dos sujeitos concordaram com a seguinte afirmação: "Meu armário está cheio de coisas que nunca foram usadas." O medo e os gastos acima das possibilidades interferem na vida dos consumidores compulsivos, gerando sentimentos como culpa e ansiedade. O medo e a culpa associados ao ato de comprar ficaram evidentes nos complementos de outra sentença: "Quando eu uso meu cartão de crédito..." Muitos completaram com expressões do tipo "gasto mais do que quando pago em *cash*".

Um dos problemas relacionados ao consumo compulsivo tem sido o endividamento, um pesadelo para muitos indivíduos, como evidenciado nos complementos de outra sentença: "Uma coisa que me faria mais feliz neste momento da minha vida seria..." A expressão "não ter mais dívidas" foi mencionada por 56,5% dos sujeitos.

Para os pesquisadores, com base nos resultados preliminares da pesquisa, o consumo compulsivo está relacionado a grande parte das características associadas a comportamentos compulsivos. Com relação às tipologias, admitem que não há uma única apropriada. Mencionam que um dos maiores estereótipos relacionados aos gastos compulsivos refere-se ao fato de que as mulheres são as mais atingidas, embora homens também o sejam. Apesar de homens e mulheres sofrerem com este problema, a tendência é que a manifestação se dê de forma diferenciada. Mulheres, em geral, gastam mais com roupas e joias, enquanto homens o fazem com carros e eletrônicos. Entretanto, a compra destes produtos tem o mesmo objetivo: elevar a autoestima do indivíduo.

Além disso, o consumo compulsivo, como outros comportamentos compulsivos, tende a se manifestar de muitas formas diferentes. Por exemplo, nem todos os consumistas compulsivos compram para si próprios. Muitos compram para outras pessoas. Há indivíduos que parecem comprar para livrar-se da ansiedade ou da infelicidade, porém outros parecem querer apenas livrar-se do dinheiro.

Com relação às causas do consumo compulsivo, é provável, de acordo com os pesquisadores, que fatores relacionados a diferentes teorias sobre comportamentos compulsivos contribuam para a compreensão da condição do consumo. Estas teorias enfatizam, sobretudo, causas biológicas, psicológicas e sociológicas. Causas biológicas estão relacionadas à predisposição genética. Causas psicológicas sugerem que comportamentos compulsivos aliviam o *stress* devido à pressão por desempenho, ou são causados por baixa autoestima. Causas sociológicas, por sua vez, sugerem que certos comportamentos são estimulados pela própria sociedade e pela mídia.

Os pesquisadores ressaltam, por fim, que muitos de nós sentimos prazer ao comprar. Questionam, então, em que momento isso passa a ser anormal.

❒ Exemplo 2: Adoção, adaptação e assimilação de tecnologias baseadas na Internet por pequenas e médias empresas

Ramsey et al. (2004) valeram-se da técnica de complemento de *cartoons*, bem como de outras técnicas projetivas (associação e construção), em uma pesquisa acerca da adoção, adaptação e assimilação de tecnologias baseadas na Internet, por pequenas e médias empresas. Tais técnicas foram utilizadas a fim de provocar, de forma indireta e pouco estruturada, a manifestação de percepções de gestores de tais empresas acerca de cenários relacionados ao *e-business*.

Foi realizada inicialmente uma revisão da literatura pertinente ao tema. A primeira fase da pesquisa de campo foi de cunho quantitativo, tendo sido sucedida pelo emprego das técnicas projetivas. Foram selecionados para participação nesta segunda fase 50 respondentes (40% dos participantes do *survey*), sendo que 18 participaram efetivamente.

A coleta de dados por meio da técnica de complemento de *cartoons* teve como objetivo explorar as questões relacionadas ao *e-business* de forma mais profunda do que a técnica de associação de palavras. A cada *cartoon* apresentado ao respondente eram fornecidas instruções para o complemento, bem como informações relacionadas ao tópico abordado. Para completar o *cartoon* apresentado na Figura 2, por exemplo, os sujeitos eram informados de que um dos fatores que impedem a utilização de tecnologias por pequenas e médias empresas é a falta de recursos financeiros. Os sujeitos receberam instruções para considerar a ilustração e preencher o balão referente à fala do personagem, em resposta à oferta de recursos financeiros.

Fonte: Ramsey et al. (2004, p. 39).

Figura 2 *Utilização de tecnologias por pequenas e médias empresas.*

Os dados revelaram, apesar da amostra reduzida, que no âmbito das pequenas e médias empresas há diversos tipos de gestores, desde os céticos aos mais entusiasmados. De modo geral, a maioria dos respondentes se mostrou receptiva à ajuda financeira para aceitar o desafio do *e-business*.

Em outro *cartoon*, os pesquisadores abordaram uma situação conhecida no ambiente de negócios: a queda nas vendas. Para completá-lo, os sujeitos eram informados sobre o crescimento e a importância do setor de serviços na economia, bem como sobre o potencial da Internet e do *e-business* para aumentar a competitividade de pequenas empresas. Foi mencionado, ainda, que, no entanto, há quem considere que, quanto menor a empresa, menor a probabilidade de ela estar preparada para adaptar seus processos de trabalho à nova tecnologia. No *cartoon* incompleto, era possível visualizar o gestor de uma empresa enfrentando o problema de queda nas vendas e uma de suas funcionárias entusiasmada com a possibilidade de recorrer à tecnologia para melhorar os negócios. O balão referente à fala da funcionária foi previamente preenchido pelos pesquisadores. Os demais balões deveriam ser preenchidos pelos sujeitos da pesquisa. A Figura 3 permite visualizar o *cartoon* já preenchido por um dos sujeitos.

Fonte: Ramsey et al. (2004, p. 41).

Figura 3 *Queda nas vendas.*

Os resultados da pesquisa foram discutidos com base no modelo apresentado na Figura 4, acerca da adoção do *e-business* por pequenas e médias empresas. Por meio deste modelo, é possível visualizar os tipos de barreiras que impedem a utilização de tecnologias baseadas na Internet, nos negócios.

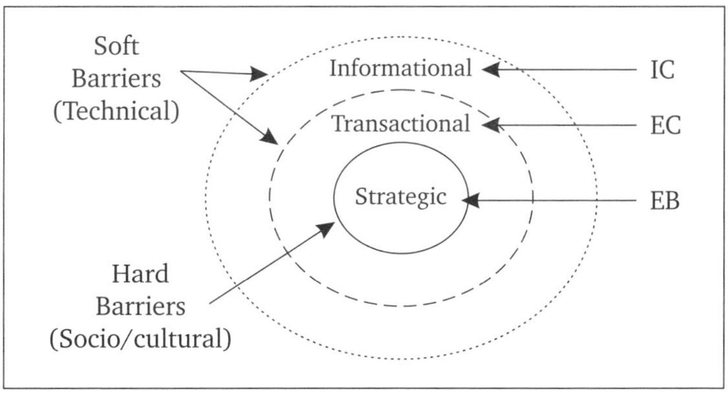

Fonte: Ramsey et al. (2004, p. 43).

Figura 4 *Modelo de adoção do* e-business *por pequenas e médias empresas.*[5]

[5] IC: *Internet commerce*; EC: *Eletronic commerce*; EB: *E-business*

De acordo com os pesquisadores, as barreiras tecnológicas são fáceis de transpor (*soft barriers*). Grande parte da amostra pesquisada está envolvida com o comércio na Internet (IC) em nível periférico. Foi apontado, também, que no nível organizacional as barreiras socioculturais é que determinarão a percepção e as atitudes dos decisores no que se refere à utilidade das tecnologias baseadas na Internet, para os negócios. Estas barreiras são consideradas mais difíceis de transpor (*hard barriers*). As principais barreiras culturais identificadas pela pesquisa estão relacionadas a fatores organizacionais (tamanho, recursos, estabilidade), de inovação (custo, complexidade, compatibilidade, infraestrutura adequada) e ambientais (pressão competitiva, falta de apoio do governo).

Embora a literatura relacionada ao tema da pesquisa tenha apontado o impacto de fatores individuais (escolaridade, idade, traços de personalidade dos gestores) na decisão pela adesão às tecnologias baseadas na Internet, não há evidências na pesquisa realizada de que estes fatores são o principal impedimento. Em síntese, foi constatado que, apesar da maior parte dos sujeitos perceber a importância do *e-business* para os negócios, a capacidade de resposta destas empresas é fraca.

Leituras para aprofundamento

BELK, R. W. Materialism: trait aspects of living in the material world. **Journal of Consumer Research**, v. 12, nº 3, p. 265-280, 1985.

CATTERALL, Miriam; IBBOTSON, Patrick. Using projective techniques in education research. **British Educational Research Journal**, v. 26, nº 2, p. 245-256, Apr. 2000.

DONOGHUE, Suné. Projective techniques in consumer research. **Journal of Family Ecology and Consumer Sciences**, v. 28, p. 47-53, 2000.

FABER, R. J.; O'GUINN, T. C.; KRYCH, R. Compulsive consumption. **Advances in Consumer Research**, v. 14, p. 132-135, 1987.

KASSARJIAN, H. H. Projective methods. In: FERBER, R. **Handbook of marketing research**. New York: McGraw-Hill, 1974.

MALHOTRA, Naresh K. **Pesquisa de marketing**: uma orientação aplicada. 3. ed. Porto Alegre: Bookman, 2001.

MEENAGHAN, Tony. Sponsorship and advertising: a comparison of consumer perceptions. **Psychology & Marketing**, v. 18, nº 2, p. 191-215, Feb. 2001.

OPPENHEIM, A. N. **Questionnaire design and attitude measurement**. London: Heinemann, 1973.

RAMSEY, Elaine; IBBOTSON, Patrick; BELL, Jim; GRAY, Brendan. A projectives perspective of international "e"-services. **Qualitative Market Research**: **An International Journal**, v. 7, nº 1, p. 34-47, 2004.

WILL, V.; EADIE, D.; MacASKILL, S. Projective and enabling techniques explored. **Marketing Intelligence & Planning**, v. 14, nº 6, p. 38-43, 1996.

ZOBER, Martin. Some projective techniques applied to marketing research. **Journal of Marketing**, v. 20, p. 262-268, 1955.

20

Técnicas de Construção

Técnicas de construção é um termo que designa instrumentos para a obtenção de dados por meio dos quais os sujeitos da pesquisa são estimulados a criar uma resposta para o tema sob investigação, na forma de histórias, relatos ou imagens. Como mencionado no Capítulo 19, tais técnicas se inserem nas chamadas técnicas projetivas.

As técnicas de construção envolvem, em geral, a utilização de fotografias ou figuras para provocar a imaginação dos participantes, de modo que eles as interpretem, desencadeando, por conseguinte, uma narrativa relacionada ao tema da pesquisa. Pode-se dizer que esse procedimento foi inspirado no *Thematic Apperception Test* (TAT), uma proposta desenvolvida por Henry Murray, publicada em 1938. O teste original consistia em uma série de figuras, sobre as quais o sujeito deveria criar uma história, mencionando o tema ao qual a figura estava relacionada, o que estava acontecendo, o que iria acontecer no futuro, bem como o que cada personagem estava pensando e sentindo (KASSARJIAN, 1974; ZOBER, 1955). O emprego do TAT está relacionado à crença de que a construção de histórias baseadas em um estímulo ambíguo leva o sujeito a organizar os dados dos quais dispõe em torno de suas próprias experiências, suas aspirações, suas necessidades. Acredita-se, assim, que as histórias poderão refletir impulsos, conflitos e atitudes inconscientes do indivíduo (KASSARJIAN, 1974). Nas pesquisas ditas qualitativas, fotografias[1] ou figuras, entendidas aqui como estímulos visuais, podem ser exploradas sob diversas perspectivas.

---

[1] Sobre a utilização de fotografias como recurso ilustrativo, ver, por exemplo, Capítulo 6. Como recurso narrativo, ver Capítulo 8.

Heisley e Levy (1991), por exemplo, abordaram uma proposta metodológica denominada *autodriving*. Trata-se de um método, baseado em técnicas projetivas, que emprega fotografias como estímulos visuais para a realização de entrevistas. Várias formas de interação com os participantes podem ser adotadas. Em linhas gerais, os autores apontam os seguintes procedimentos: (a) fotografam-se os participantes em situações relacionadas ao tema da pesquisa, (b) realiza-se a primeira entrevista com os participantes, a qual deve ser gravada em áudio, utilizando as fotografias como estímulo, (c) submetem-se as fotografias novamente aos participantes, acompanhadas das gravações em áudio da primeira entrevista, e pede-se-lhes que façam comentários baseados nas gravações. Para os autores, as fotografias provocam as pessoas no sentido de explicarem o que há por trás das imagens, bem como a relação entre o momento "congelado" pela fotografia e a realidade. Além do trabalho de Heisley e Levy (1991), outros exemplos de aplicação desse método podem ser observados em Belk, Sherry Jr. e Wallendorf (1988), Escalas (1993) e Wallendorf e Arnould (1991).

Zaltman (1997), por sua vez, desenvolveu a *Zaltman Metaphor Elicitation Technique* (ZMET),[2] uma técnica cujo objetivo original é a evocação de metáforas,[3] indo além do ato de "ouvir" a voz dos consumidores. Para Zaltman e Coulter (1995), é preciso "ver" a voz dos consumidores. A ZMET é considerada uma miscelânea de outras técnicas (KRAFT e NIQUE, 2002) e permite que se a classifique como de construção. Sua criação foi baseada nas seguintes premissas (ZALTMAN, 1997): (a) o pensamento é baseado em imagens, não em palavras, (b) grande parte da comunicação é não verbal, (c) as metáforas são elementos centrais para o pensamento, (d) as metáforas são importantes para acessar o conhecimento oculto, (e) cognição é pessoal, (f) razão e emoção são igualmente importantes, (g) grande parte dos pensamentos e das emoções ocorrem de forma inconsciente, (h) modelos mentais guiam a seleção e o processamento de estímulos, (i) diferentes modelos mentais podem interagir. Esta técnica incorpora tanto a construção de histórias quanto a de imagens. Sua operacionalização se dá por meio da realização de uma entrevista individual com os sujeitos da pesquisa. Construções ocorrem em diversas fases da entrevista, principalmente nas seguintes: relato de histórias, imagem não encontrada, vinheta, imagem digital. Uma aplicação desta técnica pode ser observada em Kraft e Nique (2002), cuja pesquisa subsidiou a elaboração do exemplo 2 deste capítulo.

As técnicas de construção são utilizadas, também, para desencadear a criação de respostas visuais para a situação sob investigação. É o caso, por exemplo,

---

2 A ZMET é uma técnica patenteada e sua utilização para fins não acadêmicos requer prévia autorização (ZALTMAN, 1997).

3 Sobre metáforas ver Capítulo 3.

da construção de desenhos,[4] tema abordado em capítulo anterior, ou de colagens. A construção de imagens apoiadas em recortes e colagens é semelhante ao trabalho com desenhos, porém o pesquisador disponibiliza outros materiais para serem utilizados pelos participantes: tesoura, cola, revistas, jornais, canetas, papel. Esta técnica foi utilizada, por exemplo, por Belk, Ger e Askegaard (1997), Havlena e Holak (1996), Hogg, Bruce e Hill (1999), Hogg e Savolainen (1998), Wood Jr. e Caldas (2002).

As técnicas de construção aqui privilegiadas – a criação de histórias e relatos, apoiados em estímulos visuais; a construção de imagens, subsidiadas por atividades de recorte e colagem; e a combinação de histórias e imagens, norteadas pela técnica ZMET – têm sido exploradas, sobretudo pela área de marketing, em pesquisas voltadas para o comportamento do consumidor. Como as técnicas de complemento,[5] são, geralmente, combinadas com métodos de cunho qualitativo ou quantitativo.

Palavras-chave

- Fotografias, figuras, histórias, desenhos, colagem
- Projeção
- Estímulos verbais e visuais
- Elementos inconscientes
- Criatividade

❖ Características principais

- Estimulam a imaginação e a criatividade dos respondentes, uma vez que os estímulos são pouco ou não estruturados. As respostas (verbais ou visuais) são, em geral, construídas livremente.
- Provocam a expressão de necessidades, desejos, crenças, elementos quase sempre inconscientes.
- Como as técnicas de complemento, visam, em geral, explorar ou explicar por que as pessoas agem de determinada maneira.
- Contribuem para enriquecer a visão do que está se investigando, como a construção de desenhos e as técnicas de complemento.

---

4 Sobre a construção de desenhos ver Capítulo 4.

5 Sobre técnicas de complemento ver Capítulo 19.

- A interpretação dos dados tende a ser altamente subjetiva, o que pode ser minimizado com a participação dos respondentes no processo de análise.

☆ Como utilizar[6]

- Definem-se o tema e o problema de pesquisa.
- Procede-se a uma revisão da literatura pertinente ao problema de investigação e escolhe(m)-se a(s) orientação(ões) teórica(s) que dará(ão) suporte ao estudo.
- Definem-se as técnicas de construção a serem utilizadas para a coleta dos dados, de acordo com os propósitos da pesquisa.
- Seleciona-se o material a ser utilizado em campo, de acordo com a(s) técnica(s) escolhida(s): fotografias, figuras, papel, canetas, cola, tesouras, revistas, jornais, *flip-chart*, máquina fotográfica, gravador, computador, entre outros.
- Selecionam-se os sujeitos da pesquisa.
- Realiza-se um pré-teste, com sujeitos que não farão parte da amostra, para avaliar a pertinência dos instrumentos a serem utilizados no campo.
- Realizam-se ajustes no material até que sejam considerados adequados para utilização.
- Coletam-se os dados por meio da técnica de construção escolhida e outros instrumentos (se for o caso).
- Analisam-se os dados, em geral, por meio de análise de conteúdo[7] (grade fechada, aberta ou mista).
- Comparam-se os dados obtidos por meio dos diversos instrumentos de coleta utilizados (se for o caso).
- Resgata-se o problema que suscitou a investigação.
- Confrontam-se os resultados obtidos com a(s) teoria(s) que deu (ram) suporte à investigação.
- Elaboram-se suposições ou hipóteses para serem testadas em pesquisas futuras ou em etapas posteriores da pesquisa em andamento (se for o caso).

---

6 A ordem aqui apresentada não é rígida. Pode, portanto, ser alterada conforme a situação.

7 Sobre análise de conteúdo ver Capítulo 1.

- Formula-se a conclusão.
- Elabora-se o relatório de pesquisa.

As técnicas de construção são, em geral, menos estruturadas do que as de complemento. As respostas são abertas tanto sob a forma verbal quanto visual. O pesquisador deve, portanto, escolher cuidadosamente os estímulos a serem submetidos aos respondentes, de modo que os dados obtidos atendam aos propósitos da pesquisa.

Como a construção de desenhos, as técnicas abordadas no presente capítulo podem ser aplicadas tanto em situações individuais, como as entrevistas, quanto nas grupais, como os *workshops*. Podem, ainda, ocorrer as duas opções, em etapas distintas da pesquisa, lembrando que a decisão sobre que dados coletar, de que forma e com quem deve ser guiada pelos objetivos da pesquisa.

Definidas as técnicas a serem utilizadas, o pesquisador deverá redigir instruções (se for o caso) a serem seguidas pelos respondentes, de modo a facilitar a operacionalização da pesquisa. No caso da ZMET, por exemplo, é recomendado que as orientações sejam entregues antecipadamente aos participantes.

A análise dos dados coletados por meio das técnicas de construção pode ser realizada, como as técnicas de complemento e a construção de desenhos, tanto em parceria do pesquisador com os respondentes, quanto apenas pelo pesquisador ou equipe de pesquisa.

Exemplos da utilização de técnicas de construção

Exemplo 1: Críticas à atividade de consultoria[8]

Wood Jr. e Caldas (2002) valeram-se de técnicas projetivas, mais precisamente de técnicas de construção, em uma pesquisa sobre a atividade de consultoria. O interesse por tal estudo se deu em virtude: (a) do *boom* experimentado pelas grandes empresas de consultoria, nos anos 90 do século XX; (b) do crescimento das críticas a esta atividade, veiculadas em jornais e revistas de negócios; (c) do grande número de *cartoons* e anedotas sobre consultores, que circulavam na mídia, revelando críticas pautadas no humor e na ironia. A pesquisa teve, assim, como objetivo sistematizar as críticas dirigidas à atividade de consultoria, bem como avaliar a reação de consultores a essas críticas.

---

[8] Apesar de o emprego das técnicas de construção ser predominante na área de marketing, outros campos podem ser privilegiados. É o caso, por exemplo, desta pesquisa de Wood Jr. e Caldas (2002), voltada para estudos organizacionais.

Para Wood Jr. e Caldas (2002), as críticas à atividade de consultoria podem ser divididas em dois grupos: (a) denúncias de erros de consultores e empresas de consultoria, os quais causaram grandes prejuízos aos clientes; (b) abordagens irônicas ao comportamento e às atitudes de consultores: arrogância, linguagem hermética, falta de foco no cliente. No artigo aqui utilizado como exemplo, os pesquisadores voltaram-se para o segundo grupo de críticas, defendendo a importância do humor e da ironia na construção dos discursos organizacionais e na mediação das relações entre indivíduos, entre o indivíduo e a organização e entre o indivíduo e as situações de trabalho.

Participaram da pesquisa de campo 40 profissionais que atuavam em uma grande empresa de consultoria, considerada uma das "*big* 5". Os participantes eram oriundos das áreas de auditoria e consultoria da empresa. Os dados foram coletados por meio da técnica de construção de imagens e da aplicação de um questionário.

Para a realização do trabalho de campo, os 40 participantes foram divididos em seis grupos, com seis ou sete componentes cada um. Foram formados grupos constituídos exclusivamente por profissionais da área de auditoria ou de consultoria, totalizando três grupos de cada área. Foi-lhes, inicialmente, solicitada a leitura de três textos: (a) respostas à pergunta "por que a galinha atravessa a rua?"; (b) o diálogo entre um consultor e um pastor de ovelhas; (c) o diálogo entre um executivo e um gênio consultor. Após a leitura, os participantes deveriam, em grupo, listar as principais críticas contidas nos textos, apresentando a lista aos demais participantes. Em seguida, foi-lhes solicitado que produzissem uma colagem ou desenho que refletisse seus sentimentos diante das críticas. Para tanto, cada grupo recebeu um *kit* com quatro a cinco revistas de negócios, cola, tesoura, *flip chart* e canetas. As imagens construídas por cada grupo foram apresentadas aos participantes. Uma síntese do trabalho foi realizada pelos pesquisadores. Os dados obtidos por meio da construção de imagens foram complementados pela aplicação de um questionário, cujas questões abordaram a frequência com que os participantes ouviam piadas e anedotas críticas sobre o trabalho de consultores, as fontes destas piadas e anedotas, o conteúdo, a opinião e a reação dos participantes às críticas.

As colagens produzidas pelos grupos, acrescidas das anotações baseadas em suas respectivas apresentações, foram tratadas por meio de análise de conteúdo, tendo sido estabelecidas três categorias de análise: (a) representações dos consultores; (b) representações dos clientes; (c) representações da situação. Foram, inicialmente, identificadas similaridades no conjunto de colagens. Em seguida, cada imagem foi analisada separadamente.

As representações dos consultores foram expressas por meio de figuras infantis, de isolamento e anacrônicas. As representações dos clientes foram contempladas por meio de figuras de autoridade. As representações da situação, por sua vez, foram expressas por imagens de ameaça e confronto, de luta, de dor e sofrimento.

A análise de cada uma das colagens revelou mensagens e pontos focais específicos. Os três primeiros grupos, formados por profissionais da área de consultoria, expressaram, respectivamente, sentimentos de disfunção, de frustração e de impotência. Os três últimos grupos, constituídos por profissionais da área de auditoria, revelaram pontos focais relacionados à tomada de posição diante da crítica, à busca de uma ação de resposta e à busca de uma solução para o problema. Os trabalhos desenvolvidos pelos grupos 1, 2 e 6 foram selecionados pelos pesquisadores para ilustrar os resultados obtidos pela pesquisa.

A colagem produzida pelo primeiro grupo (Figura 1) teve como ponto focal o sentimento de disfunção do consultor em relação à situação. De acordo com os pesquisadores, a palavra *crise*, colada no canto esquerdo do papel, revela o motivo pelo qual os consultores foram chamados, bem como a situação atual do projeto. No centro, aparecem os clientes, que olham para o consultor cobrando respostas para suas indagações. O consultor, por sua vez, aparece com o rosto de um palhaço, um corpo minúsculo vestido de terno e um cérebro destacado. É um sujeito que tenta ser compreendido pelos clientes, dizem os pesquisadores.

Fonte: Wood Jr. e Caldas (2002, p. 8).

Figura 1 *Colagem produzida pelo grupo 1.*

A colagem produzida pelo segundo grupo é do tipo sequencial, como a Figura 2 permite visualizar. Seu ponto focal é o sentimento de frustração e de incapacidade de reagir à situação. A sequência tem início no centro da colagem, onde aparece a figura de uma senhora, aparentemente desconfiada, representando o cliente. Em seguida, aparece uma frase: "para ser demitido, basta estar empregado". É uma das ameaças sob as quais o consultor vive. Do lado direito, aparecem um lutador de boxe e um engolidor de fogo, representando, respectivamente, a vontade do consultor de reagir e a sua ira, ao cuspir fogo, bem como a necessidade de digerir a situação, engolindo o fogo. O consultor sente-se, então, como um asno, como mostra a colagem. O fracasso e a impotência são representados pelas figuras seguintes, no centro e à esquerda. Por fim, figuras de patinhos e a frase "*keeping the customer satisfied*" (mantendo o cliente satisfeito) representam os consultores.

Fonte: Wood Jr. e Caldas (2002, p. 8).

Figura 2 *Colagem produzida pelo grupo 2.*

O sexto grupo também produziu uma colagem do tipo sequencial, da esquerda para a direita, como mostra a Figura 3. Seu ponto focal é a busca de uma solução para o problema e a crítica sofrida. Reação foi o título dado pelo grupo à colagem por eles produzida. Do lado esquerdo, aparecem imagens que representam, na visão do grupo, a relação de conflito entre consultores e clientes. Em seguida, é possível visualizar imagens que representam a reflexão. Do lado direito, aparecem as figuras de um homem na prisão, uma dançarina de *strip-teaser* e um lutador de boxe que se mostra pensativo, representando a necessidade de lutar, as ações limitadas e a necessidade de seduzir o cliente.

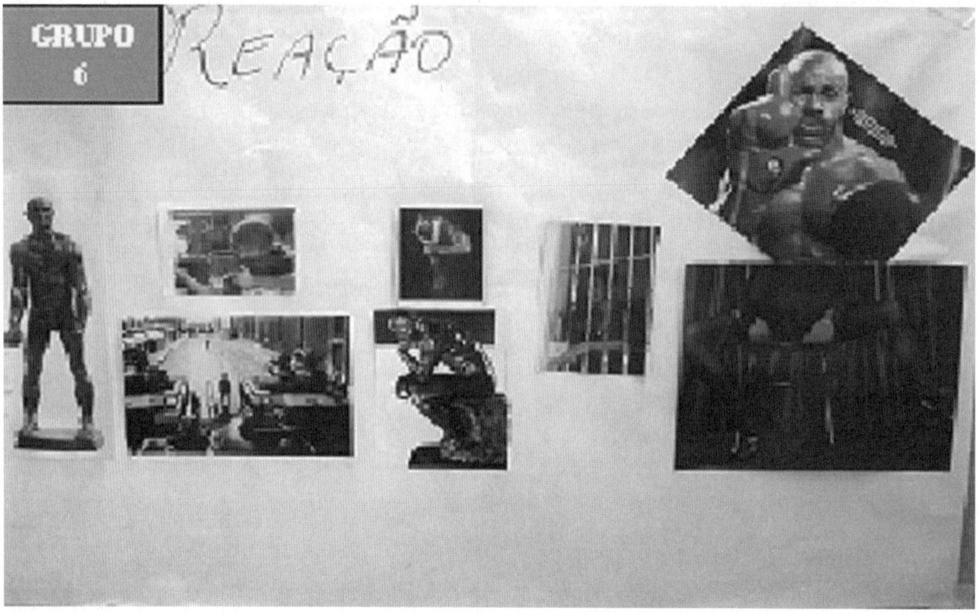

Fonte: Wood Jr. e Caldas (2002, p. 8).

Figura 3 *Colagem produzida pelo grupo 6.*

Com relação aos dados coletados por meio da aplicação de questionários, os resultados indicaram que cerca de metade dos participantes ouvia ou recebia, com frequência, piadas e anedotas críticas sobre a atividade de consultoria. Elas eram contadas ou enviadas, principalmente, por outros consultores e por clientes. Com relação às críticas contidas nos três textos que os participantes receberam para leitura, as respostas revelaram certa homogeneidade. Foram citadas, entre outras críticas, as seguintes: falta de conhecimento do negócio do cliente, falta de objetividade dos consultores, utilização de linguagem hermética para encobrir a falta de conhecimento, propostas de soluções complexas e caras para problemas simples. Com relação à pertinência das críticas, mais da metade dos participantes concordou (55%), enquanto outros (26%) discordaram. Para os que concordaram parcialmente, as críticas dizem respeito a profissionais e empresas que não trabalham com seriedade. Outros declararam que os clientes não sabem bem o que querem, ou não entendem o trabalho de uma consultoria. Há, ainda, outros fatores que podem prejudicar o trabalho do consultor, como prazos curtos e recursos insuficientes. No que diz respeito às reações dos participantes às críticas, os resultados apontaram que cerca de 1/3 dos sujeitos considera-se agredido ou magoado com tal situação. Outros, também 1/3 dos participantes, mostram-se indiferentes, ignorando as críticas. Os demais participantes tentam assimilar as críticas, provando por meio do seu trabalho que elas não procedem.

Em síntese, os resultados da pesquisa revelaram que os participantes percebem, sem nenhuma surpresa, as críticas dirigidas à atividade de consultoria, sob a forma de piadas e anedotas. Para os pesquisadores, as críticas revelam ambiguidades e paradoxos da atividade de consultoria. Ainda de acordo com os pesquisadores, os participantes da pesquisa manifestaram reações às críticas, porém apresentaram capacidade limitada de análise e racionalização, o que leva à conclusão de que eles têm dificuldade para investigar as causas das críticas, bem como enfrentá-las.

❒ Exemplo 2: A experiência de utilização do telefone celular

Kraft e Nique (2002), entendendo ser necessário ir além da voz do consumidor, optaram pela técnica ZMET em uma pesquisa sobre a experiência de uso do telefone celular. Os pesquisadores buscaram compreender o que as pessoas pensam e sentem com relação à utilização do telefone celular.

A pesquisa foi norteada pelas premissas teóricas da técnica escolhida, bem como por sua estrutura metodológica. Participaram da pesquisa de campo 12 usuários de telefone celular. Cada participante recebeu uma carta com orientações acerca do processo de pesquisa.

A pesquisa dc campo teve início com uma solicitação para que os participantes selecionassem no mínimo oito figuras que refletissem "os pensamentos e sentimentos sobre a experiência de uso do celular". Esta solicitação se deu por meio da carta entregue aos participantes, consistindo em uma etapa anterior às entrevistas.

Em seguida, os participantes foram convidados para as entrevistas, que tiveram uma duração de aproximadamente duas horas. As entrevistas foram estruturadas com base nas seguintes fases: (a) relato de histórias; (b) imagem não encontrada; (c) tríades; (d) *photo probe*; (e) imagens sensoriais; (f) vinheta (história em movimento); (g) imagem digital.

Na primeira fase da entrevista, os sujeitos relataram histórias, relacionando as figuras por eles selecionadas ao tema da pesquisa. Um dos participantes levou a figura de um cachorro na coleira. Os pesquisadores contaram que a história relatada por esse participante baseou-se na crença de que o celular é uma coleira eletrônica. Na fase seguinte, denominada imagem não encontrada ou outras imagens, os pesquisadores solicitaram aos participantes que descrevessem uma outra imagem, relacionada ao tema da pesquisa. Tal imagem não se encontrava entre as coletadas pelos participantes. Um dos participantes descreveu a imagem de um contorcionista, relacionando o celular à agilidade e à praticidade. Na terceira fase, denominada tríades, os pesquisadores selecionaram aleatoriamente três figuras coletadas pelos participantes e pediram que eles explicassem por que duas das figuras selecionadas eram semelhantes e ambas eram diferentes da terceira. Em uma das entrevistas, o participante apontou que a figura de uma calça *jeans* é semelhante à de uma executiva com seu *laptop* e ambas são diferentes da figura de uma mãe com seus filhos, uma vez que as duas primeiras imagens estavam relacionadas ao dia a dia de trabalho e a terceira lembrava a ideia de proteção e segurança.

Na quarta fase, a *photo probe*, as imagens selecionadas foram exploradas, de modo que os participantes eram estimulados a descrever o que poderia ser incluído ou transformado na figura. Um dos participantes alterou a figura de uma fralda, incluindo a presença de uma mãe, o que contribuiu para a crença de que o celular proporciona segurança. Na fase seguinte, denominada imagens sensoriais, os participantes foram solicitados a dizer *o que é* e *o que não é* telefone celular, em termos de sabor, toque, cheiro, cor e som. Esta fase se apoia na crença de que todos os sentidos estão envolvidos no pensamento. Na sexta fase, os participantes foram estimulados a criar uma vinheta relacionada ao tema da pesquisa. A história criada por um dos participantes tinha como personagens o telefone celular, o telefone fixo e o próprio participante. Finalmente, na sétima fase, os participantes foram estimulados a criar uma imagem no computador, utilizando, para tanto, as figuras que consideravam mais importantes. Após a construção da imagem digital, os participantes deveriam narrar uma história sobre a figura. Para os pesquisadores, esta fase é fundamental para a revelação de metáforas, uma vez que trabalha elementos visuais e verbais relacionados à interpretação do participante acerca do que está sendo investigado.

A análise dos resultados da pesquisa foi, também, dividida em fases, a saber: (a) os constructos; (b) as imagens sensoriais; (c) a *persona*; (d) as metáforas (superficiais, temáticas e profundas).

Na primeira fase, 18 constructos foram identificados. São eles: (a) onipresença; (b) liberdade; (c) controle; (d) invasão da privacidade; (e) tranquilidade; (f) conforto; (g) praticidade; (h) tecnologia. (i) multifuncionalidade; (j) ferramenta de trabalho; (l) acessório; (m) estética; (n) diferenciação; (o) tempo; (p) abrangência; (q) relações pessoais; (r) segurança/proteção; (s) custo. Os pesquisadores apresentaram a descrição de cada constructo, ilustrado pela fala dos entrevistados e, em alguns casos, por figuras. Um exemplo pode ser observado na Figura 4, o qual se refere ao constructo tecnologia.

Tecnologia: para alguns usuários, com os avanços da tecnologia na área da comunicação, o celular tem uma conotação *high tech*, futurista.	*Eu vejo o celular como uma coisa futurista, por isso que eu peguei essa aqui dos Jetsons. Ninguém imaginava que há dez anos atrás tu ia carregar o telefone contigo. (participante 12)*	

Fonte: Kraft e Nique (2002, p. 7).

Figura 4 *Constructos do celular: tecnologia.*

Na segunda fase da análise, foram abordadas as imagens sensoriais. No que se refere ao sabor, o celular trouxe à tona os *fast foods*, sendo, assim, relacionado à agilidade, à necessidade de não perder tempo. Os participantes mencionaram, também, o sabor dos doces, trazendo, com isso, a ideia de prazer. No que diz respeito ao toque, o celular foi vinculado às texturas lisas, o que remete à ideia de liberdade e ausência de obstáculos. No que concerne ao cheiro, os participantes mencionaram as fragrâncias florais e de campo, trazendo à tona, novamente, a ideia de liberdade. O cheiro de carro novo também foi lembrado, provocando a relação entre celular e tecnologia. Com relação à cor, o celular foi vinculado às cores claras, como azul e branco, e às quentes, como o vermelho. Enquanto as primeiras lembram a liberdade e a tranquilidade, a cor vermelha se relaciona com o lado dinâmico e *fashion* do celular. Por fim, no que diz respeito ao som, os participantes vincularam o celular ao *techno* e ao rock, ou seja, lembrando novamente a tecnologia e o seu lado *fashion*.

Na terceira fase da análise, foram identificadas personalidades ou coisas que pudessem representar o telefone celular. Os resultados revelaram que, na visão dos participantes, o celular, se tivesse uma personalidade, seria amigo, extrovertido e com muita energia. As histórias contadas pelos participantes tinham como cenário principal a noite (divertimento noturno).

Na última fase da análise, as metáforas foram identificadas. As metáforas superficiais, alocadas na superfície do pensamento, como dizem os pesquisadores, trouxeram as ideias de economia de tempo, comodidade, conforto, liberdade, mas, também, a invasão de privacidade. Expressões como *quebra muito galho* e *salvador da pátria* foram utilizadas pelos participantes. As metáforas temáticas, por sua vez, são aquelas que revelam estruturas de referência para a compreensão dos pensamentos e sentimentos das pessoas. Os resultados obtidos permitiram a identificação das seguintes metáforas temáticas: o celular como segurança, como companheiro, como libertador e como tranquilizador.

Finalmente, as metáforas profundas estão alocadas onde as percepções e os pensamentos são organizados. Quatro metáforas profundas foram identificadas. São elas: (a) *container*; (b) recurso; (c) conexão; (d) transformação. Esses resultados levaram os pesquisadores a afirmar que: "o celular é um *container* de recursos, conectando as pessoas e transformando suas vidas" (KRAFT e NIQUE, 2002, p. 1).

Os resultados da pesquisa permitiram a geração de diversos *insights* relacionados ao comportamento de usuários de telefone celular. Na visão dos pesquisadores, as empresas de telefonia celular devem priorizar os constructos centrais (liberdade, tranquilidade, relações pessoais, tempo, onipresença e segurança), os quais estão relacionados às metáforas profundas. Estas metáforas, por seu turno, são consideradas importantes para a definição de estratégias de comunicação e posicionamento da empresa. O mesmo pode ser dito a respeito dos dados gerados pela fase *persona*. Os resultados obtidos com a análise das imagens sensoriais confirmaram, segundo os pesquisadores, os constructos e metáforas identificados. As imagens digitais, por sua vez, foram consideradas um resumo da entrevista, sendo apontadas como uma importante fonte de ideias para a criação de peças publicitárias.

Leituras para aprofundamento

BELK, Russell W.; GER, Guliz; ASKEGAARD, Soren. Consumer desire in three cultures: results from projective research. **Advances in Consumer Research**, v. 24, p. 24-28, 1997.

______; SHERRY JR., John F.; WALLENDORF, Melanie. A naturalistic inquiry into buyer and seller behavior at a swap meet. **Journal of Consumer Research**, v. 14, nº 4, p. 449-470, Mar. 1988.

ESCALAS, Jennifer E. The consumption of insignificant rituals: a look at debutante balls. **Advances in Consumer Research**, v. 20, p. 709-716, 1993.

HAVLENA, William J.; HOLAK, Susan L. Exploring nostalgia imagery through the use of consumer collages. **Advances in Consumer Research**, v. 23, p. 35-42, 1996.

HEISLEY, Deborah D.; LEVY, Sidney J. Autodriving: a photoelicitation technique. **Journal of Consumer Research**, v. 18, nº 3, p. 257-272, Dec. 1991.

HOGG, Margaret K.; BRUCE, Margaret; HILL, Alexander J. Brand recognition and young consumers. **Advances in Consumer Research**, v. 26, p. 671-674, 1999.

______; SAVOLAINEN, Maria H. Symbolic consumption and the situational self. **European Advances in Consumer Research**, v. 3, p. 11-16, 1998.

KASSARJIAN, H. H. Projective methods. In: FERBER, R. **Handbook of marketing research**. New York: McGraw-Hill, 1974.

KRAFT, Sibila; NIQUE, Walter M. Desvendando o consumidor através das metáforas: uma aplicação da Zaltman Metaphor Elicitation Technique (ZMET). In: ENCONTRO NACIONAL DA ASSOCIAÇÃO NACIONAL DE PROGRAMAS DE PÓS-GRADUAÇÃO EM ADMINISTRAÇÃO, 26., 2002, Salvador. **Anais**... Salvador: Anpad, 2002.

WALLENDORF, Melanie; ARNOULD, Eric J. "We gather together": consumption rituals of thanksgiving day. **Journal of Consumer Research**, v. 18, nº 1, p. 13-31, June 1991.

WOOD JR., Thomaz; CALDAS, Miguel P. Rindo do quê? Críticas, anedotas, ironia e o trabalho do consultor. In: ENCONTRO DE ESTUDOS ORGANIZACIONAIS, 2., 2002, Recife. **Anais**... Recife: Anpad, 2002.

ZALTMAN, Gerald. Rethinking market research: putting people back in. **Journal of Marketing Research**, v. 34, nº 4, p. 424-437, Nov. 1997.

______; COULTER, Robin H. Seeing the voice of the customer: metaphor-based advertising research. **Journal of Advertising Research**, v. 35, nº 4, p. 35-51, July/Aug. 1995.

ZOBER, Martin. Some projective techniques applied to marketing research. **Journal of Marketing**, v. 20, p. 262-268, 1955.

21

Teste de Evocação de Palavras

O teste de evocação de palavras é um método de coleta de dados por meio do qual o pesquisador solicita aos sujeitos da pesquisa que mencionem, oralmente ou por escrito, um determinado número de palavras relacionadas a uma expressão indutora. Utiliza-se, em geral, uma questão-estímulo do tipo: "Se eu lhe digo a palavra depressão, quais as seis primeiras palavras que lhe vêm à mente?" (COUTINHO, 2001, p. 323).

O teste de evocação de palavras tem sido utilizado em estudos nas áreas de saúde, educação, administração e psicologia social, referenciados pela teoria das representações sociais, porém não se esgota nela. Significa dizer que o teste pode ser utilizado em estudos suportados por outras teorias, assim como trabalhos que utilizem a teoria das representações sociais como orientação, podem utilizar outros métodos que não o teste de evocação de palavras para a coleta de dados.

A teoria das representações sociais foi introduzida por Serge Moscovici, em 1961, por meio de sua obra sobre a representação social da psicanálise. Para esse autor, representações sociais são "um conjunto de conceitos, proposições e explicações originado na vida cotidiana no curso de comunicações interpessoais" (MOSCOVICI, *apud* SÁ, 2002, p. 31). Todas as interações humanas, afirma o autor, pressupõem representações (MOSCOVICI, 2004). No âmbito das ciências sociais, a expressão *representações sociais* pode ser caracterizada como "categorias de pensamento que expressam a realidade, explicam-na, justificando-a ou questionando-a" (MINAYO, 2002, p. 89).

Uma abordagem complementar à teoria das representações sociais refere-se à teoria do núcleo central, introduzida por Jean-Claude Abric em 1976. Segundo Abric, citado por Sá (2002, p. 62):

> A organização de uma representação apresenta uma característica particular: não apenas os elementos da representação são hierarquizados, mas além disso toda representação é organizada em torno de um núcleo central, constituído de um ou de alguns elementos que dão à representação o seu significado.

O núcleo central, determinante do significado da representação social, tem como complemento um sistema periférico, composto pelos demais elementos da representação. Nesse contexto, o teste de evocação de palavras constitui um dos principais métodos para efetuar o levantamento dos possíveis elementos constituintes do núcleo central da representação, o que é feito, em geral, segundo a proposta de Pierre Vergès, lembrado por Sá (2002), ou seja, combinando-se a frequência com a ordem de evocação das palavras.

Palavras-chave

- Expressão indutora
- Associação livre e imediata
- Espontaneidade
- Núcleo central
- Frequência e ordem de evocação

Características principais

- Permite a identificação de elementos relacionados ao objeto da pesquisa que poderiam ser perdidos nas análises dos conteúdos discursivos formais.
- Possibilita a análise combinada de um dado de natureza coletiva: a frequência de evocações; e um dado de natureza individualizada: a ordem de evocação.
- Requer, em geral, a utilização de técnicas complementares de coleta de dados, como a entrevista ou o questionário.
- Exige do pesquisador sensibilidade e familiaridade com o tema da pesquisa para a elaboração do conjunto de categorias semânticas, derivadas do conjunto de palavras ou expressões evocadas, a serem submetidas à análise.

☆ Como utilizar[1]

- ❑ Definem-se o tema e o problema de pesquisa.
- ❑ Procede-se a uma revisão da literatura pertinente ao problema de investigação e escolhe(m)-se a(s) orientação(ões) teórica(s) que dará(ão) suporte ao estudo.
- ❑ Definem-se possíveis procedimentos adicionais, como, por exemplo, entrevistas e questionários, a serem utilizados para a coleta dos dados, de acordo com os objetivos da pesquisa.
- ❑ Selecionam-se os sujeitos da pesquisa.
- ❑ Realiza-se um treinamento com os sujeitos da pesquisa, relativo à associação de palavras, antes da aplicação do teste.
- ❑ Aplica-se o teste de evocação de palavras. Solicita-se aos participantes que mencionem um determinado número de palavras, a partir de uma expressão indutora.
- ❑ Listam-se as diversas palavras ou expressões mencionadas pelos sujeitos da pesquisa.
- ❑ Classificam-se as palavras ou expressões listadas, em categorias semânticas, com base em um sentido próximo. Preservativo e camisinha, por exemplo, são palavras que poderiam pertencer a uma mesma categoria semântica.
- ❑ Desprezam-se as categorias consideradas pouco significativas, com base em critérios estabelecidos pelo pesquisador.
- ❑ Efetuam-se os cálculos da frequência e da ordem média de evocação de cada categoria.
- ❑ Efetuam-se os cálculos da frequência média de evocação e da média aritmética das ordens médias de evocação.
- ❑ Distribuem-se os resultados em um diagrama de quatro quadrantes, conforme apresentado a seguir:

Frequência de evocação (eixo vertical)

(valores maiores que a frequência média de evocação devem ser alocados na parte superior)

Ordem média de evocação (eixo horizontal)

(valores menores que a média devem ser alocados do lado esquerdo)

Evocações de maior frequência e mais prontamente realizadas	Evocações de maior frequência e mais tardiamente realizadas
Evocações de menor frequência e mais prontamente realizadas	Evocações de menor frequência e mais tardiamente realizadas

1 A ordem aqui apresentada não é rígida. Pode, portanto, ser alterada conforme a situação.

  - O quadrante superior esquerdo aloca os possíveis elementos do núcleo central, por terem sido evocados com maior frequência e mais prontamente.
  - O quadrante inferior direito aloca os elementos periféricos, por terem sido evocados com menor frequência e mais tardiamente.
  - Os quadrantes superior direito e inferior esquerdo alocam os elementos que mantêm uma relação mais estreita com o núcleo central.
- Identificam-se os possíveis elementos integrantes do núcleo central, ou seja, aqueles que foram alocados no quadrante superior esquerdo.
- Utilizam-se métodos definidos pelo pesquisador para a identificação dos elementos imprescindíveis ao núcleo central.
- Analisam-se os dados, tomando como referência a frequência e a ordem de evocação das palavras.
- Resgata-se o problema que suscitou a investigação.
- Confrontam-se os resultados obtidos com a(s) teoria(s) que deu(ram) suporte à investigação.
- Formula-se a conclusão.
- Elabora-se o relatório de pesquisa.

Em geral, solicita-se aos participantes que evoquem de três a cinco palavras, a partir de uma expressão indutora. Há quem, após esse procedimento, solicite aos participantes que marquem as duas palavras consideradas como as mais importantes. Por outro lado, há quem não faça essa solicitação, aceitando as palavras na ordem em que foram mencionadas, porque parte do pressuposto de que essa ordem já indica quais são as palavras mais importantes para o emissor.

Aplicado o teste de evocação de palavras, os dados devem ser tratados. *Softwares* como o EVOC 2.0 ou NVivo têm sido utilizados para tal tratamento. Ainda assim, é importante que o pesquisador sinta-se familiarizado com os principais procedimentos utilizados no tratamento dos dados. É bastante útil submeter a classificação das palavras em categorias semânticas ao julgamento de especialistas, juízes que não compõem a equipe de pesquisa, como o fizeram Vergara e Ferreira (2004). Sugere-se, também, alocar os dados obtidos a partir das categorias listadas, em uma tabela, de modo a facilitar a visualização. Na tabela apresentada a seguir, foram alocados valores, a fim de exemplificar os cálculos necessários.

CATEGORIAS, FREQUÊNCIAS E ORDENS MÉDIAS DE EVOCAÇÃO

1	2	3	4	5	6	7
Categorias	**Frequência de evocação em 1º lugar**	**Frequência de evocação em 2º lugar**	**Frequência de evocação em 3º lugar**	**Frequência de evocação em 4º lugar**	**Somatório das frequências de evocação**	**Ordem média de evocação**
1. ABC	191	119	76	119	505	2,24
2. XYZ	08	21	16	30	75	2,90
...						
Total	**797**	**795**	**794**	**784**	**3.134**	**91,78**

Fonte: Adaptada de Tura (1998).

O cálculo da frequência de cada categoria pode ser obtido, efetuando-se a soma das frequências em que a categoria foi evocada em primeiro lugar, em segundo lugar e assim sucessivamente. Com base na tabela apresentada, a soma dos valores alocados nas colunas 2 (frequência de evocação em primeiro lugar) a 5 (frequência de evocação em quarto lugar) corresponde ao somatório das frequências de evocação da categoria (coluna 6), ou seja, 191 + 119 + 76 + 119. Isso significa dizer que o somatório das frequências de evocação da categoria ABC é 505.

A ordem média de evocação de cada categoria é obtida por meio do seguinte cálculo:

$$\frac{(\text{f } 1^{\underline{o}} \text{ lugar} \times 1) + (\text{f } 2^{\underline{o}} \text{ lugar} \times 2) + (\text{f } 3^{\underline{o}} \text{ lugar} \times 3) + (\text{f } 4^{\underline{o}} \text{ lugar} \times 4)}{\Sigma \text{f}}$$

Com base na tabela apresentada, a ordem média de evocação da categoria ABC é:

$$\frac{(191 \times 1) + (119 \times 2) + (76 \times 3) + (119 \times 4)}{505} = 2{,}24$$

A frequência média de evocação é obtida pela divisão do resultado total da coluna 6 (somatório das frequências de evocação) pelo número de categorias listadas. Considerando para fins deste exemplo um total de 33 categorias, há o seguinte cálculo: 3.134 ÷ 33. A frequência média de evocação é 94,97. As categorias desprezadas pelo pesquisador, por serem pouco significativas, não devem ser consideradas no cálculo.

A média das ordens médias de evocação é obtida pela divisão do resultado total da coluna 7 (ordem média de evocação) pelo número de categorias listadas.

Considerando, novamente, um total de 33 categorias, há: 91,78 ÷ 33. A média das ordens médias de evocação é 2,78. Mais uma vez, as categorias desprezadas pelo pesquisador não devem ser consideradas no cálculo.

Com base na tabela apresentada e considerando-se, para fins de exemplo, as categorias ABC e XYZ, o diagrama de quatro quadrantes pode ser assim representado:

Frequência de evocação
(eixo vertical)
(valores > 94,97 devem ser alocados na parte superior)

Ordem média de evocação
(eixo horizontal)
(valores < 2,78 devem ser alocados do lado esquerdo)

ABC (f = 505, ome = 2,24)	
	XYZ (f = 75, ome = 2,90)

ome: ordem média de evocação

É importante observar que o teste de evocação de palavras, por si só, não permite conclusões sobre a estrutura das representações sociais. Há diversos procedimentos que podem ser agregados a este método para identificar os elementos do núcleo central ou, como diz Sá (2002), para questionar a imprescindibilidade de um dado elemento para a representação. Möller (1996a), por exemplo, utilizou o teste de hipóteses. Sá (2002), por seu turno, menciona outros métodos, tais como: (a) o método da indução por cenário ambíguo (ISA), desenvolvido por Pascal Moliner, para o levantamento e para a identificação dos elementos centrais da representação; (b) o método dos esquemas cognitivos de base (SCB), desenvolvido por Christian Guimelli e Michel-Louis Rouquette. Há, ainda, que se considerar a técnica de análise de similitude, cujo objetivo é a detecção do grau de conexidade dos diversos elementos de uma representação. Esta técnica pode ser aplicada com o auxílio do *software* SIMI.

O que deve ser ressaltado é que a estrutura de uma representação social é alterada quando são adicionados ou suprimidos elementos do seu núcleo central. Logo, identificar os elementos imprescindíveis à representação significa conferir significado ao objeto em estudo.

Exemplos da utilização do teste de evocação de palavras

❒ Exemplo 1: Representações sociais da participação em organizações públicas

Möller (1996b) utilizou o teste de evocação de palavras em uma pesquisa acerca do fenômeno participativo em organizações públicas do Estado do Rio de Janeiro. A pesquisa teve como objetivo "aprofundar a discussão teórica e metodológica da participação na organização" (MÖLLER, 1996a, p. 2). Utilizou como referencial a teoria das representações sociais.

Participaram da pesquisa 66 profissionais de organizações públicas do Estado do Rio de Janeiro que estavam frequentando cursos de pós-graduação oferecidos pela Fundação Escola de Serviço Público do Estado do Rio de Janeiro (FESP-RJ) por meio do Instituto Superior de Administração Pública Estadual, em agosto de 1995.

Para a realização do teste de evocação de palavras, foi solicitado aos participantes que escrevessem de três a cinco palavras que lhes vinham à cabeça, na ordem em que isso ocorreu, a partir da expressão indutora *administração participativa*.

Foram evocadas 301 palavras ou expressões, reunidas, posteriormente, em 83 categorias semânticas. Além do teste de evocação de palavras, foi solicitado aos participantes que respondessem à seguinte pergunta: na sua opinião, quais são as principais consequências da adoção de formas participativas de gestão numa organização? As respostas a esse questionamento indicaram, muitas vezes, o contexto em que a palavra ou expressão evocada foi utilizada, apoiando, assim, a tarefa de categorização. O pesquisador optou por desprezar as categorias cuja frequência foi unitária. Foram, então, submetidas à análise 36 categorias.

Os 11 termos evocados com maior frequência foram: integração (29), produtividade (20), grupo (17), descentralização (17), informação (15), compromisso (14), cooperação (13), democracia (12), planejamento (9), incentivo (8), respeito (8). Os números entre parênteses indicam a quantidade de vezes em que o termo foi evocado.

Foram efetuados os cálculos da frequência e da ordem média de evocação de cada categoria. Em seguida, foram calculadas a frequência média de ocorrência das categorias e a média das ordens médias de evocação. Os resultados foram distribuídos em um diagrama com quatro quadrantes. No quadrante superior esquerdo, foram alocados os prováveis elementos constituintes do núcleo central da representação. São eles: integração, produtividade, grupo, compromisso, cooperação, planejamento e incentivo. Os elementos do quadrante inferior direito, por sua vez, foram considerados de natureza periférica, por terem sido menos frequentemente e menos prontamente evocados. São eles: qualidade, gestão, cidadania, objetivos, competência, ideias, modernidade, engodo, mudança, melhoria salarial, objetividade, conflito, relações pessoais, senso comum.

O pesquisador optou por agregar à análise das evocações os conteúdos discursivos mais formais, ou seja, as respostas à questão aberta mencionada. Foi realizada uma análise, substanciada em Motta (1991), com base em cinco dimensões descritivas das funções positivas da participação em uma organização. São elas: (a) dimensão econômica; função positiva – eficiência; (b) dimensão social; função positiva – distribuição e segurança; (c) dimensão política; função positiva – democratização e descentralização; (d) dimensão organizacional; função positiva – integração; (e) dimensão psicológica; função positiva – autorrealização.

Os resultados da pesquisa revelaram que integração e produtividade foram as duas categorias semânticas mais privilegiadas nas evocações e foram, então, tomadas como elementos centrais da representação. O termo *integração* corresponde à função positiva da participação na dimensão organizacional. O termo *produtividade*, por sua vez, está ligado à dimensão econômica. Os termos *grupo*, *compromisso*, *cooperação*, *planejamento* e *incentivo*, também alocados no quadrante superior esquerdo, guardam uma relação de articulação e interdependência com os elementos centrais, no contexto da eficiência e eficácia organizacionais. Elementos relacionados à dimensão política e, em menor grau, à psicológica são integrantes do sistema periférico. As funções positivas da participação na dimensão social não foram contempladas de maneira significativa nas evocações dos participantes.

Com base no referencial proporcionado por Motta (1991) e à luz do núcleo central das representações, o pesquisador concluiu que a representação social da participação, construída pelos sujeitos da pesquisa, é marcada pelos impactos positivos decorrentes da adoção de formas participativas de gestão no ambiente organizacional, sendo irrelevantes os registros de recorrência dos participantes aos impactos negativos. Sugere que as circunstâncias parecem ser favoráveis para a adoção de modalidades de gestão voltadas para a construção de um modelo de Estado pautado nos conceitos de eficiência, eficácia e efetividade.

❐ Exemplo 2: Os sentidos do ser professor

Alves-Mazzotti et al. (2003) utilizaram o teste de evocação de palavras como técnica de coleta de dados em uma pesquisa sobre os sentidos do ser professor. Teve como objetivo identificar as representações da identidade docente de professores da rede pública de ensino fundamental do Rio de Janeiro frente aos desafios postos à escola na contemporaneidade. Como base teórica, foi utilizada a teoria das representações sociais.

Participaram da pesquisa 248 professores de 15 escolas públicas de ensino fundamental da rede municipal de ensino, sendo oito na cidade do Rio de Janeiro, quatro em Teresópolis e três em Niteroi. Dos participantes, 123 lecionavam no primeiro segmento do ensino fundamental (1ª à 4ª série) e 125 no segundo segmento (5ª à 8ª série). A maior parte dos sujeitos exercia o magistério há pelo menos 20 anos.

O teste de evocação de palavras foi realizado a partir da expressão indutora *ser professor, hoje*. Foi solicitado aos sujeitos que escrevessem as quatro primeiras palavras que lhes vinham à mente ao ouvir a expressão *ser professor, hoje*. Em seguida, foi solicitado que marcassem as duas palavras mais importantes, em ordem, justificando a escolha por meio de um pequeno texto.

Foram elaboradas 1.031 evocações. A análise dos dados coletados se deu em duas etapas. Inicialmente, os dados foram tratados e analisados considerando-se o total de participantes dos dois segmentos (1ª à 4ª série e 5ª à 8ª série). Posteriormente, o tratamento e a análise foram realizados separadamente, a fim de comparar os resultados de cada um dos segmentos.

A análise do conjunto total de evocações revelou que dificuldades, dedicação e luta são os prováveis elementos integrantes do núcleo central das representações sociais. Foi ressaltado que, enquanto o primeiro elemento refere-se a um aspecto negativo, o segundo diz respeito a um valor positivo da profissão. O terceiro elemento, por sua vez, relaciona-se tanto ao primeiro termo – *dificuldades* – quanto ao segundo – *dedicação*. Com relação ao sistema periférico, os elementos alocados no quadrante inferior direito revelaram a mesma bipolaridade do núcleo central. Aspectos negativos da profissão, como salário baixo, frustração e desvalorização, prevaleceram, mas ficaram ao lado de elementos positivos, como esperança, doação e carinho. Foi, ainda, realizada uma análise de similitude que confirmou os primeiros resultados apresentados. O elemento *dedicação* foi considerado o de maior conexidade, com 22 arestas, ou seja, ligações entre dois vértices, dois elementos da representação. O elemento *dificuldades* apresentou 12 arestas. É importante ressaltar que as arestas representam o valor dos índices de similitude entre os elementos. Quanto maior o número de arestas, mais importante é o elemento para a representação.

O tratamento e a análise dos dados por segmento revelaram diferenças significativas entre as representações sociais dos professores. No que diz respeito ao primeiro segmento, formado pelos 123 professores de 1ª à 4ª série, apenas o elemento *dedicação* foi alocado no núcleo central. Contudo, o elemento *cansaço*, que estava no sistema periférico, apareceu com forte tendência à centralidade. A análise de similitude revelou que *dedicação* é o elemento de maior conexidade, com 21 arestas.

Com relação ao segundo segmento, formado pelos 125 professores de 5ª à 8ª série, *dificuldades* e *luta* foram identificados como possíveis elementos do núcleo central. A análise de similitude revelou que estes dois elementos são os de maior conexidade. O elemento *dificuldades* apresentou 20 arestas e *luta*, um total de 13.

Os resultados da pesquisa revelaram que as representações sociais dos professores do ensino fundamental não devem ser tratadas de forma conjunta. A análise conjunta realizada pelos pesquisadores permitiu a identificação de três possíveis elementos integrantes do núcleo central. São eles: *dificuldades, dedicação* e *luta*. Analisados separadamente, o primeiro segmento destacou o elemento *dedicação*, enquanto para o segundo *dificuldades* e *luta* foram considerados possíveis elementos do núcleo central. Os pesquisadores concluíram que, para os professores do primeiro segmento, o sentido do ser professor é construído em torno da ideia de dedicação. Para os professores do segundo segmento, o sentido do ser professor é construído a partir da luta cotidiana contra as dificuldades que surgem entre ele e seus alunos.

❒ Exemplo 3: Representação social de ONGs

O teste de evocação de palavras foi utilizado por Vergara e Ferreira (2004) em um estudo sobre Organizações Não Governamentais (ONGs). A pesquisa, amparada pela teoria das representações sociais, teve como objetivo responder à seguinte questão: Qual a representação social de ONGs, de formadores de opinião do município do Rio de Janeiro?

A decisão de identificar a representação social de formadores de opinião se deu em virtude da influência que este grupo exerce na maneira pela qual as pessoas e os grupos sociais se relacionam com as ONGs. Para os pesquisadores, o crescimento expressivo destas organizações, tanto quantitativamente quanto no que se refere ao escopo de sua atuação, provavelmente não seria possível sem que houvesse respaldo da sociedade, fundamentado em expectativas mantidas a respeito do papel que esse tipo de organização pode desempenhar. Advogam, assim, que o estudo da representação social de formadores de opinião pode favorecer o entendimento de como essas organizações têm conseguido legitimação para desenvolverem seus trabalhos, bem como pode facilitar a compreensão do conceito de ONGs, considerado de caráter polissêmico.

Para a realização da pesquisa de campo, foram selecionados, pelo critério de acessibilidade, 127 sujeitos, assim divididos: 19 autoridades dos Poderes Executivo e Judiciário, 20 jornalistas, 15 líderes religiosos, 20 políticos, 41 professores e 12 sindicalistas. Os dados foram coletados por meio do teste de evocação de palavras, que se deu em quatro etapas: (a) palavra indutora; (b) hierarquia das palavras formuladas pelos sujeitos; (c) concordância em relação a assertivas; (d) justificativas.

Na primeira etapa, os pesquisadores solicitaram aos participantes que manifestassem as quatro primeiras palavras que lhes vinham à mente ao ouvirem a expressão *organização não governamental*. Em seguida, deveriam estabelecer uma hierarquia para os termos mencionados, ou seja, uma ordem de importância relacionada ao conceito de ONG, classificando como 1 a expressão mais importante dentre as que o participante tinha citado, 2 a segunda, e assim sucessivamente. A hierarquização dos termos foi, portanto, a segunda etapa.

Na terceira etapa, os participantes foram apresentados a quatro afirmativas para que manifestassem sua concordância ou discordância em relação a cada uma, de acordo com as opções "concordo", "concordo em parte", "discordo" ou "não sei responder". As afirmativas foram as seguintes: (a) As ONGs estão se expandindo no Brasil porque o Estado tem diminuído sua atuação. (b) As ONGs devem ser independentes do governo. (c) Deveria haver uma maior fiscalização sobre as ONGs. (d) Fundar uma ONG pode ser um meio de obtenção de vantagens pessoais. Por fim, na quarta etapa, os participantes deveriam justificar suas opções diante das afirmações apresentadas na etapa anterior.

Os dados coletados foram tratados por meio da categorização das palavras, do cálculo de frequência das categorias, do cálculo da ordem média de evocação e do levantamento das justificativas.

Foram evocadas 295 palavras ou expressões, sendo que 29 foram descartadas do processo de categorização por terem sido citadas apenas uma vez e não serem similares a outras. Restaram, assim, 266 palavras, que foram agrupadas em 45 categorias semânticas. Nesta fase, os pesquisadores contaram com a colaboração de três "juízes", que enriqueceram a discussão sobre o processo de categorização.

Em seguida, foram calculadas a frequência de ocorrência das categorias e a ordem média de evocação, o que permitiu o levantamento dos prováveis elementos do núcleo central da representação social. As categorias submetidas à análise foram, então, alocadas em um diagrama com quadrantes, conforme a frequência e a ordem média de evocação. No quadrante superior esquerdo, foram alocados dez elementos considerados componentes do núcleo central. São eles: ajuda, sociedade, ação social, solidariedade, organização, ação prática, defesa de interesses, participação, picaretagem, alternativa.

No que concerne às respostas às afirmativas apresentadas na terceira etapa da coleta de dados, foi adotado o tratamento estatístico simples, calculando-se o percentual de incidência de cada resposta.

Com relação à primeira afirmativa, os pesquisadores sublinharam a significativa concordância com a existência de correlação entre a redução da atuação do Estado e o crescimento das ONGs. Para os sujeitos que concordaram em parte com a afirmativa, há outros fatores que justificam a expansão das ONGs. Para os sujeitos que discordaram, o fortalecimento da sociedade civil está ocorrendo independentemente da situação do Estado.

No que diz respeito à segunda afirmativa, 72% dos sujeitos expressaram sua concordância. Para os que concordaram em parte, as ONGs, embora independentes, deveriam ter liberdade para celebrar acordos e parcerias com o governo e receber recursos estatais.

Com relação à terceira afirmativa, grande parte dos sujeitos manifestou sua concordância, valendo-se da justificativa de possibilidade de ocorrência de fraudes e mau emprego dos recursos administrados pelas ONGs. Para os que concordaram em parte, a fiscalização deve ser exercida pelos financiadores, devendo-se atentar para que não sejam criados entraves que prejudiquem o trabalho das ONGs.

Por fim, a quarta afirmativa apresentou uma distribuição mais equilibrada dos resultados. Para uma parcela minoritária dos que concordaram, as ONGs servem de fachada para operações irregulares e para o enriquecimento de seus fundadores. Para a maioria dos que concordaram ou concordaram em parte, há, contudo, uma ressalva: desvios podem ocorrer, mas não são regra geral, sendo grande parte das ONGs idônea.

Os pesquisadores concluíram, com base nos elementos do núcleo central e nas justificativas às afirmativas apresentadas, que a visão que se tem do objeto enfocado é favorável. Entre os elementos localizados no núcleo central, dois termos foram relacionados pelos pesquisadores à filantropia. São eles: *ajuda* e *ação social*. Apesar desta percepção, grande parte dos dirigentes de ONGs e dos defensores da expansão destas organizações rejeita a ideia de ação filantrópica. Já o termo *solidariedade* não sofre as críticas relacionadas à filantropia ou a medidas assistencialistas. O termo *ação prática*, segundo os pesquisadores, está relacionado à agilidade destas organizações, o que foi confirmado pelos sujeitos em suas justificativas. Os termos *defesa de interesses* e *participação*, por sua vez, foram interpretados com base na percepção das ONGs como promotoras da democratização das relações sociais, o que também foi ratificado pelas justificativas dos sujeitos. O termo *alternativa* foi considerado pelos pesquisadores como de significado mais amplo. Contudo, deduziram, com base nas justificativas dos sujeitos, que o termo refere-se ao fato de que as ONGs representam uma opção, fora do aparato estatal, para a solução de problemas da sociedade. Já o termo *picaretagem* foi o único que apresentou conotação negativa, revelando a desconfiança de certo número de pessoas a respeito dos trabalhos realizados pelas ONGs. Estes sujeitos expressaram em suas justificativas críticas contundentes à expansão das ONGs. Os resultados revelaram, portanto, que a representação social de ONGs de formadores de opinião do município do Rio de Janeiro contempla várias ideias de conotação positiva, demonstrando a legitimação que este tipo de organização tem recebido da sociedade, bem como o respaldo à sua expansão.

Leituras para aprofundamento

ALVES-MAZZOTTI, Alda Judith et al. Os sentidos do ser professor. In: JORNADA INTERNACIONAL, 3. e CONFERÊNCIA BRASILEIRA SOBRE REPRESENTAÇÕES SOCIAIS, 1., 2003, Rio de Janeiro. **Anais...** Rio de Janeiro: UERJ, Observatório de Pesquisas e Estudos em Memória e Representações Sociais, 2003.

BASTOS, Antonio V. B.; COSTA, F. M. Múltiplos comprometimentos no trabalho: articulando diferentes estratégias de pesquisa. In: ENCONTRO NACIONAL DA ASSOCIAÇÃO NACIONAL DOS PROGRAMAS DE PÓS-GRADUAÇÃO EM ADMINISTRAÇÃO, 24., 2000, Florianópolis. **Anais...** Florianópolis: Anpad, 2000.

COUTINHO, Maria da Penha de Lima. Depressão infantil: uma leitura psicossociológica. In: MOREIRA, Antonia Silva Paredes (Org.). **Representações sociais**: teoria e prática. João Pessoa: Editora Universitária/Autores Associados, 2001.

GOMES, Núbia da L. M.; SÁ, Celso Pereira de; OLIVEIRA, Denize Cristina de. Representações sociais do ato infracional por adolescentes em conflito com a lei: uma comparação estrutural. In: JORNADA INTERNACIONAL, 3. e CONFERÊNCIA BRASILEIRA SOBRE REPRESENTAÇÕES SOCIAIS, 1., 2003, Rio de Janeiro. **Anais...** Rio de Janeiro: UERJ, Observatório de Pesquisas e Estudos em Memória e Representações Sociais, 2003.

MINAYO, Maria Cecília de Souza. O conceito de representações sociais dentro da sociologia clássica. In: GUARESCHI, Pedrinho A.; JOVCHELOVITCH, Sandra (Org.). **Textos em representações sociais**. 7. ed. Petrópolis: Vozes, 2002.

MÖLLER, Renato C. **A representação social do fenômeno participativo em organizações públicas do Rio de Janeiro**. 1996a. 93 f. Dissertação (Mestrado em Administração Pública) – Escola Brasileira de Administração Pública e de Empresas, Fundação Getulio Vargas, Rio de Janeiro.

_____. A representação social do fenômeno participativo em organizações públicas do Rio de Janeiro. **Política e Administração**. v. 3, nº 1, p. 43-51, dez. 1996b.

MOSCOVICI, Serge. **Representações sociais**: investigações em psicologia. 2. ed. Petrópolis: Vozes, 2004.

SÁ, Celso Pereira de. **Núcleo central das representações sociais**. 2. ed. Petrópolis: Vozes, 2002.

TURA, Luiz Fernando Rangel. Aids e estudantes: a estrutura das representações sociais. In: JODELET, Denise; MADEIRA, Margot Campos (Org.). **Aids e representações sociais**: à busca de sentidos. Natal: EDUFRN, 1998.

VERGARA, Sylvia C.; FERREIRA, Victor C. P. A representação social de ONGs de formadores de opinião do município do Rio de Janeiro. In: ENCONTRO NACIONAL DA ASSOCIAÇÃO NACIONAL DOS PROGRAMAS DE PÓS-GRADUAÇÃO EM ADMINISTRAÇÃO, 28., 2004, Curitiba. **Anais...** Curitiba: Anpad, 2004.

Outras referências

MOTTA, Paulo Roberto. **Gestão contemporânea**: a ciência e a arte de ser dirigente. Rio de Janeiro: Record, 1991.

22

Triangulação

Pesquisas ditas quantitativas têm como propósito identificar relações entre variáveis. Hipóteses preestabelecidas pelo pesquisador são testadas em um contexto de verificação. Essa abordagem caracteriza-se pela objetividade, pelos critérios probabilísticos para a seleção das amostras, pelos instrumentos estruturados para a coleta, e pelas técnicas estatísticas para o tratamento dos dados. Busca-se a generalização dos resultados.

Pesquisas ditas qualitativas, por seu turno, contemplam a subjetividade, a descoberta, a valorização da visão de mundo dos sujeitos. As amostras são intencionais, selecionadas por tipicidade ou por acessibilidade. Os dados são coletados por meio de técnicas pouco estruturadas e tratados por meio de análises de cunho interpretativo. Os resultados obtidos não são generalizáveis.

Assumir que os métodos podem ser vistos como complementares ao invés de rivais (JICK, 1979) traz à tona a ideia de triangulação. O termo *triangulação* é originário da navegação e da estratégia militar. Nesse contexto, a triangulação visa determinar a exata posição de um objeto a partir de diversos pontos de referência. No âmbito das ciências sociais, a triangulação pode ser definida como uma estratégia de pesquisa baseada na utilização de diversos métodos para investigar um mesmo fenômeno.

Essa definição, proposta por Norman Denzin, no livro *The Research Act*, na década de 70, sugere ser a triangulação uma estratégia para o alcance da validade, no sentido clássico do termo, assumindo uma realidade e uma concepção para o objeto em estudo, independente da abordagem metodológica (FLICK, 1992). Diversas críticas a essa abordagem foram feitas. Na visão dos críticos, teorias e métodos deveriam ser combinados cuidadosamente, a fim de obter uma análise mais abrangente do objeto em estudo, e não com o propósito de perseguir uma verdade objetiva. A abordagem inicial foi redefinida por Denzin na terceira edição de seu livro, em 1989. A validade, então, deixa de ser, para o autor, o principal objetivo da triangulação. Uma abordagem interpretativa é sugerida. Apesar da posição redefinida por Denzin, suas proposições iniciais continuam sendo a base para as discussões relacionadas à triangulação (FLICK,1992).

Diferentes tipos de triangulação são apresentados na literatura (DENZIN, 1978), a saber:

- de dados;
- de pesquisadores;
- de teorias;
- de métodos.

A triangulação de dados refere-se ao uso de diferentes fontes de dados. Nesse contexto, é sugerido o estudo de um fenômeno a partir de diferentes momentos (tempo), locais (espaço) e pessoas (informantes). A triangulação do pesquisador diz respeito à utilização de diferentes pesquisadores na investigação de um mesmo fenômeno, na tentativa de detectar ou minimizar possíveis vieses provocados pela subjetividade do pesquisador. A triangulação teórica é uma abordagem baseada em diversas perspectivas teóricas. A triangulação metodológica é subdividida em intramétodo, ou seja, utilização de técnicas diversas relacionadas a um mesmo método, e entre métodos, isto é, utilização de métodos distintos. Com relação à triangulação metodológica, Morse (1991) menciona duas classificações: a triangulação simultânea e a sequencial. A triangulação simultânea refere-se ao uso dos métodos quantitativo e qualitativo, ao mesmo tempo. Nesse caso, a interação entre os métodos, durante a coleta de dados, é reduzida, mas eles se complementam no momento da conclusão do estudo. A triangulação sequencial diz respeito à utilização dos resultados de um método para o planejamento do emprego do método seguinte. Nesse caso, o emprego do método qualitativo é concluído antes da implementação do quantitativo e vice-versa.

No que diz respeito à triangulação teórica, Lewis e Grimes (2005) acrescentam a possibilidade de construção de teorias a partir de múltiplos paradigmas. É a metatriangulação. Para esses autores, as técnicas de "metateorização" permitem a exploração de padrões que ligam interpretações conflitantes. A metatriangulação utiliza paradigmas múltiplos, suas disparidades e interações, a fim de ampliar não só o entendimento do fenômeno sob estudo, como o entendimento dos paradigmas empregados.

Diante do exposto, a triangulação, também chamada de abordagem multimétodos, pode ser discutida e explorada com base em dois pontos de vista: como uma estratégia para o alcance da validade do estudo e como uma alternativa para a obtenção de novas perspectivas, novos conhecimentos.

Palavras-chave

- Complementaridade dos métodos
- Perspectivas múltiplas
- Diferentes compreensões
- Validade interna e externa

❖ Características principais

- Permite a emergência de novas perspectivas relacionadas ao objeto em estudo.
- Permite a verificação da validade interna e externa, embora não as garanta.
- Permite a obtenção de dados tanto de natureza qualitativa quanto quantitativa.
- Exige do pesquisador habilidade para empregar métodos e técnicas diversos de pesquisa.
- Exige do pesquisador experiência para identificar a origem das divergências, bem como para detectar se dizem respeito às limitações da pesquisa ou se constituem contribuições ao estudo.
- Exige, em geral, um tempo maior para a realização da pesquisa, bem como maiores recursos financeiros.

✰ Como utilizar[1]

- Definem-se o tema e o problema de pesquisa.
- Procede-se a uma revisão da literatura pertinente ao problema de investigação e escolhe-se a orientação teórica (uma ou várias) que dará suporte ao estudo.
- Avalia-se se o problema de pesquisa é fundamentalmente ligado à base quantitativa ou qualitativa.

---

1 A ordem aqui apresentada não é rígida. Pode, portanto, ser alterada conforme a situação.

- Define-se o tipo ou os tipos de triangulação a serem empregados:
  - triangulação de dados – a partir de diferentes momentos (tempo), locais (espaço) ou pessoas (informantes).
  - triangulação do pesquisador – define-se a equipe de pesquisa.
  - triangulação teórica – definem-se as teorias a serem utilizadas.
  - triangulação metodológica – definem-se as modalidades: intramétodo ou entre métodos; simultânea ou sequencial.
- Define-se a amostra ou as amostras a serem selecionadas.
- Definem-se os instrumentos a serem utilizados para a coleta de dados.
- Definem-se os procedimentos para o tratamento dos dados, congruentes com os métodos escolhidos e com as técnicas a serem utilizadas para a coleta dos dados.
- Coletam-se os dados por meio da aplicação de questionários, realização de entrevistas, observação participante ou outros procedimentos, simultânea ou sequencialmente.
- Analisam-se os dados.
- Comparam-se os resultados obtidos por meio da triangulação dos dados, do pesquisador, da teoria ou da metodologia.
- Identificam-se as possíveis divergências.
- Avalia-se a possibilidade de as divergências serem fruto de limitações metodológicas.
- Registram-se as limitações da pesquisa.
- Avalia-se a contribuição das divergências para o desenvolvimento de novas perspectivas para o problema sob investigação.
- Resgata-se o problema que suscitou a investigação.
- Confrontam-se os resultados obtidos com a(s) teoria(s) que deu(ram) suporte à investigação.
- Formula-se a conclusão.
- Elabora-se o relatório de pesquisa.

A escolha metodológica, tanto por uma abordagem qualitativa ou quantitativa quanto por um ou mais tipos de triangulação, deve ser norteada pelo problema de pesquisa. Concepções teóricas e metodológicas devem ser coerentes.

Em estudos amparados pela triangulação metodológica entre métodos, as amostras devem ser cuidadosamente selecionadas. Amostras utilizadas em investigações qualitativas são inadequadas para os propósitos quantitativos, os quais demandam critérios probabilísticos para a seleção.

É inerente ao uso da estratégia de triangulação a emergência de divergências ou resultados contraditórios. Tal fato pode estar ligado às limitações do estudo, as quais devem ser registradas no relatório de pesquisa. Podem, por outro lado, revelar que o objeto em estudo se apresenta de forma diferente, quando enfocado de diversos ângulos, o que deve ser registrado nas discussões dos resultados. Interpretar a natureza de tais divergências é, portanto, questão essencial para o entendimento do objeto em estudo.

Exemplos da utilização da triangulação

❐ Exemplo 1: A internacionalização de um banco

A estratégia de triangulação foi utilizada por Machado-da-Silva e Fernandes (1999) em uma pesquisa sobre o processo de internacionalização do Banco Bamerindus. A internacionalização pode ser concebida como uma estratégia para a ampliação do campo de atuação das organizações ou como uma pressão ambiental geradora de mudança estratégica nas organizações. Dois tipos de mudança organizacional são sublinhados na literatura: as mudanças incrementais ou localizadas e as mudanças estratégicas ou amplas. Considerando a importância de crenças e valores compartilhados em uma organização, o estudo de caso teve como objetivo verificar o impacto do processo de internacionalização nos esquemas interpretativos dos dirigentes organizacionais, no período de 1989-1995.

A escolha do Banco Bamerindus para a realização do estudo de caso se deu, entre outros critérios, em virtude de sua expressiva expansão internacional a partir de 1990. Uma breve descrição do processo de internacionalização do Banco, iniciado em 1982, foi feita pelos pesquisadores.

Três procedimentos foram utilizados no trabalho de campo, considerando as duas categorias relacionadas ao estudo: o grau de internacionalização e os esquemas interpretativos dos dirigentes.

O primeiro procedimento teve como objetivo medir o grau de internacionalização do Bamerindus no período de 1989-1995. Para tanto, foi utilizada uma adaptação, para o setor bancário, de uma escala proposta pela literatura para medir o grau de internacionalização de empresas. O grau de internacionalização é resultante do somatório de cinco componentes, quais sejam: ativos gerados por meio de operações no exterior em relação aos ativos totais do Banco (AEAT); número de produtos ou serviços internacionais oferecidos pelo Banco em relação ao número total de produtos que os grandes Bancos transnacionais oferecem (PIPBT); patrimônio do Banco no exterior em relação ao patrimônio total (PEPT); dispersão psíquica das operações internacionais (DPOI) – é atribuída pontuação de 0,1 pela presença de uma ou mais unidades organizacionais em cada uma das 10 zonas psíquicas mundiais; experiência internacional dos dirigentes (EID) – medida em termos da proporção do tempo de trabalho com atividades internacionais em relação ao tempo de carreira.

O grau de internacionalização pode variar entre zero e cinco. No caso do Bamerindus, variou de 0,62 (1989) a 1,92 (1995). Os resultados revelaram um crescimento do grau de internacionalização do Banco, ao longo do período. Esse crescimento, contudo, foi de natureza incremental.

O segundo procedimento consistiu na construção de 14 mapas causais a partir da análise dos relatórios semestrais da administração do Banco, no período considerado. Foram identificados, nos relatórios, conceitos classificados em 11 categorias, quais sejam: conceitos internacionais na área internacional; conceitos internacionais presentes em outras áreas; redução de custos/produtividade; postura inovadora, criativa e arrojada; preocupação com clientes/orientação para marketing; postura frente ao risco; patriotismo; importância atribuída à tecnologia; valorização do pessoal; conceitos utilizados para entendimento da conjuntura; outros. As relações entre os conceitos foram estabelecidas com base em nove categorias de codificação propostas na literatura: (a) afeta positivamente; (b) afeta negativamente; (c) não atrapalha, não evita, não é prejudicial; (d) não ajuda, não estimula, não é benéfico; (e) pode, ou não, estar relacionado a, afeta de modo indeterminado; (f) afeta de algum modo; (g) não importa para, não tem efeito sobre, não tem relação com; (h) é equivalente a, é definido como; (i) é um exemplo de, é um membro de. Para a construção dos mapas, cada categoria foi representada por um símbolo. Os conceitos foram relacionados por meio de setas e do símbolo correspondente à relação.

Foi identificada, em cada mapa, a frequência de cada conceito nas categorias consideradas. A análise dos mapas revelou o crescimento da importância atribuída à área internacional. Ênfase na redução de custos/produtividade foi observada no relatório do segundo semestre do último ano. Outros conceitos como postura inovadora, orientação para tecnologia, preocupação com clientes, postura frente ao risco, patriotismo e valorização do pessoal mantiveram-se estáveis ao longo do período.

Com base na análise dos mapas, foram elaborados roteiros para a realização de entrevistas semiestruturadas com dirigentes do Banco. Trata-se do terceiro procedimento utilizado na pesquisa de campo. A amostra, selecionada com base em critérios intencionais, contou com o superintendente e com diretores de quatro áreas-fins do banco. Os resultados obtidos com a construção dos mapas causais foram explorados nas entrevistas.

O impacto da internacionalização nos esquemas interpretativos dos dirigentes foi, portanto, avaliado com base na estratégia de triangulação. A análise conjunta dos dados revelou uma variação de natureza incremental tanto no grau de internacionalização quanto nos esquemas interpretativos, o que refuta a abordagem considerada pela literatura, segundo a qual a internacionalização provoca mudança estratégica nas organizações.

Os pesquisadores levantaram algumas hipóteses que poderiam justificar o caráter incremental da mudança: (a) o envolvimento internacional do banco era, na época, um processo recente; (b) a própria evolução incremental da internacionalização do banco; (c) a existência de valores compartilhados que não se desenvolveram com o processo de internacionalização; ao contrário, serviram como estímulo para a expansão internacional; (d) as peculiaridades do contexto institucional brasileiro.

❐ Exemplo 2: A qualidade do serviço de transporte público

A triangulação foi utilizada por Cunningham, Young e Lee (2000) em uma pesquisa sobre a qualidade do serviço de transporte público. A pesquisa foi motivada pela crença de que identificar e compreender as necessidades dos usuários, bem como a maneira pela qual eles avaliam a qualidade do serviço, são questões essenciais para a gestão de serviços de transporte público. Teve como objetivo delinear um quadro de referência metodológico, norteado pela estratégia de triangulação, que pudesse ser utilizado em processos de mensuração da qualidade do serviço.

Os pesquisadores optaram pela triangulação de dados e pela metodológica. Dois estudos foram conduzidos com a participação de usuários do serviço de transporte público e de operadores do setor.

O primeiro estudo, de base quantitativa, consistiu em um *survey*, com a aplicação de questionários estruturados, por telefone. A escala utilizada, de cinco pontos, incluiu categorias relacionadas ao grau de concordância e discordância, grau de importância, entre outras. A amostra, selecionada com base em critérios probabilísticos, foi estratificada por microrregiões, tendo sido a região alvo da pesquisa dividida em 15 microrregiões. Participaram desta fase da pesquisa 2.020 usuários e 135 operadores do setor.

O questionário aplicado aos usuários abordou os seguintes tópicos: (a) satisfação, de modo geral, com o sistema de transporte; (b) avaliação da qualidade e condições do sistema, tais como: condições das estradas, manutenção, congestionamento, entre outras; (c) importância de atividades como, por exemplo, incentivos para *carpooling*,[2] melhoria do sistema de ônibus, entre outras; (d) investimento em prioridades, tais como: transporte para idosos e deficientes físicos, construção de novas estradas, entre outras; (e) participação dos usuários no processo de decisão; (f) qualidade do ar; (g) *carpooling*. O questionário

---

[2] O termo *carpooling* significa carro partilhado, ou seja, uma alternativa de transporte que envolve duas ou mais pessoas em um de seus veículos privados para se deslocarem de um ponto a outro, promovendo, assim, maior taxa de ocupação dos veículos.

aplicado aos operadores do setor incluiu os mesmos tópicos, redigidos de modo a acessar a percepção dos operadores no que se refere à opinião dos usuários.

Os dados obtidos nesta fase da pesquisa foram tratados por meio de técnicas estatísticas. Os resultados dos grupos usuários e operadores foram analisados comparativamente. Revelaram que, de um modo geral, os usuários estavam mais satisfeitos com o sistema atual do que os operadores imaginavam. Entretanto, algumas diferenças de percepção foram encontradas.

O segundo estudo, de base qualitativa, consistiu na utilização combinada da técnica de incidentes críticos e de grupos de foco. Teve como objetivo explorar os resultados obtidos por meio do primeiro estudo. Uma parcela dos respondentes envolvidos no *survey* foi convidada para participar. Durante a realização dos grupos de foco, os participantes do grupo "usuários" foram informados sobre o resultado do *survey*, por microrregiões. Tais resultados foram discutidos, bem como outras questões relacionadas ao tema, o que permitiu verificar por que usuários de uma determinada microrregião dão mais ênfase a certas questões do que a outras.

Um dos principais assuntos relacionados à satisfação dos usuários, emergente das discussões, foi a efetiva utilização dos recursos públicos. No que se refere à avaliação da qualidade e condições do sistema, o foco das discussões recaiu sobre quatro itens: manutenção, congestionamento, qualidade do ar e segurança. Com relação à importância das atividades e ao investimento nas prioridades, foram enfatizadas a preocupação com a manutenção e a melhoria das estradas e com os serviços de transporte para idosos e deficientes físicos.

No primeiro estudo, os usuários foram questionados sobre o desejo de aumento ou redução dos investimentos relativos a diversos itens, o que resultou na indicação de 11 áreas para o aumento. Entretanto, nas discussões em grupo elegeram, em média, três áreas prioritárias para aumento dos investimentos. Os resultados sugeriram, portanto, que os operadores de transporte devem considerar as áreas julgadas prioritárias pelos usuários, ao avaliarem os investimentos em cada região.

Em síntese, os resultados da pesquisa revelaram as áreas do serviço de transportes em que os usuários estão, atualmente, satisfeitos ou insatisfeitos, bem como a importância e as prioridades de investimento em vários serviços. Para os pesquisadores, abordagens quantitativas e qualitativas devem ser combinadas, permitindo, assim, delinear um quadro mais preciso no que se refere às percepções e avaliações dos usuários de serviços.

❒ Exemplo 3: O gerente equalizador

Cavalcanti (2005, p. 24) propôs-se a "promover o entendimento da ação gerencial de administradores públicos na gestão de suas organizações", "entender as relações entre os gestores e as estruturas e mecanismos formais de gestão".

Partiu de sua experiência em modelagem organizacional e da literatura sobre o tema, amplamente embasada pelos pressupostos funcionalistas/positivistas, portanto, objetivistas. Ao penetrar no campo, ouvindo as histórias de vida de cinco gestores, confirmou sua inquietude sobre a pertinência do paradigma objetivista para a compreensão da ação gerencial. A ele contrapôs, então, o paradigma subjetivista, de modo a facilitar a compreensão de tal ação em um escopo de valorização de variáveis referentes a processos, recompensas e pessoas, em detrimento da supervalorização das variáveis referentes à estrutura.

A metatriangulação realizada na pesquisa permitiu concluir que, em nenhum momento, um administrador público brasileiro gerencia a implementação de políticas públicas contando com uma modelagem organizacional de estruturas e mecanismos de gestão formais. Como conhecimento, o estudo gerou *estratégias de gestão, de codificações reflexivas e a metáfora sumarizante de equalização.*

Leituras para aprofundamento

CAVALCANTI, Bianor Scelza. **O gerente equalizador**: estratégias de gestão no setor público. Rio de Janeiro: Fundação Getulio Vargas, 2005.

CUNNINGHAM, Lawrence; YOUNG, Clifford; LEE, Moonkyu. Methodological triangulation in measuring public transportation service quality. **Transportation Journal**. v. 40, nº 1, p. 35-47, Fall 2000.

DENZIN, Norman K. **The research act**: a theoretical introduction to sociological methods. 2. ed. Chicago: Aldine Publishing Company, 1978.

FLICK, Uwe. **An introduction to qualitative research**. 2. ed. London: Sage, 2002.

______. Triangulation revisited: strategy of validation or alternative? **Journal for the Theory of Social Behaviour**. v. 22, nº 2, p. 175-197, 1992.

GASKELL, George; BAUER, Martin W. Para uma prestação de contas pública: além da amostra, da fidedignidade e da validade. In: BAUER, Martin W.; GASKELL, George (Ed.). **Pesquisa qualitativa com texto, imagem e som**: um manual prático. Petrópolis: Vozes, 2002.

JICK, Todd D. Mixing qualitative and quantitative methods: triangulation in action. **Administrative Science Quarterly**. v. 24, nº 4, p. 602-611, Dec. 1979.

LEWIS, Marianne W.; GRIMES, Andrew J. Metatriangulação: a construção de teorias a partir de múltiplos paradigmas. **Revista de Administração de Empresas (RAE)**. São Paulo: Fundação Getulio Vargas, v. 45, p. 72-91, jan./mar. 2005.

MACHADO-DA-SILVA, Clóvis L.; FERNANDES, Bruno H. R. O impacto da internacionalização nos esquemas interpretativos dos dirigentes do Banco Bamerindus. **Revista**

de Administração de Empresas. São Paulo: Fundação Getulio Vargas, v. 39, nº 1, p. 14-24, jan./mar. 1999.

MORSE, Janice M. Approaches to qualitative-quantitative methodological triangulation. **Nursing Research**. v. 40, nº 1, p. 120-123, Mar./Apr. 1991.

PATTON, Michael Q. **Qualitative evaluation and research methods**. 2. ed. Newbury Park: Sage, 1990.

TAYLOR, Steven J.; BOGDAN, Robert. **Introduction to qualitative research methods**: the search for meanings. 2. ed. New York: John Wiley, 1984.

Uma Palavra Final

Este livro tem, como mencionado na sua apresentação, caráter prático. Objetiva contribuir com pesquisadores, sistematizando alguns dos métodos de que fala a literatura. Minha opção por tal ou qual método foi arbitrária. Busquei alguns que já tinha utilizado em pesquisas e outros utilizados por pesquisadores brasileiros e estrangeiros, mais aqueles do que estes. Evidentemente, as escolhas não esgotam o acervo existente. De todo modo, moveu-me a crença segundo a qual há pesquisadores que em determinados momentos perdem o interesse em fazer descobertas que acrescentem algo ao acervo existente, utilizando métodos recorrentes; assim, ter opções é algo interessante. Moveu-me, igualmente, a crença de que não há métodos indiscutíveis, definitivos.

Enfatizei, também na apresentação do livro, que método e teoria são indissociáveis e ambos têm de ser congruentes com o problema que suscita uma investigação. Interligar esses elementos de forma consistente, criativa, rigorosa, apurada é tarefa do pesquisador. Como um artesão, ele tem de ir trabalhando as suas descobertas, dando-lhes forma, revelando suas facetas ocultas, pondo-se no lugar de um crítico de sua obra. A tarefa é árdua, portanto. Apesar disso, seus resultados são alimentos da alma do pesquisador. Eles a vivificam.

Pesquisa é um processo de aprendizagem permanente. O pesquisador é sempre um aprendiz. É a humildade intelectual que deve ser própria de um aprendiz que mitiga suas hesitações e suas incertezas, e que fecunda suas interpretações e reflexões acerca do objeto de estudo, face à teoria que o orientou e ao método que utilizou. No processo, espero ter contribuído com a apresentação de 22 métodos colhidos na produção científica de vários pesquisadores. Exercitei meu papel de aprendiz.

Referências

AAKER, David A.; KUMAR, V.; DAY, George S. **Pesquisa de marketing**. São Paulo: Atlas, 2001.

ABBAGNANO, Nicola. **Dicionário de filosofia**. São Paulo: Mestre Jou, 1970.

ACHUTTI, Luiz Eduardo Robinson. **Fotoetnografia**: um estudo de antropologia visual sobre cotidiano, lixo e trabalho. Porto Alegre: Tomo Editorial: Palmarinca, 1997.

ALBERTI, Verena. **História oral**: a experiência do CPDOC. Rio de Janeiro: Centro de Pesquisa e Documentação de História Contemporânea do Brasil, 1989.

______. **Ouvir contar**: textos em história oral. Rio de Janeiro: Fundação Getulio Vargas, 2004.

ALVES-MAZZOTTI, Alda Judith et al. Os sentidos do ser professor. In: JORNADA INTERNACIONAL, 3. e CONFERÊNCIA BRASILEIRA SOBRE REPRESENTAÇÕES SOCIAIS, 1., 2003, Rio de Janeiro. **Anais...** Rio de Janeiro: UERJ, Observatório de Pesquisas e Estudos em Memória e Representações Sociais, 2003.

ALVESSON, Mats. Beyond neopositivists, romantics, and localists: a reflective approach to interviews in organizational research. **Academy of Management Review**, v. 28, nº 1, p. 13-33, 2003.

______. **Postmodernism and social research**. Philadelphia: Open University Press, 2002.

______; DEETZ, Stanley. Teoria crítica e abordagens pós-modernas para estudos organizacionais. In: CALDAS, M.; FACHIN, R.; FISCHER, T. (Org.). **Handbook de estudos organizacionais**: modelos de análise e novas questões em estudos organizacionais. São Paulo: Atlas, 1999. v. 1.

ALVESSON, Mats; SKÖLDBERG, Kaj. **Reflexive methodology**: new vistas for qualitative research. London: Sage, 2000.

ANDRADE, Rosane de. **Fotografia e antropologia**: olhares fora-dentro. São Paulo: Estação Liberdade; Educ, 2002.

AQUINO, C. (Org.). **História empresarial vivida**. São Paulo: Gazeta Mercantil, 1986. 2 v.

AYROSA, Eduardo A. T.; SAUERBRONN, João Felipe R. Uma introdução ao uso de métodos qualitativos de pesquisa em comportamento do consumidor. In: VIEIRA, Marcelo M. F.; ZOUAIN, Deborah M. (Org.). **Pesquisa qualitativa em administração**. Rio de Janeiro: Fundação Getulio Vargas, 2004.

AZEVEDO, Márcia C. de; CALDAS, Miguel Pinto. O discurso evolucionista e a prática involutiva: um estudo empírico exploratório sobre o impacto de mudanças tecnológicas sobre o desenho do trabalho em *Call Centers*. In: ENCONTRO NACIONAL DA ASSOCIAÇÃO NACIONAL DOS PROGRAMAS DE PÓS-GRADUAÇÃO EM ADMINISTRAÇÃO, 27., 2003, Atibaia. **Anais...** Atibaia: Anpad, 2003.

BABBIE, Earl. **Métodos de pesquisas de survey**. Belo Horizonte: EDUFMG, 2001.

BALLALAI, Roberto. Notas e subsídios para a análise do discurso (uma contribuição à leitura do discurso da Administração). **Fórum Educacional.** Rio de Janeiro: Fundação Getulio Vargas, 13 (1-2), p. 56-80, fev./maio 1989.

BANDEIRA-DE-MELLO, Rodrigo; CUNHA, Cristiano J. Castro de Almeida. Operacionalizando o método da grounded theory nas pesquisas em estratégia: técnicas e procedimentos de análise com apoio do software ATLAS/ti. In: ENCONTRO DE ESTUDOS EM ESTRATÉGIA, 1., 2003, Curitiba. **Anais...** Curitiba: Anpad, 2003a.

______; ______. Administrando o risco: uma teoria substantiva da adaptação estratégica de pequenas empresas a ambientes turbulentos e com forte influência governamental. In: ENCONTRO DE ESTUDOS EM ESTRATÉGIA, 1., 2003, Curitiba. **Anais...** Curitiba: Anpad, 2003b.

BARDIN, Laurence. **Análise de conteúdo**. Lisboa: Edições 70, 1977.

BARROS, Carla Fernanda Pereira. Marketing e etnografia: um levantamento em journals dos anos 80 e 90. In: ENCONTRO NACIONAL DA ASSOCIAÇÃO NACIONAL DOS PROGRAMAS DE PÓS-GRADUAÇÃO EM ADMINISTRAÇÃO, 26., 2002, Salvador. **Anais...** Salvador: Anpad, 2002.

BASTOS, Antonio V. B. Mapas cognitivos: ferramentas de pesquisa e intervenção em processos organizacionais. In: ENCONTRO DE ESTUDOS ORGANIZACIONAIS, 1., 2000, Curitiba. **Anais...** Curitiba: Anpad, 2000.

______. Cognição e ação nas organizações. In: DAVEL, Eduardo; VERGARA, Sylvia Constant (Org.) **Gestão com pessoas e subjetividade**. São Paulo: Atlas, 2001.

______; COSTA, F. M. Múltiplos comprometimentos no trabalho: articulando diferentes estratégias de pesquisa. In: ENCONTRO NACIONAL DA ASSOCIAÇÃO NACIONAL DOS PROGRAMAS DE PÓS-GRADUAÇÃO EM ADMINISTRAÇÃO, 24., 2000, Florianópolis. **Anais...** Florianópolis: Anpad, 2000.

BASTOS, Antonio V. B. et al. Explicações e justificativas para a mudança organizacional: mapeando as concepções que guiam executivos centrais. In: ENCONTRO DE ESTUDOS ORGANIZACIONAIS, 3., 2004, Atibaia. **Anais...** Atibaia: Anpad, 2004.

BASTOS, Clarissa R. P. **Estilos discursivos de liderança gerencial em atividades de fala problema – solução em reuniões empresariais.** 2001. 350 f. Tese (Doutorado em Letras) – Departamento de Letras, Pontifícia Universidade Católica, Rio de Janeiro.

BAUER, Martin W. Análise de conteúdo clássica: uma revisão. In: BAUER, Martin W.; GASKELL, George (Ed.). **Pesquisa qualitativa com texto, imagem e som**: um manual prático. Petrópolis: Vozes, 2002.

______; GASKELL, George (Ed.). **Pesquisa qualitativa com texto, imagem e som**: um manual prático. Petrópolis: Vozes, 2002.

BELK, R. W. Materialism: trait aspects of living in the material world. **Journal of Consumer Research**, v. 12, nº 3, p. 265-280, 1985.

______; GER, Güliz; ASKEGAARD, Soren. Consumer desire in three cultures: results from projective research. **Advances in Consumer Research**, v. 24, p. 24-28, 1997.

______; SHERRY JR., John F.; WALLENDORF, Melanie. A naturalistic inquiry into buyer and seller behavior at a swap meet. **Journal of Consumer Research**, v. 14, nº 4, p. 449-470, Mar. 1988.

BION, W. **Experiências com grupos**: os fundamentos da psicoterapia de grupo. Rio de Janeiro: Imago, 1970.

BOJE, David M. Stories of the storytelling organization: a postmodern analysis of Disney as "Tamara-Land". **Academy of Management Journal**, v. 38, nº 4, p. 997-1035, Aug. 1995.

BOUGON, Michel G. Uncovering cognitive maps: the Self-Q technique. In: MORGAN, Gareth. **Beyond method**: strategies for social research. Newbury Park: Sage, 1983.

______; WEICK, Karl; BINKHORST, Din. Cognition in organizations: an analysis of the Utrecht Jazz Orchestra. **Administrative Science Quarterly**, v. 22, p. 606-639, Dec. 1977.

BRESLER, Ricardo. A roupa surrada e o pai: etnografia em uma marcenaria. In: MOTTA, Fernando C. P.; CALDAS, Miguel P. (Org.). **Cultura organizacional e cultura brasileira**. São Paulo: Atlas, 1997.

______. **A administração e o Brasil**: as figuras do gestor, do colonizador e a imagem paterna. 2000. 231 f. Tese (Doutorado em Administração) – Escola de Administração de Empresas de São Paulo, Fundação Getulio Vargas, São Paulo.

BRITO, Ana Paula M. P.; BASTOS, Antonio v. B. *Schemas* cognitivos e gestão: um estudo sobre comprometimento no trabalho entre gestores de uma empresa petroquímica. In: ENCONTRO DE ESTUDOS ORGANIZACIONAIS, 2., 2002, Recife. **Anais...** Recife: Anpad, 2002.

BRITO, Maria J. M. **A configuração identitária da enfermeira no contexto das práticas de gestão em hospitais privados de Belo Horizonte**. 2004. Tese (Doutorado em

Administração) – Faculdade de Ciências Econômicas, Universidade Federal de Minas Gerais.

BROWN, Stephen; KOZINETS, Robert V.; SHERRY JR., John F. Teaching old brands new tricks: retro branding and the revival of brand meaning. **Journal of Marketing**. v. 67, p. 19-33, July 2003.

BURRELL, Gibson. Ciência normal, paradigmas, metáforas, discursos e genealogia da análise. In: CALDAS, M.; FACHIN, R.; FISCHER, T. (Org.). **Handbook de estudos organizacionais**: modelos de análise e novas questões em estudos organizacionais. São Paulo: Atlas, 1999. v. 1.

______. Modernism, post modernism and organizational analysis 2: the contribution of Michel Foucault. **Organization Studies**, v. 9, nº 2, p. 221-235, 1988.

______. Modernism, post modernism and organizational analysis 4: the contribution of Jürgen Habermas. **Organization Studies**, v. 15, nº 1, p. 1-45, 1994.

______; MORGAN, Gareth. **Sociological paradigms and organizational analysis.** London: Heinemann Educational Books, 1979.

CABRAL, Augusto Cezar de Aquino. A análise do discurso como estratégia de pesquisa no campo da administração: um olhar inicial. In: ENCONTRO NACIONAL DA ASSOCIAÇÃO NACIONAL DOS PROGRAMAS DE PÓS-GRADUAÇÃO EM ADMINISTRAÇÃO, 23., 1999, Foz do Iguaçu. **Anais...** Foz do Iguaçu: Anpad, 1999.

CALÁS, Marta B. Deconstructing charismatic leadership: re-reading Weber from the darker side. **Leadership Quarterly**, v. 4, 3/4, p. 305-328, 1993.

______; SMIRCICH, Linda. Voicing seduction to silence leadership. **Organization Studies**, v. 12, nº 4, p. 567-602, 1991.

______; ______. Do ponto de vista da mulher: abordagens feministas em estudos organizacionais. In: CALDAS, M.; FACHIN, R.; FISCHER, T. (Org.). **Handbook de estudos organizacionais**: modelos de análise e novas questões em estudos organizacionais. São Paulo: Atlas, 1999a. v. 1.

______; ______. Past postmodernism? Reflections and tentative directions. **Academy of Management Review**, v. 24, nº 4, p. 649-671, Oct. 1999b.

CALDAS, Miguel Pinto; TONELLI, Maria José. Casamento, estupro ou dormindo com o inimigo? Interpretando imagens e representações dos sobreviventes de fusões e aquisições. In: ENCONTRO NACIONAL DA ASSOCIAÇÃO NACIONAL DOS PROGRAMAS DE PÓS-GRADUAÇÃO EM ADMINISTRAÇÃO, 25., 2001, Campinas. **Anais...** Campinas: Anpad, 2001.

CALDEIRA, Jorge. **Mauá**: empresário do Império. São Paulo: Companhia das Letras, 1995a.

______. Fluente e empolgante: o Brasil descobre Mauá. Entrevista a Ana Maria Brescancini. **RAE Light**. São Paulo: Fundação Getulio Vargas, v. 2, nº 3, p. 8-14, maio/jun. 1995b.

CAMPOS, Maria Christina Siqueira de Souza. Mulheres de diferentes classes sociais em São Paulo: a família e a penetração no mercado de trabalho. In: MEIHY, João Carlos S. B. (Org.). **(Re)introduzindo a história oral no Brasil**. São Paulo: Universidade de São Paulo: Xamã, 1996.

CANEVACCI, Massimo. **Antropologia da comunicação visual**. Rio de Janeiro: DP&A, 2001.

CAPALBO, Creusa. Fenomenologia e educação. **Fórum educacional**. Rio de Janeiro: Fundação Getulio Vargas, v. 14, nº 3, p. 41-61, jun./ago. 1990.

CARAÇA, Bento de Jesus. **Conceitos fundamentais de matemática.** 4. ed. Portugal: Gradiva, 2002.

CARDOSO, Ciro F. **Uma introdução à história**. São Paulo: Brasiliense, 1981.

______. História e paradigmas rivais. In: CARDOSO, Ciro F.; VAINFAS, Ronaldo (Org.). **Domínios da história**: ensaios de teoria e metodologia. Rio de Janeiro: Campus, 1997.

______; MAUAD, Ana Maria. História e imagem: os exemplos da fotografia e do cinema. In: CARDOSO, Ciro F.; VAINFAS, Ronaldo (Org.). **Domínios da história**: ensaios de teoria e metodologia. Rio de Janeiro: Campus, 1997.

CARVALHO, José Luis Felício dos Santos de. **A luz nos cenários de serviços**: fenomenologia da experiência interativa dos participantes dos encontros de serviços com a iluminação ambiental. 2003. 300 f. Tese (Doutorado em Administração) – Departamento de Administração, Pontifícia Universidade Católica, Rio de Janeiro.

______; VERGARA, Sylvia Constant. A fenomenologia e a pesquisa dos espaços de serviços. **Revista de Administração de Empresas**. São Paulo: Fundação Getulio Vargas, v. 42, nº 3, p. 78-91, jul./set. 2002.

CATTERALL, Miriam; IBBOTSON, Patrick. Using projective techniques in education research. **British Educational Research Journal**, v. 26, nº 2, p. 245-256, Apr. 2000.

CAVALCANTI, Bianor Scelza. **O gerente equalizador**: estratégias de gestão no setor público. Rio de Janeiro: Fundação Getulio Vargas, 2005.

CAVEDON, Neusa Rolita. O método etnográfico em estudos sobre cultura organizacional: implicações positivas e negativas. In: ENCONTRO NACIONAL DA ASSOCIAÇÃO NACIONAL DOS PROGRAMAS DE PÓS-GRADUAÇÃO EM ADMINISTRAÇÃO, 23., 1999, Foz do Iguaçu. **Anais...** Foz do Iguaçu: Anpad, 1999.

______. Recursos metodológicos e formas alternativas no desenvolvimento e na apresentação de pesquisas em administração. In: ENCONTRO NACIONAL DA ASSOCIAÇÃO NACIONAL DOS PROGRAMAS DE PÓS-GRADUAÇÃO EM ADMINISTRAÇÃO, 25., 2001, Campinas. **Anais...** Campinas: Anpad, 2001.

______; LENGLER, Jorge F. B. Desconstruindo temas e estratégias da administração moderna: uma leitura pós-moderna do mundo de Dilbert. In: ENCONTRO NACIONAL DA ASSOCIAÇÃO NACIONAL DOS PROGRAMAS DE PÓS-GRADUAÇÃO EM ADMINISTRAÇÃO, 26., 2002, Salvador. **Anais...** Salvador: Anpad, 2002.

CLARKE, Ian; MACKANESS, William. Management "intuition": an interpretative account of structure and content of decision schemas using cognitive maps. **Journal of Management Studies**, v. 38, nº 2, p. 147-172, Mar. 2001.

COLLIER JR., John. **Antropologia visual**: a fotografia como método de pesquisa. São Paulo: EPU: Edusp, 1973.

COLTRO, Alex. A fenomenologia: um enfoque metodológico para além da modernidade. **Caderno de Pesquisa em Administração**. São Paulo: Universidade de São Paulo, v. 1, nº 11, 1. trim. 2000.

COOPER, Robert. Modernism, post modernism and organizational analysis 3: the contribution of Jacques Derrida. **Organization Studies**, v. 10, nº 4, p. 479-502, 1989.

______; BURRELL, Gibson. Modernism, post modernism and organizational analysis: an introduction. **Organization Studies**, v. 9, nº 1, p. 91-112, 1988.

COSSETTE, Pierre; AUDET, Michel. Mapping of an idiosyncratic schema. **Journal of Management Studies**, v. 29, nº 3, p. 325-347, May 1992.

COSTA, Isabel de Sá A. da; CAMPOS, Anna Maria M. Pós-modernismo e teoria organizacional: um ensaio bibliográfico. **Revista de Administração Pública**, v. 37, nº 3, p. 627-639, maio/jun. 2003.

COUTINHO, Maria da Penha de Lima. Depressão infantil: uma leitura psicossociológica. In: MOREIRA, Antonia Silva Paredes (Org.). **Representações sociais**: teoria e prática. João Pessoa: Editora Universitária: Autores Associados, 2001.

CUHLS, Kerstin; GRUPP, Hariolf. Alemanha: abordagens prospectivas nacionais. **Parcerias Estratégicas**, nº 10, mar. 2001.

CUNNINGHAM, Lawrence; YOUNG, Clifford; LEE, Moonkyu. Methodological triangulation in measuring public transportation service quality. **Transportation Journal**. v. 40, nº 1, p. 35-47, Fall 2000.

CURADO, Isabela. Pesquisa historiográfica em administração: uma proposta metodológica. In: ENCONTRO NACIONAL DA ASSOCIAÇÃO NACIONAL DOS PROGRAMAS DE PÓS-GRADUAÇÃO EM ADMINISTRAÇÃO, 25., 2001, Campinas. **Anais...** Campinas: Anpad, 2001.

D'ARAUJO, Maria Celina; CAMARGO, Aspásia. Como a história oral chegou ao Brasil. Entrevista com Aspásia Camargo a Maria Celina D'Araujo. **História Oral**, nº 2, p. 167-179, 1999.

DARTIGUES, André. **O que é a fenomenologia?** Rio de Janeiro: Eldorado, 1973.

DENZIN, Norman K. **The research act**: a theoretical introduction to sociological methods. 2. ed. Chicago: Aldine Publishing Company, 1978.

DERRIDA, Jacques. **Letter to a japanese friend**. 1983. Disponível em: <http://lucy.ukc.ac.uk/Simulate/Derrida_deconstruction.html>. Acesso em: 2 jul. 2004.

DIXON, Nancy. Aprendendo através das fronteiras organizacionais: um estudo de caso em museus canadenses. In: EASTERBY-SMITH, Mark; BURGOYNE, John; ARAUJO, Luis

(Coord.). **Aprendizagem organizacional e organização de aprendizagem**: desenvolvimento na teoria e na prática. São Paulo: Atlas, 2001.

DONNELLON, Anne; GRAY, Barbara; BOUGON, Michel G. Communication, meaning, and organized action. **Administrative Science Quarterly**, v. 31, nº 1, p. 43-55, 1986.

DONOGHUE, Suné. Projective techniques in consumer research. **Journal of Family Ecology and Consumer Sciences**, v. 28, p. 47-53, 2000.

DUARTE, Rosália. **Cinema & educação**. Belo Horizonte: Autêntica, 2002.

EDEN, Colin. On the nature of cognitive maps. **Journal of Management Studies**, v. 29, nº 3, p. 261-265, May 1992.

______; HUXHAM, Chris. Pesquisa-ação no estudo das organizações. In: CALDAS, M.; FACHIN, R.; FISCHER, T. (Org.). **Handbook de estudos organizacionais**. São Paulo: Atlas, 2001. v. 2.

ESCALAS, Jennifer E. The consumption of insignificant rituals: a look at debutante balls. **Advances in Consumer Research**, v. 20, p. 709-716, 1993.

EWENSTEIN, Boris; WHYTE, Jennifer K. Reflexivity as practice: aesthetic knowledge and knowing in design. In: EUROPEAN GROUP FOR ORGANIZATION STUDIES COLLOQUIUM, 20., 2004, Ljubjana-Slovenia. **Proceedings...** EGOS: Ljubjana-Slovenia, 2004.

FABER, R. J.; O'GUINN, T. C.; KRYCH, R. Compulsive consumption. **Advances in Consumer Research**, v. 14, p. 132-135, 1987.

FARIA, Luciana de O. Quais conceitos permeiam o discurso do presidente da Telemar S.A. sobre a mudança da empresa com a privatização? Uma análise através de mapas cognitivos. In: ENCONTRO NACIONAL DA ASSOCIAÇÃO NACIONAL DE PROGRAMAS DE PÓS-GRADUAÇÃO EM ADMINISTRAÇÃO, 25., 2001, Campinas. **Anais...** Campinas: Anpad, 2001.

FERREIRA, Marieta de Moraes (Org.). **História oral e multidisciplinaridade**. Rio de Janeiro: Diadorim, 1994a.

______ (Coord.). **Entre-vistas**: abordagens e usos da história oral. Rio de Janeiro: Fundação Getulio Vargas, 1994b.

______. Desafios e dilemas da história oral nos anos 90: o caso do Brasil. **História Oral**, São Paulo, nº 1, p. 19-30, jun. 1998.

______. Historia oral: una brújula para los desafios de la historia. **Historia, Antropología y Fuentes Orales**: escenarios migratorios. Barcelona, nº 28, p. 141-152, 2002.

FIOL, C. M.; HUFF, Anne S. Maps for managers: where are we? Where do we go from here? **Journal of Management Studies**, v. 29, nº 3, p. 267-285, May 1992.

FISCHER, André L.; ALBUQUERQUE, Lindolfo. Tendências que orientam as decisões dos formadores de opinião em gestão de pessoas no Brasil – RH 2010. In: ENCONTRO NACIONAL DA ASSOCIAÇÃO NACIONAL DOS PROGRAMAS DE PÓS-GRADUAÇÃO EM ADMINISTRAÇÃO, 25., 2001, Campinas. **Anais...** Campinas: Anpad, 2001.

FLICK, Uwe. **An introduction to qualitative research**. 2. ed. London: Sage, 2002.

______. Triangulation revisited: strategy of validation or alternative? **Journal for the Theory of Social Behaviour**. v. 22, nº 2, p. 175-197, 1992.

FREITAS, Henrique M. R. de; CUNHA JR., Marcus V. M. da; MOSCAROLA, Jean. **Pelo resgate de alguns princípios da análise de conteúdo**: aplicação prática qualitativa em marketing. Porto Alegre: UFRGS/FCE/PPGA, 1996. 17 p. (Série Documentos para Estudo, PPGA/UFRGS, nº 5/96.)

GASKELL, George; BAUER, Martin W. Para uma prestação de contas pública: além da amostra, da fidedignidade e da validade. In: BAUER, Martin W.; GASKELL, George (Ed.). **Pesquisa qualitativa com texto, imagem e som**: um manual prático. Petrópolis: Vozes, 2002.

GEERTZ, C. **A interpretação das culturas**. Rio de Janeiro: Zahar, 1978.

GILL, Rosalind. Análise do discurso. In: BAUER, Martin W.; GASKELL, George (Ed.). **Pesquisa qualitativa com texto, imagem e som**: um manual prático. Petrópolis: Vozes, 2002.

GIOVINAZZO, Renata A.; FISCHMANN, Adalberto A. Delphi Eletrônico: uma experiência de utilização da metodologia de pesquisa e seu potencial de abrangência regional. In: COSTA, Benny K.; ALMEIDA, Martinho I. R. de (Coord.). **Estratégia**: perspectivas e aplicações. São Paulo: Atlas, 2002.

GLASER, B.; STRAUSS, A. **The discovery of grounded theory**: strategies for qualitative research. New York: Aldine de Gruyter, 1967.

GODOY, Arilda S. Pesquisa qualitativa: tipos fundamentais. **Revista de Administração de Empresas**. São Paulo: Fundação Getulio Vargas, v. 35, nº 3, p. 20-29, maio/jun. 1995.

GOMES, Núbia da L. M.; SÁ, Celso Pereira de; OLIVEIRA, Denize Cristina de. Representações sociais do ato infracional por adolescentes em conflito com a lei: uma comparação estrutural. In: JORNADA INTERNACIONAL, 3. e CONFERÊNCIA BRASILEIRA SOBRE REPRESENTAÇÕES SOCIAIS, 1., 2003, Rio de Janeiro. **Anais...** Rio de Janeiro: UERJ, Observatório de Pesquisas e Estudos em Memória e Representações Sociais, 2003.

GOULD, Laurence; EBERS, Robert; CLINCHY, Ross McVicker. The systems psychodynamics of a joint venture: anxiety, social defenses, and the management of mutual dependence. **Human Relations**, v. 52, nº 6, 1999.

GOULDING, Christina. Grounded theory: the missing methodology on the interpretivist agenda. **Qualitative Market Research**: an International Journal, v. 1, nº 1, p. 50-57, 1998.

GRISI, Celso C. de H. e; BRITTO, Ricardo P. de. Técnica de cenários e o método *Delphi*: uma aplicação para o ambiente brasileiro. In: SEMINÁRIOS EM ADMINISTRAÇÃO FEA-USP, 6., 2003, São Paulo. **Anais eletrônicos**... São Paulo: FEA-USP, 2003. Disponível em: <http://www.ead.fea.usp.br/semead/6semead/>. Acesso em: 26 ago. 2004.

GUEDES, Ana Lúcia. Empresas transnacionais e questões ambientais: a abordagem do realismo crítico. **Revista Sociologia Política.** Curitiba, 20, p. 25-42, jun. 2003.

HASSARD, John. Postmodernism, philosophy and management: concepts and controversies. **International Journal of Management Reviews**, v. 1, nº 2, p. 171-195, June 1999.

HATCH, Mary Jo. Explorando os espaços vazios: jazz e estrutura organizacional. **Revista de Administração de Empresas**. São Paulo: Fundação Getulio Vargas, v. 42, nº 3, p. 19-35, jul./set. 2002.

HAVLENA, William J.; HOLAK, Susan L. Exploring nostalgia imagery through the use of consumer collages. **Advances in Consumer Research**, v. 23, p. 35-42, 1996.

HEISLEY, Deborah D.; LEVY, Sidney J. Autodriving: a photoelicitation technique. **Journal of Consumer Research**, v. 18, nº 3, p. 257-272, Dec. 1991.

HEYMANN, Luciana; ALBERTI, Verena. Um segmento heterogêneo: trajetórias de universidades privadas no Brasil. In: ENCONTRO REGIONAL SUDESTE DE HISTÓRIA ORAL, 4., 2001, Rio de Janeiro. **Dimensões da história oral**. Organização Tânia Maria Fernandes (Coord.) e Fernando Dumas dos Santos. Rio de Janeiro: Casa Oswaldo Cruz, Fundação Oswaldo Cruz, Associação Brasileira de História Oral, 2001.

______; ______. Trajetórias de universidades privadas no Brasil: aspectos da diferenciação regional. In: ENCONTRO NACIONAL DE HISTÓRIA ORAL, 6., 2002, São Carlos. **Tempo e narrativa**. São Paulo: Associação Brasileira de História Oral, 2002.

HOGG, Margaret K.; BRUCE, Margaret; HILL, Alexander J. Brand recognition and young consumers. **Advances in Consumer Research**, v. 26, p. 671-674, 1999.

______; SAVOLAINEN, Maria H. Symbolic consumption and the situational self. **European Advances in Consumer Research**, v. 3, p. 11-16, 1998.

ICHIKAWA, Elisa Y.; SANTOS, Lucy W. dos. Apresentando a grounded theory: uma nova proposta de abordagem qualitativa na pesquisa organizacional. In: ENCONTRO NACIONAL DA ASSOCIAÇÃO NACIONAL DOS PROGRAMAS DE PÓS-GRADUAÇÃO EM ADMINISTRAÇÃO, 25., 2001, Campinas. **Anais...** Campinas: Anpad, 2001.

______; ______. Vozes da História: contribuições da história oral à pesquisa organizacional. In: ENCONTRO NACIONAL DA ASSOCIAÇÃO NACIONAL DOS PROGRAMAS DE PÓS-GRADUAÇÃO EM ADMINISTRAÇÃO, 27., 2003, Atibaia. **Anais...** Atibaia: Anpad, 2003.

JAIME JÚNIOR, Pedro. Etnografia, antropologia e o universo organizacional. **Revista de Administração Pública**. Rio de Janeiro: Fundação Getulio Vargas, v. 30, nº 6, p. 105-121, nov./dez. 1996.

JICK, Todd D. Mixing qualitative and quantitative methods: triangulation in action. **Administrative Science Quarterly**. v. 24, nº 4, p. 602-611, Dec. 1979.

JOHNSTON, Ron. Experiências nacionais de estudos prospectivos: reflexões da Austrália. **Parcerias Estratégicas**, nº 10, mar. 2001.

JUNQUILHO, Gelson S.; SILVA, Alfredo R. L. da. Carta de valores ou de intenções? Um debate sobre a tentativa de integração corporativa no mundo contemporâneo da gestão. In: ENCONTRO NACIONAL DA ASSOCIAÇÃO NACIONAL DOS PROGRAMAS

DE PÓS-GRADUAÇÃO EM ADMINISTRAÇÃO, 26., 2002, Salvador. **Anais...** Salvador: Anpad, 2002.

KASSARJIAN, H. H. Projective methods. In: FERBER, R. **Handbook of marketing research**. New York: McGraw-Hill, 1974.

KAYO, Eduardo K.; SECURATO, José Roberto. Método Delphi: fundamentos, críticas e vieses. **Cadernos de Pesquisa em Administração**. São Paulo: Universidade de São Paulo, v. 1, nº 4, p. 51-61, 1. sem. 1997.

KELLE, Udo. Análise com auxílio de computador: codificação e indexação. In: BAUER, Martin W.; GASKELL, George (Ed.). **Pesquisa qualitativa com texto, imagem e som**: um manual prático. Petrópolis: Vozes, 2002.

KILDUFF, Martin. Deconstructing *Organizations*. **Academy of Management Review**, v. 18, nº 1, p. 13-31, Jan. 1993.

KOLCK, Odette L. V. **Interpretação psicológica de desenhos**: três estudos. São Paulo: Pioneira, 1968.

KOZINETS, Robert V. On netnography: initial reflections on consumer research investigations of cyberculture. **Advances in Consumer Research**. v. 25, p. 366-371, 1998.

______. E-Tribalized marketing?: the strategic implications of virtual communities of consumption. **European Management Journal**. v. 17, nº 3, p. 252-264, 1999.

______. The field behind the screen: using netnography for marketing research in online communities. **Journal of Marketing Research**. v. 39, nº 1, p. 61-72, Feb. 2002.

KRAFT, Sibila; NIQUE, Walter M. Desvendando o consumidor através das metáforas: uma aplicação da Zaltman Metaphor Elicitation Technique (ZMET). In: ENCONTRO NACIONAL DA ASSOCIAÇÃO NACIONAL DE PROGRAMAS DE PÓS-GRADUAÇÃO EM ADMINISTRAÇÃO, 26., 2002, Salvador. **Anais...** Salvador: Anpad, 2002.

KRUEGER, Richard A. **Moderating focus groups**. Thousand Oaks: Sage, 1998.

LAVILLE, Christian; DIONNE, Jean. **A construção do saber**: manual de metodologia da pesquisa em ciências humanas. Porto Alegre: Artes Médicas Sul; Belo Horizonte: EDUFMG, 1999.

LEMOS, André. Aspectos da cibercultura: vida social nas redes telemáticas. In: PRADO, José Luiz Aidar (Org.). **Crítica das práticas midiáticas**: da sociedade de massa às ciberculturas. São Paulo: Hacker Editores, 2002.

LENGLER, Jorge F. B.; VIEIRA, Marcelo Milano F.; FACHIN, Roberto C. Um exercício de desconstrução do conceito e da prática de segmentação de mercado inspirado em Woody Allen. **Revista de Administração de Empresas**. São Paulo: Fundação Getulio Vargas, v. 42, nº 4, p. 84-92, out./dez. 2002.

LEWIS, Marianne W.; GRIMES, Andrew J. Metatriangulação: a construção de teorias a partir de múltiplos paradigmas. **Revista de Administração de Empresas (RAE)**. São Paulo: Fundação Getulio Vargas, v. 45, p. 72-91, jan./mar. 2005.

LINSTONE, Harold A.; TUROFF, Murray. **The Delphi method**: techniques and applications. New York: Addison-Wesley, 1975.

LOBO, Eulália L. História empresarial. In: CARDOSO, Ciro F.; VAINFAS, Ronaldo (Org.). **Domínios da história**: ensaios de teoria e metodologia. Rio de Janeiro: Campus, 1997.

LOCKE, Karen. **Grounded theory in management research**. London: Sage, 2001.

LOURENÇO, Fábio Barreto. **Consultoria gerencial em uma ONG assistencial de pequeno porte**: uma experiência de pesquisa-ação. 1998. 118 f. Dissertação (Mestrado em Administração de Empresas) – Departamento de Administração, Pontifícia Universidade Católica, Rio de Janeiro.

LOURES, Carlos Augusto da Silva. Delphi na Internet e suas implicações do ponto de vista metodológico. In: ENCONTRO NACIONAL DA ASSOCIAÇÃO NACIONAL DOS PROGRAMAS DE PÓS-GRADUAÇÃO EM ADMINISTRAÇÃO, 26., 2002, Salvador. **Anais...** Salvador: Anpad, 2002.

MACHADO-DA-SILVA, Clóvis L.; FERNANDES, Bruno H. R. O impacto da internacionalização nos esquemas interpretativos dos dirigentes do Banco Bamerindus. **Revista de Administração de Empresas**. São Paulo: Fundação Getulio Vargas, v. 39, nº 1, p. 14-24, jan./mar. 1999.

MACKE, Janaina. A pesquisa-ação como método de intervenção nas organizações: uma aplicação prática. In: ENCONTRO NACIONAL DA ASSOCIAÇÃO NACIONAL DOS PROGRAMAS DE PÓS-GRADUAÇÃO EM ADMINISTRAÇÃO, 26., 2002, Salvador. **Anais...** Salvador: Anpad, 2002.

MAINGUENEAU, Dominique. **Termos-chave da análise do discurso**. Belo Horizonte: EDUFMG, 1998.

MALHOTRA, Naresh K. **Pesquisa de marketing**: uma orientação aplicada. 3. ed. Porto Alegre: Bookman, 2001.

MALINOWSKI, B. **Argonautas do Pacífico Ocidental**: um relato do empreendimento e da aventura dos nativos nos arquipélagos da Nova Guiné Melanésia. São Paulo: Abril Cultural, 1976.

MARTIN, Joanne. Deconstruction organizational taboos: the suppression of gender conflict in organizations. **Organization Science**, v. 1, nº 4, p. 339-359, Nov. 1990.

MARTIN, P.; TURNER, B. Grounded theory and organizational research. **Journal of Applied Behavioral Science**. v. 22, nº 2, p. 141-157, 1986.

MARTINS, Paulo Emilio Matos. **A reinvenção do sertão**: a estratégia organizacional de Canudos. Rio de Janeiro: Fundação Getulio Vargas, 2001.

MASCARENHAS, André O. Etnografia e cultura organizacional: uma contribuição da antropologia à administração de empresas. **Revista de Administração de Empresas**. São Paulo: Fundação Getulio Vargas, v. 42, nº 2, p. 88-94, abr./jun. 2002.

MASINI, Elcie F. S. Enfoque metodológico de pesquisa em educação. In: FAZENDA, Ivani (Org.). **Metodologia da pesquisa educacional**. 2. ed. São Paulo: Cortez, 1991.

MATTAR, Fauze N. **Pesquisa de marketing**. São Paulo: Atlas, 1996.

MEENAGHAN, Tony. Sponsorship and advertising: a comparison of consumer perceptions. **Psychology & Marketing**, v. 18, nº 2, p. 191-215, Feb. 2001.

MEHRABIAN, A.; RUSSEL, J. **An approach to environmental psychology**. Cambridge, Massachusets: MIT Press, 1974.

MENDONÇA, Luis Eduardo Carvalheira de. História de empresas brasileiras: tem espaço na academia? Questionamentos exploratórios e conclusões preliminares. In: ENCONTRO NACIONAL DA ASSOCIAÇÃO NACIONAL DOS PROGRAMAS DE PÓS-GRADUAÇÃO EM ADMINISTRAÇÃO, 24., 2000, Florianópolis. **Anais...** Florianópolis: Anpad, 2000.

MEYER, Alan D. Visual data in organizational research. **Organization Science**. v. 2, nº 2, p. 218-236, May 1991.

MINAYO, Maria Cecília de Souza. O conceito de representações sociais dentro da sociologia clássica. In: GUARESCHI, Pedrinho A.; JOVCHELOVITCH, Sandra (Org.). **Textos em representações sociais**. 7. ed. Petrópolis: Vozes, 2002.

MÖLLER, Renato C. **A representação social do fenômeno participativo em organizações públicas do Rio de Janeiro**. 1996a. 93 f. Dissertação (Mestrado em Administração Pública) – Escola Brasileira de Administração Pública e de Empresas, Fundação Getulio Vargas, Rio de Janeiro.

______. A representação social do fenômeno participativo em organizações públicas do Rio de Janeiro. **Política e Administração**. v. 3, nº 1, p. 43-51, dez. 1996b.

MORAES, Liege V. dos S. de; SILVA, Maria A. da; CUNHA, Cristiano J. C. A. A dinâmica da aprendizagem gerencial em um hospital. **RAE-eletrônica**. São Paulo: Fundação Getulio Vargas, v. 3, nº 2, jul./dez. 2004.

MOREIRA, Daniel Augusto. Pesquisa em administração: origens, usos e variantes do método fenomenológico. In: ENCONTRO NACIONAL DA ASSOCIAÇÃO NACIONAL DOS PROGRAMAS DE PÓS-GRADUAÇÃO EM ADMINISTRAÇÃO, 26., 2002, Salvador. **Anais...** Salvador: Anpad, 2002.

______. **O método fenomenológico na pesquisa**. São Paulo: Pioneira Thomson Learning, 2004.

MORGAN, David L. **The focus group guidebook**. Thousand Oaks: Sage, 1998.

______. **Focus groups as qualitative research**. 2. ed. Thousand Oaks: Sage, 1997.

MORGAN, Gareth. **Beyond method:** strategies for social research. London: Sage, 1983.

______. **Imagens da organização**. São Paulo: Atlas, 1996.

______. Paradigms, metaphors, and puzzle solving in organization theory. **Administrative Science Quarterly**, v. 25, nº 4, p. 605-622, 1980.

______; SMIRCICH, Linda. The case for qualitative research. **Academy of Management Review**, **v.** 5, nº 4. p. 491-500, 1980.

MORIN, Edgar. **Ciência com consciência.** Rio de Janeiro: Bertrand do Brasil, 1996.

______. **O Método 3**: o conhecimento do conhecimento. Porto Alegre: Sulina, 1999.

MORIN, Edgar. **La méthode**: la nature de la nature. Paris: Éditions du Seuil, 1977. t. 1.

MORSE, Janice M. Approaches to qualitative-quantitative methodological triangulation. **Nursing Research**. v. 40, nº 1, p. 120-123, Mar./Apr. 1991.

MORSE, J. Emerging from the data: the cognitive process of analysis in qualitative inquiry. In: MORSE, J. (Ed.). **Critical issues in qualitative research methods**. London: Sage, 1994.

MOSCOVICI, Serge. **Representações sociais**: investigações em psicologia. 2. ed. Petrópolis: Vozes, 2004.

MOTTA, Marly Silva da. Histórias de vida e história institucional: a produção de uma fonte histórica. In: SIMPÓSIO NACIONAL DE HISTÓRIA, 18., 1995, Recife. **Anais...** Recife: ANPUH, 1995.

______. O relato autobiográfico como fonte para a história. **Vidya**, Santa Maria, nº 34, p. 101-122, jul./dez. 2000.

MOTTA, Paulo Cesar. **Serviços**: pesquisando a satisfação do consumidor. Rio de Janeiro: Papel Virtual, 1999.

MOTTA, Paulo Roberto. **Gestão contemporânea**: a ciência e a arte de ser dirigente. Rio de Janeiro: Record, 1991.

MUMBY, Dennis K.; PUTNAM, Linda L. The politics of emotion: a feminist reading of bounded rationality. **Academy of Management Review**, v. 17, nº 3, p. 465-486, July 1992.

MUNIZ, Albert M.; O'GUINN, Thomas C. Brand community. **Journal of Consumer Research**, v. 27, nº 4, p. 412-432, Mar. 2001.

NASCIMENTO, Vanda L. V. **Contar ou não contar**: a revelação do diagnóstico pelas pessoas com HIV/Aids. 2002. Dissertação (Mestrado em Psicologia Social) – Pontifícia Universidade Católica, São Paulo.

NONAKA, Ikujiro; TAKEUCHI, Hirotaka. **Criação de conhecimento na empresa:** como as empresas japonesas geram a dinâmica da inovação. 11.ed. Rio de Janeiro: Campus, 1997.

NOSSITER, Vivian; BIBERMAN, Gerald. Projective drawings and metaphor: analysis of organisational culture. **Journal of Managerial Psychology**, v. 5, nº 3, p. 13-16, Sept. 1990.

OLIVEIRA, Maria do Carmo Leite de; BASTOS, Liliana Cabral. Saúde, doença e burocracia: pessoas e dramas no atendimento de um seguro saúde. In: RIBEIRO, Branca Telles; LIMA, Cristina Costa; DANTAS, Maria Tereza Lopes (Org.). **Narrativa, identidade e clínica**. Rio de Janeiro: IPUB/CUCA, 2001.

OLIVEIRA, Mirian; FREITAS, Henrique M. R. Focus group – pesquisa qualitativa: resgatando a teoria, instrumentalizando o seu planejamento. **Revista de Administração**. São Paulo: Universidade de São Paulo, v. 33, nº 3, p. 83-91, jul./set. 1998.

OLIVEIRA, Mirian; FREITAS, Henrique M. R. A realidade operacional do focus group como investigação qualitativa... feedback de uma experiência monitorada. In: ENCONTRO NACIONAL DA ASSOCIAÇÃO NACIONAL DOS PROGRAMAS DE PÓS-GRADUAÇÃO EM ADMINISTRAÇÃO, 22., 1998, Foz do Iguaçú. **Anais...** Foz do Iguaçú: ANPAD, 1998.

OPPENHEIM, A. N. **Questionnaire design and attitude measurement**. London: Heinemann, 1973.

PAGÈS, Max et al. **O poder nas organizações**. São Paulo: Atlas, 1993.

PATTON, Michael Q. **Qualitative evaluation and research methods**. 2. ed. Newbury Park: Sage, 1990.

PEDROSA, Claudia Mara. **Mulheres em situação de violência**: o discurso dos profissionais de saúde. 2003. 160f. Dissertação (Mestrado em Psicologia Social) – Pontifícia Universidade Católica, São Paulo.

PEREIRA, Aracy Ernst. Uma introdução à análise do discurso. **Letras de Hoje**. Porto Alegre, v. 84, nº 1, jun. 1991.

PERELMAN, C.; OLBRECHTS-TYTECA, L. **Tratado da argumentação**: a nova retórica. São Paulo: Martins Fontes, 1996.

PINHO, José Antonio Gomes de. Uma investigação na avaliação de artigos submetidos à revista Organizações & Sociedade. **Organizações & Sociedade.** Salvador: EAUFBA, v. 10, nº 28, p. 79-82, set./dez. 2003.

PIOLA, Sérgio F.; CONSUELO, David V.; VIANNA, Solon M. (Coord.). **Tendências do sistema de saúde brasileiro**: estudo *Delphi*. Brasília: IPEA, 2001.

PUTNAM, Linda; FAIRHURST, Gail. Discourse analysis in organizations: issues and concerns. In: JABLIN, F. M.; PUTNAM, L. (Ed.). **The new handbook of organizational communication**: advances in theory, research and methods. Thousand Oaks: Sage, 2001.

QUIRINO, Tarcízio R.; IRIAS, Luiz J. M. Globalização, agricultura e degradação ambiental no Brasil: perspectivas para a pesquisa e para políticas agropecuárias. **Cadernos de Ciência & Tecnologia**, Brasília, v. 15, nº 1, p. 93-124, jan./abr. 1998.

RAMSEY, Elaine; IBBOTSON, Patrick; BELL, Jim; GRAY, Brendan. A projectives perspective of international "e"-services. **Qualitative Market Research: An International Journal**, v. 7, nº 1, p. 34-47, 2004.

RAY, Marilyn A. The richness of phenomenology: philosophic, theoretic, and methodologic concerns. In: MORSE, Janice (Ed.). **Critical issues in qualitative research methods**. London: Sage, 1994.

RIAL, Carmen. Pesquisando em uma grande metrópole: fast-foods e studios em Paris. In: VELHO, Gilberto; KUSCHNIR, Karina (Org.). **Pesquisas urbanas**: desafios do trabalho antropológico. Rio de Janeiro: Jorge Zahar, 2003.

ROCHA, Everardo et al. Cultura e consumo: um roteiro de estudos e pesquisas. In: ENCONTRO NACIONAL DA ASSOCIAÇÃO NACIONAL DOS PROGRAMAS DE PÓS-

GRADUAÇÃO EM ADMINISTRAÇÃO, 23., 1999, Foz do Iguaçu. **Anais...** Foz do Iguaçu: Anpad, 1999.

ROESCH, Sylvia M. A. **Projetos de estágio e de pesquisa em administração**: guia para estágios, trabalhos de conclusão, dissertações e estudos de caso. 2. ed. São Paulo: Atlas, 1999.

______. Nota técnica: Pesquisa-ação no estudo das organizações. In: CALDAS, M.; FACHIN, R.; FISCHER, T. (Org.). **Handbook de estudos organizacionais**. São Paulo: Atlas, 2001. v. 2.

ROSSI, Carlos Alberto Vargas; SILVEIRA, Teniza de. Pesquisa sobre culturas nacionais: o inexorável futuro do marketing na globalização. In: ENCONTRO NACIONAL DA ASSOCIAÇÃO NACIONAL DOS PROGRAMAS DE PÓS-GRADUAÇÃO EM ADMINISTRAÇÃO, 23., 1999, Foz do Iguaçu. **Anais...** Foz do Iguaçu: Anpad, 1999.

RUEDIGER, Marco Aurélio. Governo eletrônico ou governança eletrônica: conceitos alternativos no uso das tecnologias de informação para o provimento de acesso cívico aos mecanismos de governo e da reforma do Estado. In: XVI Concurso de Ensayos y Monografias del CLAD sobre Reforma del Estado y Modernización de la Administración Pública "Gobierno Electrónico". **Anais eletrônicos**... Caracas, 2002. Disponível em: <http://www.clad.org.ve/estudio3.html>. Acesso em: 20 fev. 2003.

SÁ, Celso Pereira de. **Núcleo central das representações sociais**. 2. ed. Petrópolis: Vozes, 2002.

SÁ, Simone Pereira de. O samba em rede. Comunidades virtuais e carnaval carioca. **Revista Lugar Comum**. Rio de Janeiro: NEPCOM/UFRJ, nº 12, p. 107-136, set./dez. 2000.

______. Utopias comunais em rede: discutindo a noção de comunidade virtual. **Revista Fronteiras**. São Leopoldo: Unisinos, v. 3, nº 2, 2001.

______. Netnografias nas redes digitais. In: PRADO, José Luiz Aidar (Org.). **Crítica das práticas midiáticas**: da sociedade de massa às ciberculturas. São Paulo: Hacker Editores, 2002.

______. Comunidades virtuais e atividade ergódica. In: FRANÇA, Vera; WEBER, Maria Helena; PAIVA, Raquel; SOVIK, L. (Org.). **Livro do XI COMPÓS** – Estudos de Comunicação. Porto Alegre: Sulina, 2003.

SAMPAIO, Jáder dos Reis. A pesquisa qualitativa entre a fenomenologia e o empirismo formal. **Revista de Administração**. São Paulo: Universidade de São Paulo, v. 36, nº 2, p. 16-24, abr./jun. 2001.

SANDERS, Patricia. Phenomenology: a new way of viewing organizational research. **Academy of Management Review**, v. 7, nº 3, p. 353-360, July 1982.

SANTOS, Armando Cuesta. O uso do método Delphi na criação de um modelo de competências. **Revista de Administração**. São Paulo: Universidade de São Paulo, v. 36, nº 2, p. 25-32, abr./jun. 2001.

SANTOS, Ursula W. B. dos. **Métodos qualitativos para pesquisa em administração:** caracterização e relacionamento aos paradigmas para pesquisa. 1994. 159 f. Dissertação

(Mestrado em Administração de Empresas) – Departamento de Administração, Pontifícia Universidade Católica, Rio de Janeiro.

SCHOUTEN, John W.; McALEXANDER, James H. Subcultures of consumption: an ethnography of the new bikers. **Journal of Consumer Research**, v. 22, nº 1, p. 43-61, June 1995.

SERVA, Maurício; JAIME JÚNIOR, Pedro. Observação participante e pesquisa em administração: uma postura antropológica. **Revista de Administração de Empresas**. São Paulo: Fundação Getulio Vargas, v. 35, nº 1, p. 64-79, maio/jun. 1995.

SHIN, Taeyoung. Projeção tecnológica e planejamento em C&T: a experiência coreana. **Parcerias Estratégicas**, nº 10, mar. 2001.

SILVA, José Roberto Gomes da; OLIVEIRA, Maria do Carmo Leite de. A composição de um quadro de referência para a gestão da comunicação organizacional. In: ENCONTRO NACIONAL DA ASSOCIAÇÃO NACIONAL DOS PROGRAMAS DE PÓS-GRADUAÇÃO EM ADMINISTRAÇÃO, 27., 2003, Atibaia. **Anais...** Atibaia: Anpad, 2003.

______; VERGARA, Sylvia Constant. Mudança organizacional e as múltiplas relações que afetam a reconstrução das identidades dos indivíduos. In: ENCONTRO NACIONAL DA ASSOCIAÇÃO NACIONAL DOS PROGRAMAS DE PÓS-GRADUAÇÃO EM ADMINISTRAÇÃO, 26., 2002, Salvador. **Anais...** Salvador: Anpad, 2002.

______; ______. Análise comparativa acerca da utilização de desenhos na pesquisa sobre a criação do sentido da mudança organizacional. **Organizações & Sociedade**. Salvador: EAUFBA, v. 9, nº 23, p. 159-169, jan./abr. 2002.

______; ______. O significado da mudança: as percepções dos funcionários de uma empresa brasileira diante da expectativa de privatização. **Revista de Administração Pública**. Rio de Janeiro: Fundação Getulio Vargas, v. 34, nº 1, p. 79-99, jan./fev. 2000.

SPINK, Mary Jane P. **Psicologia social e saúde:** práticas, saberes e sentidos. Petrópolis: Vozes, 2003.

______; FREZZA, Rose M. Práticas discursivas e produção de sentidos: a perspectiva da psicologia social. In: SPINK, Mary Jane P. (Org.). **Práticas discursivas e produção de sentidos no cotidiano**: aproximações teóricas e metodológicas. 2. ed. São Paulo: Cortez, 2000.

______; GIMENES, Maria da G. G. Práticas discursivas e produção de sentido: apontamentos metodológicos para a análise de discursos sobre a saúde e a doença. **Saúde e Sociedade**, v. 3, nº 2, p. 149-171, 1994.

______; LIMA, Helena. Rigor e visibilidade: a explicitação dos passos da interpretação. In: SPINK, Mary Jane P. (Org.). **Práticas discursivas e produção de sentidos no cotidiano**: aproximações teóricas e metodológicas. 2. ed. São Paulo: Cortez, 2000.

______; MENEGON, Vera M. A pesquisa como prática discursiva: superando os horrores metodológicos. In: SPINK, Mary Jane P. (Org.). **Práticas discursivas e produção de sentidos no cotidiano**: aproximações teóricas e metodológicas. 2. ed. São Paulo: Cortez, 2000.

SPINK, Mary Jane P et al. Ao sabor dos riscos: reflexões sobre a dialogia e a co-construção de sentidos. In: SPINK, Mary Jane P. **Psicologia social e saúde**: práticas, saberes e sentidos. Petrópolis: Vozes, 2003.

STAKE, Robert. Case studies. In: DENZIN, Norman K.; LINCOLN, Yonna S. (Ed.). **Handbook of qualitative research.** London: Sage, 1994.

STERN, Barbara B. Deconstructive strategy and consumer research: concepts and illustrative exemplar. **Journal of Consumer Research**, v. 23, nº 2, p. 136-149, Sept. 1996.

STRAUSS, A.; CORBIN, J. **Basics of qualitative research**: techniques and procedures for developing grounded theory. 2. ed. Thousand Oaks: Sage, 1998.

STUMPF, M. K.; FREITAS, Henrique M. R. A gestão da informação em um hospital universitário: em busca da definição do "patient core record" do Hospital de Clínicas de Porto Alegre. In: ENCONTRO NACIONAL DA ASSOCIAÇÃO NACIONAL DOS PROGRAMAS DE PÓS-GRADUAÇÃO EM ADMINISTRAÇÃO, 20., 1996, Angra dos Reis. **Anais...** Angra dos Reis: Anpad, 1996.

SUSMAN, Gerald.; EVERED, Roger. An assessment of the scientific merits of action research. **Administrative Science Quarterly**, v. 23, nº 4, p. 582-603, Dec. 1978.

SWAN, Jacky. Using cognitive mapping in management research: decisions about technical innovation. **British Journal of Management**, v. 8, p. 183-198, 1997.

TAYLOR, Steven J.; BOGDAN, Robert. **Introduction to qualitative research methods**: the search for meanings. 2. ed. New York: John Wiley & Sons, 1984.

TENÓRIO, Fernando G. et al. Parcerias em gestão social: uma experiência de organização para o desenvolvimento de comunidades. In: ENCONTRO NACIONAL DA ASSOCIAÇÃO NACIONAL DOS PROGRAMAS DE PÓS-GRADUAÇÃO EM ADMINISTRAÇÃO, 22., 1998, Foz do Iguaçu. **Anais...** Foz do Iguaçu: Anpad, 1998.

TESCH, Renata. **Qualitative research**: analysis types and software tools. New York: Falmer Press, 1990.

THIOLLENT, Michel. **Metodologia da pesquisa-ação**. 4. ed. São Paulo: Cortez Ed./ Ed. Autores Associados, 1988.

______. **Pesquisa-ação nas organizações**. São Paulo: Atlas, 1997.

______. Notas para o debate sobre pesquisa-ação. In: BRANDÃO, Carlos Rodrigues (Org.). **Repensando a pesquisa participante**. 3. ed. São Paulo: Brasiliense, 1987.

THIRY-CHERQUES, Hermano. Programa para aplicação às pesquisas em ciências da gestão de um método de caráter fenomenológico. In: VIEIRA, Marcelo M. F.; ZOUAIN, Deborah M. (Org.). **Pesquisa qualitativa em administração.** Rio de Janeiro: Fundação Getulio Vargas, 2004.

TONELLI, Maria José. Produção de sentidos: tempo e velocidade nas organizações. **Revista de Administração Pública**. Rio de Janeiro: Fundação Getulio Vargas, v. 37, nº 1, p. 33-50, jan./fev. 2003.

TURA, Luiz Fernando Rangel. Aids e estudantes: a estrutura das representações sociais. In: JODELET, Denise; MADEIRA, Margot Campos (Org.). **Aids e representações sociais**: à busca de sentidos. Natal: EDUFRN, 1998.

VARGENS, Emiliana. Utilizando mapas cognitivos para compreender interorganizações: o mapeamento nos postos de emissão de identidade. In: ENCONTRO NACIONAL DA ASSOCIAÇÃO NACIONAL DE PROGRAMAS DE PÓS-GRADUAÇÃO EM ADMINISTRAÇÃO, 25., 2001, Campinas. **Anais**... Campinas: Anpad, 2001.

VERGARA, Sylvia Constant. **Projetos e relatórios de pesquisa em administração**. 5. ed. São Paulo: Atlas, 2004a.

______. A utilização da construção de desenhos como técnica de coleta de dados. In: VIEIRA, Marcelo M. F.; ZOUAIN, Deborah M. (Org.). **Pesquisa qualitativa em administração**. Rio de Janeiro: Fundação Getulio Vargas, 2004b.

______. A resiliência de profissionais angolanos. **Revista de Administração Pública (RAP)**. Rio de Janeiro: Fundação Getulio Vargas, v. 42, nº 4, p. 701-718, jul./ago. 2008.

______; BASTOS, Clarissa Rollin Pinheiro; GOMES, Ana Paula Cortat Zambrotti. Estilos discursivos de liderança gerencial. In: ENCONTRO DE ESTUDOS ORGANIZACIONAIS, 3., 2004, Atibaia. **Anais**... Atibaia: Anpad, 2004.

______; CARPILOWSKY, Marcelo. A metáfora da organização como sistema criativo. **Revista de Administração Pública**. Rio de Janeiro: Fundação Getulio Vargas, v. 32, nº 3, p. 77-98, maio/jun. 1998.

______; CARVALHO, José Luis Felício dos Santos de; GOMES, Ana Paula Cortat Zambrotti. Controle e coerção: a pedagogia do olhar na espacialidade do teatro e das organizações. **Revista de Administração de Empresas**. São Paulo: Fundação Getulio Vargas, v. 44, nº 3, p. 10-19, jul./set. 2004.

______; CAVALCANTI, Celso de O. B. Do DCT à ECT: o resgate da virada na década de 70. **Revista de Administração Pública**. Rio de Janeiro: Fundação Getulio Vargas, v. 29, nº 1, p. 88-100, jan./mar. 1995a.

______; ______. A construção do sucesso da ECT: o período de crescimento: 1974 a 1984. **Revista de Administração Pública**. Rio de Janeiro: Fundação Getulio Vargas, v. 29, nº 3, p. 87-110, jul./set. 1995b.

______; ______. A ECT busca novos caminhos: de 1984 aos nossos dias. **Revista de Administração Pública**. Rio de Janeiro: Fundação Getulio Vargas, v. 29, nº 4, p. 234-259, out./dez. 1995c.

______; FERREIRA, Victor C. P. A representação social de ONGs de formadores de opinião do município do Rio de Janeiro. In: ENCONTRO NACIONAL DA ASSOCIAÇÃO NACIONAL DOS PROGRAMAS DE PÓS-GRADUAÇÃO EM ADMINISTRAÇÃO, 28., 2004, Curitiba. **Anais...** Curitiba: Anpad, 2004.

______; IRIGARAY, Hélio Arthur Reis. Os orixás da administração. **Revista de Administração Pública**. Rio de Janeiro: Fundação Getulio Vargas, v. 34, nº 2, p. 7-24, mar./abr. 2000a.

VERGARA, Sylvia Constant; IRIGARAY, Hélio Arthur Reis. Orixás, indivíduos e organizações. **Revista de Administração Pública**. Rio de Janeiro: Fundação Getulio Vargas, v. 34, nº 3, p. 7-33, maio/jun. 2000b.

______; PECI, Alketa. Escolhas metodológicas em estudos organizacionais. **Organizações & Sociedade.** Salvador: EAUFBA, v. 10, nº 27, p. 13-26, maio/ago. 2003.

______; SILVA, Darci Basta dos Santos; GOMES, Ana Paula Cortat Zambrotti. Olga: a semeadora de grãos e de responsabilidade social na história do Grupo Nova América. **Organização & Sociedade**, Universidade Federal da Bahia, v. 11, nº 31, p. 153-170, set./dez. 2004.

VICKERS, Margaret H. Working and caring for a child with chronic illness/disability: an emergent research design and reflections from a "partial insider". In: EUROPEAN GROUP FOR ORGANIZATION STUDIES COLLOQUIUM, 20., 2004, Ljubjana-Slovenia. **Proceedings**... EGOS: Ljubjana-Slovenia, 2004.

VIDAL, Diana Gonçalves. Memória operária: um estudo de caso com a utilização do método de história oral. In: MEIHY, João Carlos S. B. (Org.). **(Re)introduzindo a história oral no Brasil**. São Paulo: Universidade de São Paulo: Xamã, 1996.

VILLARDI, Beatriz. **Um estudo reflexivo sobre microprocessos de aprendizagem e mudança coletiva docente com a aprendizagem e mudança organizacional resultantes:** para uma gestão sustentável do desenvolvimento de docentes em instituições de educação superior privada em administração e marketing. 2004. Tese (Doutorado em Administração) – Departamento de Administração, Pontifícia Universidade Católica, Rio de Janeiro.

VINCE, Russ; BROUSSINE, Michael. Paradox, defense and attachment: accessing and working with emotions and relations underlying organizational change. **Organization Studies**, v. 17, nº 1, p. 1-21, 1996.

WALLENDORF, Melanie; ARNOULD, Eric J. "We gather together": consumption rituals of thanksgiving day. **Journal of Consumer Research**, v. 18, nº 1, p. 13-31, June 1991.

WALSH, James P. Managerial and organizational cognition: notes from a trip down memory lane. **Organization Science**, v. 6, nº 3, p. 280-321, May/June 1995.

WEICK, Karl. A estética da imperfeição em orquestras e organizações. **Revista de Administração de Empresas**. São Paulo: Fundação Getulio Vargas, v. 42, nº 3, p. 6-18, jul./set. 2002.

WILL, V.; EADIE, D.; MacASKILL, S. Projective and enabling techniques explored. **Marketing Intelligence & Planning**, v. 14, nº 6, p. 38-43, 1996.

WOOD, Linda; KROGER, Rolf. **Doing discourse analysis**: methods for studying action in talk and text. Thousand Oaks: Sage, 2000.

WOOD JR., Thomaz. **Organizações espetaculares**. Rio de Janeiro: Fundação Getulio Vargas, 2001.

______; CALDAS, Miguel P. Rindo do que? Críticas, anedotas, ironia e o trabalho do consultor. In: ENCONTRO DE ESTUDOS ORGANIZACIONAIS, 2., 2002, Recife. **Anais...** Recife: Anpad, 2002.

WRIGHT, James T. C.; GIOVINAZZO, Renata Alves. Delphi: uma ferramenta de apoio ao planejamento prospectivo. **Caderno de Pesquisa em Administração**. São Paulo: Universidade de São Paulo, v. 1, nº 12, 2º trim. 2000.

ZACKIEWICZ, Mauro; SALLES-FILHO, Sérgio. *Technological foresight*: um instrumento para política científica e tecnológica. **Parcerias Estratégicas**, nº 10, mar. 2001.

ZALTMAN, Gerald. Rethinking market research: putting people back in. **Journal of Marketing Research**, v. 34, nº 4, p. 424-437, Nov. 1997.

______; COULTER, Robin H. Seeing the voice of the customer: metaphor-based advertising research. **Journal of Advertising Research**, v. 35, nº 4, p. 35-51, July/Aug. 1995.

ZOBER, Martin. Some projective techniques applied to marketing research. **Journal of Marketing**, v. 20, p. 262-268, 1955.

ZUBOFF, Shoshana. **In the age of the smart machine**: the future of work and power. New York: Basic Books, 1988.

Índice Remissivo

Formato	17 x 24 cm
Tipografia	Charter 11/13
Papel	Offset 75 g/m² (miolo)
	Cartão Supremo 250 g/m² (capa)
Número de páginas	296
Impressão	HR Gráfica

e aqui Cole aqui

Sim. Quero fazer parte do banco de dados seletivo da Editora Atlas para receber informações sobre lançamentos na(s) área(s) de meu interesse.

Nome: ______________________________

______________ CPF: ______________ Sexo: ○ Masc. ○ Fem.

Data de Nascimento: ______________ Est. Civil: ○ Solteiro ○ Casado

End. Residencial: ______________________________

Cidade: ______________ CEP: ______________

Tel. Res.: ______________ Fax: ______________ E-mail: ______________

End. Comercial: ______________________________

Cidade: ______________ CEP: ______________

Tel. Com.: ______________ Fax: ______________ E-mail: ______________

De que forma tomou conhecimento deste livro?

☐ Jornal ☐ Revista ☐ Internet ☐ Rádio ☐ TV ☐ Mala Direta

☐ Indicação de Professores ☐ Outros: ______________

Remeter correspondência para o endereço: ○ Residencial ○ Comercial

e aqui

Indique sua(s) área(s) de interesse:

○ Administração Geral / Management
○ Produção / Logística / Materiais
○ Recursos Humanos
○ Estratégia Empresarial
○ Marketing / Vendas / Propaganda
○ Qualidade
○ Teoria das Organizações
○ Turismo
○ Contabilidade
○ Finanças

○ Economia
○ Comércio Exterior
○ Matemática / Estatística / P. O.
○ Informática / T. I.
○ Educação
○ Línguas / Literatura
○ Sociologia / Psicologia / Antropologia
○ Comunicação Empresarial
○ Direito
○ Segurança do Trabalho

Comentários

____

____

____

Corte aqui

ISR-40-2373/83

U.P.A.C Bom Retiro

DR / São Paulo

CARTA - RESPOSTA

Não é necessário selar

O selo será pago por:

editora atlas

01216-999 - São Paulo - SP

REMETENTE:

ENDEREÇO: